高等学校试用教材

开关电源技术教程

张占松　张心益　编著

机 械 工 业 出 版 社

本书系统地论述了开关电源的工作原理、理论计算过程、各种实际应用及设计方法，让读者能够掌握基本的设计与计算。在此基础上，本书还系统地论述了高频软开关技术的工作原理、理论计算和实际工程应用的设计方法。本书还论述了反馈控制、小信号分析方面的内容，从而让读者能在实际工程应用中掌握小信号、反馈控制的测量、分析和校正方面的技术。作为一本工程技术人员的参考书，本书还给出了磁性元件、PWM 控制芯片等的一些参考图表、数据，供读者设计开关电源时参考。

本书可供电子、信息、通信、仪表专业本科、专科学生使用，也可以作为电子工程技术人员的设计参考用书。

图书在版编目（CIP）数据

开关电源技术教程/张占松，张心益编著 .—北京：机械工业出版社，2012.8（2024.7重印）

高等学校试用教材

ISBN 978-7-111-39183-8

Ⅰ.①开…　Ⅱ.①张…②张…　Ⅲ.①开关电源-高等学校-教材　Ⅳ.①TN86

中国版本图书馆 CIP 数据核字（2012）第 164170 号

机械工业出版社（北京市百万庄大街 22 号　邮政编码 100037）
策划编辑：王　欢　责任编辑：王　欢
版式设计：纪　敬　责任校对：张　媛
封面设计：路恩中　责任印制：常天培
北京机工印刷厂有限公司印刷
2024 年 7 月第 1 版第 8 次印刷
184mm×260mm · 12.25 印张 · 300 千字
标准书号：ISBN 978-7-111-39183-8
定价：49.00 元

电话服务　　　　　　　　　网络服务
客服电话：010-88361066　机 工 官 网：www.cmpbook.com
　　　　　010-88379833　机 工 官 博：weibo.com/cmp1952
　　　　　010-68326294　金 书 网：www.golden-book.com
封底无防伪标均为盗版　　机工教育服务网：www.cmpedu.com

序

随着我国 IT 和通信产业的迅猛发展，高频开关功率变换技术及相关产业也得到了快速发展。从而对高频开关功率变换技术的创新，以及专业人才的需求，都提出了更高的要求。越来越多的人从事高频开关功率变换技术的研究、开发、设计、制造。高频开关变换技术已经成为电力电子技术应用的一个重要分支。

近十年来，我国许多大学在开设电力电子技术课程的基础上，陆续开设了有关高频开关功率变换技术的课程，但是目前关于高频开关功率变换技术的基础教材还不多见。

张占松教授长期从事开关电源变换技术的教学和研究工作，具有很高的造诣。张心益老师也有长期从事开关变换技术产品的研发和生产经验。为了更好地开展高频开关功率变换技术知识的传授和推广，面向电气工程、自动化、电子信息、通信等专业需要学习高频开关功率变换技术的人才，两位张老师撰写了此书。

全书系统地论述了高频开关功率变换技术的原理、分析及设计方法；在此基础上论述了谐振式软开关技术的原理和设计方法；介绍了开关变换器小信号动态分析方法，高频开关功率变换器的闭环控制设计方法；介绍了磁性元件设计、PWM 控制芯片应用、保护电路等内容。此书特色是系统性较强、深入浅出，可以系统地培养读者综合运用各知识的能力。

相信此书对于推动开关电源技术的普及和推广，具有很好的促进作用。

浙江大学　徐德鸿教授

前　言

作为新兴的、具有节能效果的高频开关功率变换技术，其使用已越来越广泛，几乎进入了每个家庭。我们的日常生活中随处可见高频开关功率变换器的踪影，越来越多的学生、工程技术人员、电气维修技术人员都想系统地学习高频开关功率变换技术的相关知识。而且随着电子产品专业分工的深入，高频开关功率变换器作为一个独立的部件已经由专业生产厂商独立生产，而整机设备生产厂商只需到专业生产厂商去选择标准的高频开关功率变换器就可以了。

因而，对于不同的实际需求，就会需要不同的关于高频开关功率变换技术的知识。但是，目前还是缺乏系统地介绍高频开关功率变换技术基本原理、理论计算、实际工程应用设计方面的书籍。满足这些需要也是作者编写本书的主要目的。本书意在将高频开关功率变换技术以其相对独立的理论体系，来建立一门跟机电类各专业都紧密相关的技术课程，让读者能够熟练掌握高频开关功率变换器的基本原理、工作特点、性能参数及使用方法，以及高频开关功率变换器的设计方法、调整方法，以期满足社会对此类高频开关功率变换技术人才的迫切需求。

本书是在 2010 年出版的《高频开关变换技术教程》的基础上进行了修订，并增加了较多实用内容，更符合目前教学的需要。并且，在多次专业会议上，与会专家建议将书名中的"高频开关变换技术"改为"开关电源技术"更符合目前教学的需要和业内的习惯，所以将本书书名定为《开关电源技术教程》。

本书首先介绍了高频开关功率变换技术的基本原理，给出了一些和基本原理紧密联系的理论计算公式，删减了一些比较深入的、可作为理论研究的问题，让读者能够容易理解，学懂高频开关变换器的基本理论。首先，本书给出了四个最基本的拓扑结构。对于这四个拓扑结构，本书用简洁的语言、简单的数学工具、简单明了的波形图来说明其工作原理、工作特点及设计方法。对于一些不是很广泛应用的拓扑结构，本书作了删减。

本书第二章重点介绍了目前常用的 IGFET 和 IGBT，但不包括已淘汰的双极型晶体管的内容。同时，也介绍了基本的、经典的 IGFET 和 IGBT 的驱动电路，让读者能够更好地掌握 IGFET 和 IGBT 的性能和使用方法。

第三章介绍了高频开关功率变换器的磁性元件，用非常简单、直观的方式介绍了变压器的设计、电感器的设计，并介绍了大量的设计图表，让读者学会如何利用现有的图表资料来进行磁性元件的设计。

本书也使用了一些实例来介绍各种不同的隔离型拓扑电源。介绍实例中的设计方法都是实际工程应用的方法。

对谐振式软开关变换器，本书花了一些篇幅重点介绍软开关变换器的工作原理、工作方式，意在让读者明白谐振工作的过程。只有了解了工作过程，才能更好地设计其控制电路。最后，给出了谐振变换器的工程设计应用和一些工程计算图表，以便读者能进行实际工程设计。

在理解了谐振开关变换器的工作原理和工作过程后，就比较容易理解有源钳位、全桥移相等软开关技术。因而，本书只介绍了有源钳位、全桥移相软开关技术的工作原理和工作过程，并只给出简单的软开关形成条件的方程式。至于公式推导则不做介绍，可让读者参照串联谐振方面的内容自行推导。

本书也介绍了同步整流、APFC、并联均流等技术，让读者能够了解这些新技术的工作原理及设计方法。

本书第一章，第二章，第四章第一节、第二节、第三节和第七章的内容由张占松老师执笔；第三章，第四章第四节，第五章，第六章，第八章及概论部分的内容由张心益老师执笔。

浙江大学徐德鸿教授在百忙中为本书作了序，在此表示衷心的感谢！

另外，在本书编写过程中，作者采用本书的内容构架，在由北京昂讯公司举办的多次全国各地的短期培训班中讲解这门课程，得到广大学员的好评和肯定。同时，也提出了一些建议，在此一并感谢北京昂讯公司和这些学员。

在本书编写过程中，我们得到了很多同行、老师及朋友们的支持，特别是得到了北京交通大学耿文学老师，清华大学张乃国老师，华南理工大学张波、王志强、丘东元等老师，北京航空航天大学张俊民老师，北方工业大学陈亚爱老师，广州大学杨睿老师，暨南大学陈长缨老师，五邑大学陈鹏老师，广东机电职业技术学院徐月华、万家富老师，广东工业大学谢光汉、唐雄民老师，新进科技有限公司卢伟国、许志亮、黄小炳先生，中兴通讯公司李广勇、胡先红、帅永辉先生，佛山汉毅电脑设备有限公司杨义根先生，广州广日电梯集团配件有限公司罗婉霞女士、张凌云先生，广州金升阳科技有限公司尹向阳先生，电源世界杂志社刘勇先生，广州电器科学研究院张文丽小姐的帮助和指点，在此也向他们表示由衷的感谢。

由于本书编写时间有限，书中内容、见解、叙述难免疏漏，敬请广大读者谅解和指正！

作　者

目　　录

序

前言

概论 ……………………………………………………………………………………… 1

第一章　基本开关型变换器主电路拓扑 …………………………………………… 4

第一节　Buck 变换器 ………………………………………………………………… 4

一、工作原理 ……………………………………………………………………… 5

二、电路各点的波形 ……………………………………………………………… 5

三、主要概念与关系式 …………………………………………………………… 5

四、稳态特性与元器件参数的量化 …………………………………………… 11

第二节　Boost 变换器 ……………………………………………………………… 11

一、工作原理 ……………………………………………………………………… 12

二、电路各点的波形 ……………………………………………………………… 12

三、主要概念与关系式 …………………………………………………………… 13

四、稳态特性分析 ………………………………………………………………… 17

五、起动过程特性分析 …………………………………………………………… 18

第三节　Buck-Boost 变换器 ……………………………………………………… 18

一、工作原理 ……………………………………………………………………… 19

二、电路各点的波形 ……………………………………………………………… 19

三、主要概念与关系式 …………………………………………………………… 19

四、优缺点 ………………………………………………………………………… 21

五、拓扑分析反号变换器 ………………………………………………………… 21

第四节　Ćuk 变换器 ………………………………………………………………… 23

一、电路构成 ……………………………………………………………………… 23

二、工作原理 ……………………………………………………………………… 23

三、电路各点的波形 ……………………………………………………………… 24

四、主要概念与关系式 …………………………………………………………… 25

第五节　四种基本变换器的比较 …………………………………………………… 27

第二章　变换器中的功率开关器件及其驱动电路 ………………………………… 31

第一节　开关功率器件 ……………………………………………………………… 31

一、垂直式导电的 IGFET（IGBT）的结构和导电机理 ……………………… 31

二、IGBT 与 IGFET 的不同 …………………………………………………… 32

第二节　IGFET 和 IGBT 的静特性 ……………………………………………… 33

一、电压、电流 …………………………………………………………………… 33

二、IGFET 和 IGBT 作为硬开关时的开关特性 ……………………………… 33

第三节　作为开关使用的二极管 …………………………………………………… 35

一、二极管的转态限制了工作效率 f_s 的提高 ……………………………… 35

二、寄生二极管的作用 …………………………………………………………… 35

　　三、几种二极管的比较 ·· *35*

第四节　功率模块 ··· *36*

　　一、IGBT 和 IGFET ·· *36*

　　二、SiCVJFET 功率模块 ·· *37*

第五节　开关功率器件的驱动 ·· *37*

　　一、直接驱动法 ·· *37*

　　二、隔离驱动法 ·· *38*

　　三、专用芯片高频脉冲调制驱动法 ·· *38*

　　四、可饱和电抗器作磁占空比控制法 ··· *39*

第三章　高频开关电源中的磁性元件设计 ··· *40*

第一节　磁性材料的基本特性 ·· *40*

　　一、磁性材料的基本参数 ·· *40*

　　二、磁心的结构 ·· *42*

　　三、基本电磁感应定律 ··· *43*

　　四、高频磁性元件的损耗 ·· *43*

第二节　高频变压器的设计方法 ·· *47*

　　一、变压器尺寸的确定 ··· *48*

　　二、变压器的最优效率 ··· *49*

　　三、磁感应强度摆幅的选择 ··· *49*

　　四、变压器一次绕组匝数的计算 ··· *51*

　　五、变压器二次绕组匝数的计算 ··· *51*

　　六、绕组导线的选择 ·· *52*

　　七、绕组的排列结构 ·· *52*

　　八、安全性能要求对变压器的影响 ·· *54*

　　九、漏感对变压器性能的影响 ·· *54*

第三节　电感的设计方法 ·· *55*

　　一、电感器的设计方法 ··· *56*

　　二、扼流圈的设计方法 ··· *57*

第四节　共模电感的设计 ·· *61*

第五节　新型磁性材料 ·· *62*

　　一、铁镍合金 ·· *62*

　　二、铁铝合金 ·· *63*

　　三、非晶态合金 ·· *63*

　　四、微晶合金 ·· *63*

　　五、粉心材料 ·· *64*

第四章　输入与输出隔离的各种变换器结构 ··· *66*

第一节　变换器供电电源 ·· *66*

　　一、概念 ·· *66*

　　二、V_S 的整流、滤波电路元器件计算 ··· *66*

第二节　反激变换器 ··· *69*

　　一、工作原理 ·· *69*

　　二、变压器的工作特点与设计分析 ·· *72*

　　三、双管反激变换器 ·· *73*

第三节　正激变换器 ··· 73
　　一、正激变换器电路组成、工作原理和波形 ·························· 74
　　二、正激变换器的变压器带来的问题 ································· 74
　　三、技术措施 ··· 74
　　四、基本关系式 ··· 76
第四节　半桥变换器原理与设计 ··· 78
　　一、半桥变换器的工作原理 ··· 78
　　二、半桥变换器的优缺点 ··· 81
　　三、半桥变换器变压器的设计 ··· 83
第五章　高频开关变换器的软开关技术 ······································· 85
第一节　高频开关变换器的损耗 ··· 85
第二节　零电流、零电压开关 ·· 86
第三节　能量不完全传递的反激变换器的谐振软开关 ············· 86
第四节　Boost 变换器谐振软开关 ·· 88
第五节　半桥谐振开关变换器 ·· 91
　　一、RLC 串联谐振基本知识 ·· 91
　　二、半桥 LLC 串联谐振变换器 ··· 95
第六节　有源钳位软开关技术 ·· 107
第七节　全桥移相软开关技术 ·· 111
　　一、电路原理和各工作模态分析 ··· 111
　　二、全桥移相电路零电压开关形成条件 ·································· 114
　　三、二次侧占空比丢失现象 ·· 115
第八节　能量完全传递的反激变换器的谐振软开关 ·················· 115
第六章　有源功率因数、同步整流、变换器并联技术 ············· 118
第一节　有源功率因数校正 ··· 118
　　一、Boost 变换器有源功率因数校正原理 ································ 119
　　二、Boost 变换器有源功率校正的电流状态 ··························· 120
　　三、APFC 的控制方式 ··· 121
　　四、平均电流控制的 APFC 电路 ·· 123
　　五、单周积分控制的 APFC 电路 ·· 124
　　六、单周电流比例采样差分控制的 APFC ······························ 127
第二节　同步整流技术 ··· 130
　　一、同步整流原理 ··· 131
　　二、自驱动同步整流技术 ··· 132
　　三、辅助绕组驱动同步整流技术 ··· 132
　　四、有源钳位同步整流技术 ·· 133
　　五、电压外驱动同步整流技术 ··· 134
　　六、应用谐振技术的软开关同步整流技术 ······························ 135
　　七、正激有源钳位电路的外驱动软开关同步整流技术 ············· 135
第三节　高频开关变换器的并联均流 ··· 136
　　一、输出阻抗法并联均流技术 ··· 137
　　二、主/从控制法 ··· 138
　　三、平均电流自动均流技术 ·· 139

四、最大电流法自动均流技术 ……………………………………………………… 140

五、热应力自动均流技术 …………………………………………………………… 140

第七章　开关电源的闭环控制 ………………………………………………………… 142

第一节　开关电源系统的隔离技术 ………………………………………………… 142

一、隔离技术 ………………………………………………………………………… 142

二、系统架构和负反馈 ……………………………………………………………… 143

第二节　PWM 开关电源的集成电路芯片 ………………………………………… 143

一、SG3524 电压控制型芯片 ……………………………………………………… 143

二、UC3846/3842 电流控制型芯片 ……………………………………………… 145

三、集成控制芯片的发展 …………………………………………………………… 147

第三节　状态空间平均法的动态理论和参数 ……………………………………… 148

一、开关变换器小信号分析 ………………………………………………………… 148

第四节　开关电源系统稳定和校正 ………………………………………………… 156

一、开关电源系统的稳定条件 ……………………………………………………… 156

二、主要参数相关性 ………………………………………………………………… 157

第五节　伯德图的测量设备及测量方法 …………………………………………… 157

一、从开环系统中的某点注入信号的方法 ………………………………………… 157

二、利用几 Hz 以上的开环伯德图测量方法作出"总开"曲线 ………………… 158

三、用差分方法确定补偿特性曲线 ………………………………………………… 159

第六节　误差放大器反馈网络参数的确定 ………………………………………… 160

第八章　高频开关变换器的保护电路 ………………………………………………… 163

第一节　输入浪涌电压 ……………………………………………………………… 163

一、输入浪涌电压的形成及形式 …………………………………………………… 163

二、输入浪涌电压抑制元器件 ……………………………………………………… 164

三、抑制输入浪涌电压的方法 ……………………………………………………… 167

第二节　输入浪涌电流 ……………………………………………………………… 168

一、输入浪涌电流的产生 …………………………………………………………… 168

二、输入浪涌电流的抑制方法 ……………………………………………………… 170

第三节　输入过电压、过电流的保护 ……………………………………………… 172

第四节　输出过电压、过电流的保护 ……………………………………………… 172

第五节　开关变换器的过热保护 …………………………………………………… 173

第六节　开关变换器电磁干扰的防护 ……………………………………………… 174

一、开关变换器电磁干扰的产生和测定 …………………………………………… 174

二、开关变换器传导噪声的抑制 …………………………………………………… 175

三、开关变换器辐射噪声的抑制 …………………………………………………… 178

参考文献 …………………………………………………………………………………… 185

概　　论

高频开关变换器是指采用现代电力电子器件（快速肖特基整流二极管、MOS 管、IGBT 等高速器件），将直流或交流电源调制成高频交变电源的电源转换设备。根据输入、输出的不同可分类为以下几种：

（1）DC-DC 电源

指输入是直流，输出也是直流的高频开关变换器。此类电源大量的应用于数码电子产品及通信设备。

（2）DC-AC 电源

指输入是直流，输出是交流的高频开关变换器。不间断电源、后备电源均是 DC-AC 电源的典型应用。

（3）AC-DC 电源

指输入是交流，输出是直流的高频开关变换器。它的应用最广，几乎所有电子产品均要用到此类电源。

（4）AC-AC 电源

指输入是交流，输出是频率可变、幅值可变的交流，变频器就是这类 AC-AC 电源的典型产品。照明产品用的电子镇流器也是此类产品。

高频开关变换器的基本类型是 DC-DC 高频变换器，是将直流电源通过高频调制，变换成高频方波交流电源，再将其整流成直流输出。

对于传统的 DC-DC 电源一般是采用串联稳压直流电源，这是一种连续控制的线性稳压电源。之所以称之为线性电源，是因为其调整管工作在线性放大区，整个调整功率全部由调整管承担，其调整管的功耗很大，整个电源设备的效率就比较低，一般在 35% ~ 50% 左右，而且调整管需要用体积很大的散热器去降低调整管的温升。

高频开关变换器的调整管工作于开关状态，其开关频率高达几万赫兹，甚至几十万赫兹，此时开关管的功耗仅是开关时形成的开关损耗和开通时的通态损耗，因而损耗大大降低，效率可达 75% ~ 95%。在高频工作的情况下，变压器、电感等磁性元件得以采用高频铁氧体材料，摒弃了串联稳压电源的低频变压器，因而体积小、重量轻，电源的功率密度得到很大的提高。

电源是组成各种电子设备的最基本部分，每个电子设备均会要求有一个稳定可靠的直流电源来供给设备的各种信号处理电路的直流偏置，以期达到各信号处理电路能稳定可靠的工作。

目前，开关电源变换器以它的高效率、小体积、重量轻等特点，已用来作为电脑、家电、通信设备等现代化用电设备的电源，为世界电子工业产品的小型化，轻型化、集成化作出了很大的贡献。然而，由于开关功率变换器工作在大信号开关状态，其电源的调整率、输出电压纹波、瞬态响应均不如串联稳压电源。在高达几万赫兹的方波工作频率下，很容易形成高次谐波，造成对电源输入线及电源周围设备的电磁干扰。为此，人们又一次将目光聚焦到如何进一步提高开关变换器的功率密度、转换效率，降低高次谐波、EMI（Eeletro Magnetic Interference，电磁干扰）的问题上。由此出现了采用 LC 谐振工作方式的零电压、零电流开关的电源变换器。零电压、零电流等软开关变换器的出现，去除了开关变换器的开关损耗，大大推动了开关变换器的发展，使得开关变换器的工作频率越来越高。这样开关变换器的磁性元件的体积就变得很小，从而得以采用集成技术将变换器内的所有磁性元件集成在一个磁组件上，形成集成磁性元件，并且在工作频率很高时，输出滤波电容可采用容量和体积比较小的电容，这些都大大提高了开关变换器的功率密度。

在谐振开关变换器中，流过功率开关器件中的电流或加载到功率开关器件上的电压均为正弦波，因而其波形的频谱成分很低，不存在高次谐波的问题，电磁干扰的问题也得到很大程度的改善。另外，由于电压、电流的变化率变得较小，开关功率器件的浪涌电压、浪涌电流也随之变得很小，这又给开关变换器的功率开关器件的可靠工作带来了很大的好处。

在环境问题、能源问题凸显的今天，节能减排、降低温室效应已是人们关心和重视的问题。开关变换器效率较高，有节能的效果。但未来会对开关变换器的效率要求越来越高，尤其是很多电子设备多为长期接在交流电网上，有些采用遥控的设备（如电视机）本身需要有一个电源让遥控接收电路工作。因而就提出了空载损耗的概念，虽然单台设备的空载损耗很小，但大量的设备同时连接到交流电网就不能忽视这些损耗了。

为了解决空载损耗的问题，人们就从控制方式上作了很大的努力，出现间隙、跳频控制等方式，即在开关变换器空载时，控制电路采用间隙工作的方式以减小损耗，同时又检测负载的情况，一旦有负载即刻转入正常工作频率，采用此种方式后，一些设备的空载损耗已能降低到 0.2W 的水平。谐振软开关的应用解决了开关变换器的开关损耗问题，但开关器件由于工艺问题所形成的源-漏极导通电阻、集电极和发射极的饱和导通电压、二极管的导通电压、反向恢复时间均成为开关变换器损耗的主要来源，因而人们在研究开关变换器拓扑结构的同时，也在不断地进行开关用功率器件的研究。

为降低输出整流二极管的功耗，目前已出现采用低损耗二极管的产品。低损耗二极管具有更低的导通电阻。而且，同步整流技术的出现也完全改变了传统的整流方式，使得输出整流损耗得到很大幅度的降低。采用同步整流技术之后，开关变换器的效率一般可提高 5% 左右。

为降低开关功率器件的导通损耗，已研发出 COOLMOS 的新工艺。其特性的变化范围同以前的功率 IGFET 相比有较大改善，在 V_{ds}（耐压）为 600V 的时候，每个单位面积的导通电阻可降低 1/5，因而采用 COOLMOS 的 IGFET 具有更低的开关损耗和导通损耗。

IGBT 的电流密度是 IGFET 的 3 倍，因而用 IGBT 模块是大功率应用的普遍选择。但以往 IGBT 的导通机制则必定会产生关闭 IGBT 时的"拖尾"电流，"拖尾"电流会造成很大的开关损耗，也使 IGBT 的开关工作频率受到限制。WARP 快速型 IGBT 的出现给大功率的开关变换器带来很大的改善，WARP 是以降低 50% 的 IGBT 关断损耗为目标而研究开发的，目前的测试已达到预计目标。目前，WARP 的工作频率已达 180kHz 左右。

现在开关功率变换器因具有较高的效率在人们的日常生活中应用很广，每个家庭都有很多高频功率变换器的应用，如电视机、洗衣机以及照明荧光灯的镇流器均是开关变换技术的应用。因而大量开关功率变换器的使用又对开关功率变换器提出了以下这些更高、更严的要求。

（1）研制高效节能高频开关变换器

分成两个发展方向，一是如何更有效地降低开关变换器的控制损耗，二是如何进一步提高现有开关变换器的使用效率。就这两点而言，对开关变换器的拓扑结构、开关功率器件、磁性材料、磁性元件、电容滤波元件等都提出了更为严格的要求，也是目前这个产业要重点研究的课题。

（2）开关变换器的小形化、低电压化和大容量化

小形化意指其体积小、功率密度高。随着数字化、信息化社会的到来，各种个人的信息化、数字化产品层出不穷，因而也希望各种电源供应器件也越小越好。这对开关电源变换器的设计也带来很大的冲击，在磁性元件设计、滤波元件的选择、电源产品的散热设计方面均有较高的难度，但短、小、轻、薄是未来的发展方向。

大容量意指功率大，目前高频开关变换器的功率容量还是受到 IGBT、IGFET 的高频开关器件的限制而无法做成兆瓦级的功率变换器，但随着器件的发展，估计未来几年就有可能出现兆瓦级的开关功率变换器。

（3）低噪声、低损耗的软开关变换器

零电流、零电压开关变换器能有效降低功率器件的开关损耗、浪涌电压、浪涌电流，因而是一种低损耗、低噪声的开关变换器。但是，如何更可靠、更有效、更优化地设计软开关变换器拓扑、磁性元件结构及参数就成为目前研究的重点。

（4）高次谐波及电磁干扰的防护

开关变换器使用越来越广泛，同时也给电力输电网带来了谐波压力的问题。有时单台开关变换器设备的高次谐波符合使用标准，但大量设备同时在同一电力网络上时，其高次谐波就不容忽视，会造成很大的危害。

越来越多无线电频谱的使用，也迫使开关变换器的电磁辐射干扰必须很低，不然会严重干扰无线通信。另外，电磁干扰的辐射抑制要求也会越来越严。

（5）新材料、新器件的研发

开关变换器的发展同时也得益于新材料和新器件的发展，因而在大力发展高频开关变换器的同时，也必须大力发展各种高频开关变换器所用的材料和器件，如磁性材料、功率开关器件。散热材料、散热技术的发展均是开关功率变换器发展的重要一环。

第一章　基本开关型变换器主电路拓扑

"拓扑"一词由英文单词 toplogy 音译而来，拓扑一词在此指开关变换器从"根"上进行分类和分析，包含了电路结构、电路原理及电路的运行模式。分析拓扑原理可以使用能量守恒的概念，而无需死记硬背公式。原理分析中的很多公式是由 Δi、$\Delta \phi$、伏·秒值、安·秒值、安·匝数相等原则推导出来的。从拓扑角度看，开关变换器并不多，本书暂说四种基本的主电路。

无论开关变换器如何演化，均是由基本拓扑发展、变化而来。

变换器（直流-直流变换）主要功能是变电压或变换组别极性，有些为了隔离，要加直流变压器[1]。

变换器主要元器件是电感、电容和开关用的晶体管。晶体管周期性地以开通-关断-开通形式工作，频率一般在 20kHz 以上，高的还到几兆赫兹。变换器加上保护环节、其他环节成了高频开关电源。由于一定范围内频率越高的开关电源，其体积越小、重量越轻、成本也越低，因此人们追求开关高频化。但是，频率过高会带来新的问题。众所周知频率倒数是周期，在一个周期 T_S 中包括开通时间 t_{on} 和关断时间 t_{off}，$t_{on}/T_S = D_1$，称为开通时间占空比。$t_{off}/T_s = D_2$，称为关断时间占空比。此种状态称为电感电流 I_L 连续工作模式。如果在每个周期开始，电感电流 I_L 均从零开始，这种状态称为 I_L 不连续工作模式。这时，还会出现第三个占空比 D_3。这时，除了电容供电流给负载之外，主线路中均无电流（Cuk 除外）。其特性也不一样。所以，电感电流 I_L 连续或不连续是要特别关注的。

本章介绍基本拓扑的各项特征，包括电路、工作原理、波形、主要概念与关系式、特点等。利用拓扑，分析结构、推导公式。电感、电容电流，高频开关时是线性变化的，这不单是为了简化，也符合理论和实际波形。最后用公式列表来比较四种最常用基本变换器的异同。

第一节　Buck 变换器

Buck 变换器如图 1-1 所示，又名降压变换器或三端开关型降压稳压器。

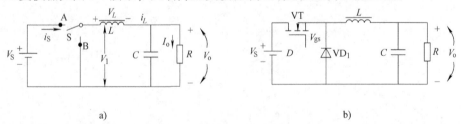

a)　　　　　　　　　　　　　　　　　　b)

图 1-1　Buck 变换器电路

a）Buck 变换器电路原理图（可以共 + 端，也可共 - 端）　b）由场效应晶体管和二极管组成的电路图

图 1-1a 由单刀双掷开关 S、电感元件 L 和电容 C 组成电路的原理性示意图。图 1-1b 由以占空比 D 工作的有源场效应晶体管 VT、无源开关二极管 VD_1、电感 L、电容 C 组成，R

为电阻性负载。电路实现把直流电压 V_S 转换成直流电压 V_o 的功能。

一、工作原理

为分析稳态特性，简化推导公式的过程，特作以下几点假定：

（1）场效应晶体管、开关二极管均是理想开关器件。也就是说，它们可以瞬间"导通"和"截止"，而且"导通"时压降为零，"截止"时漏电流为零。

（2）电感、电容是理想元件。电感工作在线性区而未饱和，寄生电阻为零，电容的等效串联电阻为零。

（3）输出电压中小的纹波电压与输出电压相比允许忽略。

工作过程如下：

当开关 S 在位置 A，如图 1-2a 所示，假设历时 t_{on} 的电流 i_L 线性增加，$0 \sim t_{on}$ 阶段，电感储能电容充电，二极管 VD_1 承受反向电压而截止。当开关 S 转换至位置 B 时，如图 1-2b 所示。由于 L 中电流不能瞬变，产生电磁感应的电动势即极性反向，电感放能使 VD_1 正偏而导通起续流作用，也起钳位作用，使电感左端钳位为负，负载 R 两端电压仍是上正下负。在负载 R 上流过平均电流 I_o，R 两端电压 V_o，极性上正下负。t_{off} 阶段，电容处在放电状态，有利于维持 V_o 不变。

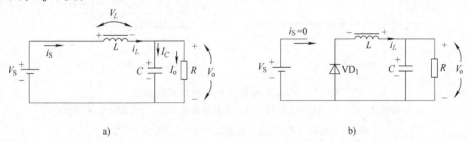

a) b)

图 1-2 在周期 T_S 中 Buck 变换器随 t_{on} 和 t_{off} 在两个电路中先后工作

a) 开关 S 在位置 A b) 开关 S 在位置 B

二、电路各点的波形

在周期 T_s 中，电感电流 i_L 是关键的物理量，可分为电感电流连续工作模式和电感电流不连续工作模式两种。波形如图 1-3a、b 所示。在电感 L 上有直流电压 V 作用时，电流变化率为 r。

依据法拉第定律 $\dfrac{V}{L} = \dfrac{\Delta i}{\Delta t} = r$，当开关 S 闭合 $D_1 T_S$ 时间段，i_L 以斜率（$V_S - V_o$）/L 上升。当开关 S 打开时，i_L 以斜率 V_o/L 下降，故输入电流阶梯斜坡 i_S 是脉动的，斜坡中点值是输出电流 I_o，在 L、C 作用下它是连续、平稳的直流电流。当负载 R 变化时，I_o 成反比变化，即 R 上升 I_o 下降，所以称它为恒压源。

由图可知，电流增量 $\Delta i = r\Delta t$，即 Δi 随 Δt 而变。控制占空比就控制了开关电源的输出 V_o。

三、主要概念与关系式

在静态工作下可进行以下分析。

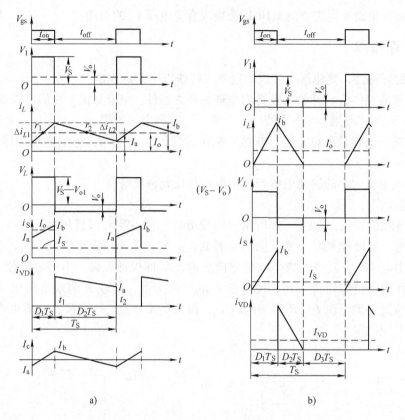

图 1-3　Buck 变换器两种工作模式波形图

a) 连续模式（在一个周期中 $I_L > 0$）　　b) 不连续模式（在一个周期中 I_L 有零值点）

注：r_1、r_2 是电流变化率，I_a 是最小幅值，I_b 是最大幅值。

1. 电压增益与占空比关系

（1）电感电流连续工作状态

下面分析一下开关闭合和断开与输出电压的关系。在图 1-3 中，设开关周期为 T_S，其中闭合时间为 $t_{on} = D_1 T_S$，断开时间为 $t_{off} = D_2 T_S$。D_1 称为开通时间占空比，表示有源开关接通时间占周期的百分值。D_2 称为关断时间占空比，表示有源开关关断时间（即无源开关 VD_1 导通时间）占周期的百分值。根据假定（1），很明显，$D_1 + D_2 = 1$。

在输入、输出电压不变的前提下，当开关 S 在位置 A 时，对应 $D_1 T_S$ 区间各量波形如图 1-3a 所示，加在电感两端电压为 $V_S - V_o$，而把 $V_L \cdot D_1 T_S$ 称为伏·秒值。

当开关 S 在位置 B 时有对应 $D_2 T_S$ 波形同理，对应 $D_2 T_S$，加在电感两端电压为 V_o，而把 $V_o \cdot D_2 T_S$ 也称为伏·秒值。一周期储能等于放能有伏·秒值相等的原则，并依假定晶体管、二极管能立即转换导通、关断有 $D_2 = 1 - D_1$，则

$$(V_S - V_o) D_1 T_S = V_o D_2 T_S$$

$$\frac{V_o}{V_S} = D_1 \tag{1-1}$$

式（1-1）表明，输出电压 V_o 与 V_S 相关并随占空比 D_1 而变化。$\dfrac{V_o}{V_S}$ 是电压增益，用 M 表示，

即 $M = D_1 < 1$，是降压关系。

关注电感电流 i_L 的线性上升，根据 $V = L\dfrac{\Delta i_L}{\Delta t}$，在稳态下 $\Delta i_{L1} = \dfrac{V_S - V_o}{L}D_1 T_S$ (1-2)

又 $$\Delta i_{L2} = \dfrac{-V_o}{L}D_2 T_S \tag{1-3}$$

依据 $|\Delta i_{L1}| = |\Delta i_{L2}|$ 原则也有
推出式（1-1）。

如图 1-4 所示，电压增益 M 由开关开通时间占空比 D_1 决定，与负载电流大小无关，即变换器有很好的外特性和调节特性。

（2）电感电流不连续工作状态

在 V_S 一定，D_1 一定时

当电感 L 较小，或负载电阻较大或 T_S 较大时，将出现 i_L 已下降到 0，新的周期却尚未开始的情况。当新的周期来到时，i_L 从 0 开始线性增加。这种工作方式称电感电流不连续状态。波形图如图 1-3b 所示。此时，当开关 S 在位置 A 时，有式（1-2）。当开关 S 在位置 B 时，有式（1-3）。

由于 $|\Delta i_{L1}| = |\Delta i_{L2}|$

整理得

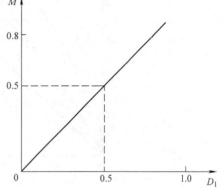

图 1-4   Buck 变换器 $M = f(D)$

$$V_o = \dfrac{D_1}{D_1 + D_2}V_S, \quad M = \dfrac{D_1}{D_1 + D_2} \tag{1-4}$$

式中 D_2——晶体管关断、二极管开通时间占空比。

注意，此时 $D_1 + D_2 + D_3 = 1$，如图 1-3b 所示，即存在 $D_3 T_S$ 区间，V_1 在 $D_3 T_S$ 时有 V_o 值。

由图 1-3b 中 i_L 曲线可知，稳态负载电流 I_o 即是 i_L 面积在 T_S 时间内的平均值，而且等于 V_o / R。即

$$I_o = \dfrac{1}{T_S}\Big[\dfrac{1}{2}(D_1 + D_2)\ T_S\ \dfrac{V_S - V_o}{L}D_1 T_S\Big] = \dfrac{V_o}{R} \tag{1-5}$$

解得

$$\dfrac{1}{M} - 1 = \dfrac{2\tau_L}{D_1(D_1 + D_2)} \tag{1-6}$$

式中 $\tau_L = \dfrac{L}{R T_S}$。$\tau_L$ 是无量纲参数。它是变换器特征值之一，它是 $\dfrac{L}{R}$（称为时间常数），再与 T_S 相比，故称为相对时间常数。

由式（1-6）可得

$$M = \dfrac{D_1}{D_1 + \dfrac{2\tau_L}{D_1 + D_2}} \tag{1-7}$$

由式（1-4）和式（1-7）联解得

$$D_2 = \dfrac{D_1}{2}\left(\sqrt{1 + \dfrac{8\tau_L}{D_1^2}} - 1\right) \tag{1-8}$$

将式（1-8）代入式（1-6）得到不连续状态下降压变换器的电压增益 M 为

$$M = \frac{V_o}{V_S} = \frac{2}{1 + \sqrt{1 + \dfrac{8\tau_L}{D_1{}^2}}} \qquad (1\text{-}9)$$

式（1-9）相应图形如图 1-5 所示虚线。

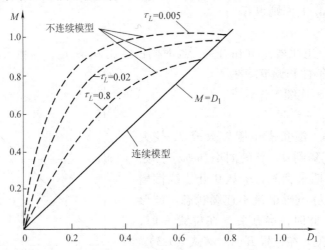

图 1-5　在连续和不连续的状态下，降压变换器电压增益 M 与
占空比 D_1 的函数关系

从式（1-9）表明占空比变化下的电压增益。如果对式（1-7）～式（1-9）演算可以得到下式电压增益确定占空比。

$$D_1 = M \sqrt{\frac{2\tau_L}{1 - M}} \qquad (1\text{-}10)$$

$$D_2 = \sqrt{2\tau_L (1 - M)} \qquad (1\text{-}11)$$

2. 电感电流中点与电流平均值 I_o 的关系

在图 1-3a 所示 i_L 曲线中的 r_1、r_2 是电流变化率。

$$r_1 = \frac{V_S - V_o}{L}, \ r_2 = \frac{V_o - (-1)}{L} \approx \frac{V_o}{L} \ （D_1 的压降假定为 1V 并略去）$$

两斜线中点连线等于电流平均值 I_o（也是负载电流）。当 I_o 减小时，I_a（即连续工作周期开始时的电流值）也减小。当 I_a 减小至 0 时，平均值 I_o 就是三角形面积平均值，即三角形高度一半，表为 $I_a = 0$ 时，$I_o = \frac{1}{2}\Delta i_L$。反言之，$I_o = \frac{1}{2}\Delta i_L$ 时，i_L 在周期开始时为 0。

这时出现了重要特征分界点，即它是连续与不连续的临界点。此概念在设计时很有用。

3. 连续与不连续工作状态的临界条件

在连续与不连续状态之间有个临界点，其发生条件可表示为

连续状态 　　　　　　　　　　　$\frac{1}{2}\Delta i_L < I_o$ 　　　　　　　　（1-12）

临界状态（即 $D_3 T_S = 0$）　　　$\frac{1}{2}\Delta i_L = I_o$ 　　　　　　　　（1-13）

不连续状态
$$\frac{1}{2}\Delta i_L > I_o \tag{1-14}$$

根据式（1-3），临界时

$$\frac{1}{2}\Delta i_{I2} = \frac{V_o}{2L}D_2 T_S = \frac{V_o}{R}$$

整理得

$$\frac{D_2}{2}T_S = \frac{L}{R}, \quad \frac{D_2}{2} = \frac{L}{RT_S} \equiv \tau_L \tag{1-15}$$

式（1-15）表明：相对时间常数 τ_L 与 D_2 的值联系了起来。此常数后面会继续研究。

式（1-15）为临界条件的 $\frac{L}{R}$ 表达式。这时 L 定义为临界电感，可表为 L_c，即

$$L_c = \frac{D_2 R}{2}T_S = \frac{V_o}{2I_o}D_2 T_S = \frac{V_o}{2I_o}t_{off} = \frac{V_o^2}{2P_o f_S}(1-D_1) \tag{1-16}$$

式中　L_c——临界电感量（H）；

V_o——输出电压（V）；

f_S——开关工作频率（Hz），$f_S = \frac{1}{T_S}$；

P_o——变换器输出功率（W），$P_o = I_o V_o$。

由式（1-16）可知，对于 L_c 和 D_2 为固定值时，降压变换器的电流是否连续由 R 或 T_S 值确定。当 R 的欧姆值增大即 I_o 减小时，工作状态将从连续转化为不连续。为连续可推出 $R \not> \frac{2L_c f_S}{1-D_1}$，或 $I_o > \frac{V_o D_2}{2L_c f_S}$。另一方面，如果 R 和 $D_2 T_S$ 是固定的，若电感器的 $L < L_c$ 时，其工作状态由连续的转化为不连续。为连续要 T_S 减小，$T_S < \frac{2L_c}{D_2 R}$。当 f_S 增大时，从式（1-16）可看出，则保持开关变换器在连续状态工作的 L_c 降低。这对减小体积、重量、成本有好处，但开关管费用要增加。

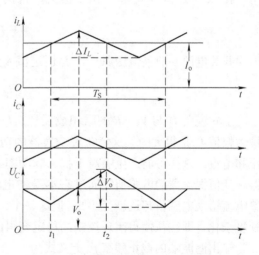

图 1-6　电容电压和电容充电电流的波形

4. 纹波电压 ΔV_o

流经电容的电流 i_C 是 $i_L - I_o$，i_C 在电容两端产生的电压 ΔV_o 称为纹波电压，

可表示为
$$\Delta V_o = \frac{1}{C}\int_{t_1}^{t_2} i_C dt = \frac{1}{C}\frac{\Delta i_L}{8}T_S \tag{1-17}$$

其波形如图 1-6 所示。当 i_C 为 t 的线性函数时，ΔV_o 为 Δi_C 增加时相关三角形面积。

把式（1-3）代入式（1-17）得

$$\Delta V_o = \frac{V_o}{8LC}(t_2 - t_1)T_S = \frac{V_o D_2}{8LC}T_S^2$$

式中　D_2——关断时间占空比。

$$D_2 = \frac{t_2 - t_1}{T_S} = \frac{T_S - t_1}{T_S} = 1 - D$$

5. Buck 的特点

仔细的观察图 1-3a 和 b 的波形，可以得出 Buck 变换器的一些特点。

V_o 是 V_1 在 T_S 内的平均值。V_1 时有时无，V_o 几乎是平直的。V_o 的平直是靠低通滤波器滤去 V_1 的交流分量。低通滤波器的截止（或称交换）频率 f_c 应比开关频率 f_S 低得多。根据第七章可知，一般选择 $f_c = \frac{1}{5} f_S$。

V_1 的波形在两种工作状态下是不同的。连续状态时，在 t_1 期间，$V_1 = V_S$；在 t_2 期间，$V_1 = 0$。V_1 的平均值 V_o 由 D 决定。在理想情况下，V_o 与 R 无关。然而，在不连续状态中，在 t_2 期间，有部分时间 $V_1 = 0$，部分时间 $V_1 = V_o$。在 f_S、L 值一定情况下，$V_1 = 0$ 所持续的时间由 R 决定，所以在不连续时，V_o 值由 R 和 D 决定。由于不连续时，t_2 中存在 $V_1 = V_o$ 的台阶，所以在 V_S 和 D 的值相同时，不连续状态下的输出电压 V_o 比连续状态下的 V_o 大。

输入电流 i_S 是带斜坡脉动的，与降压变换器是否为连续工作状态无关。这个脉动电流，可能影响其他电器的正常工作。通常，电源输入端加上滤波器，这种滤波器必须在开关变换器设计的早期阶段和建立模型的过程中就要考虑到，否则可能会引起意外的自激振荡。

在 V_S 一定值时 V_o 和 R 两个值决定 i_S 的平均值 I_S。在理想下有

$$V_S I_S = \frac{V_o^{\,2}}{R}$$

因为开关电源一般是恒压源，V_o 是恒定值 K，故有

$$I_S = \frac{K}{V_S R} \tag{1-18}$$

上式说明 I_S 与 V_S、R 的乘积成反比。I_S 的幅值是变化的，但在不连续工作状态时，其最大幅值 I_b 是很大的。这意味着变换器的功率晶体管和续流二极管必须具有较高的峰值电压和电流。这样可能产生噪声干扰，高功率变换器应避免不连续工作状态或是使用变值扼流器。变值扼流器的电感值随通过它本身的电流而变化（当小电流通过时，电感值大，但随着电流增大电感值却逐渐变小）。但这一个"变值"电感将导致截止频率 f_c 变动，使设计问题复杂化，即往往使得闭环控制的稳定变得困难些。

输出滤波器的截止频率 f_c 定义式为

$$f_c = \frac{1}{2\pi \sqrt{LC}} \tag{1-19}$$

当 C 能达到所需的输出滤波要求时，L 可使开关变换器保持连续的工作状态。但电容器本身等效串联电阻 ESR 将消耗一些功率使电容发热。ESR 上的压降就是输出的纹波电压。要减小这些纹波电压，只能减少等效串联电阻值和动态电流值。电容 C 的类型，通常由纹波电流的大小决定。截止频率 f_c 的高低、LC 的大小，都将影响输出纹波电压。在实际设计过程中，选择 L 和 C 时，要综合考虑其重量、尺寸以及成本等因素，这在第七章还将进一步分析。从改善动态特性看，可考虑选择小电感量、大电容量。

已知降压变换器 $V_S = 46 \sim 51V$，$V_o = 5V$，$I_o = 1 \sim 4A$，$f_S = 80kHz$，纹波电流为 $2A$，拟在不连续模式工作。求占空比、电感值和开关晶体管峰值电流。

解: $T_S = \dfrac{1}{f_s} = 12.5\mu s$，$D = \dfrac{5}{46} = 0.11$ 按临界状态考虑有 $D_1 = 0.11$、$D_2 = 1 - 0.11 =$

0.89。$I_o = \dfrac{1}{2}\Delta i_L$，考虑 D_3 的存在，$2I_o = \Delta i_L = \dfrac{V_S - V_o}{L}D_1 T_S$

所以
$$L < \frac{V_S - V_o}{2I_o}D_1 T_S = \left(\frac{46 - 5}{2 \times 4} \times 0.11 \times 12 \times 10^{-6}\right)H \approx 6.8\mu H$$

所以
$$I_{Tr(on)} \geq I_o + \frac{1}{2}\Delta i_L = \left(4 + \frac{2}{2}\right)A = 5A$$

四、稳态特性与元器件参数的量化

为了设计变换器，必须定量地分析一些电参数，例如通过电路元器件的直流电流和交流电流、电压增益、元器件所受电压应力等。

下面讨论的方程式以及图表是降压变换器稳定情况下的 V、I、D 等关系。并且忽略元器件的寄生参数（如电感电阻 R_L 和电容电阻 ESR）。事实证明，这些方程式能满足实际设计的要求。

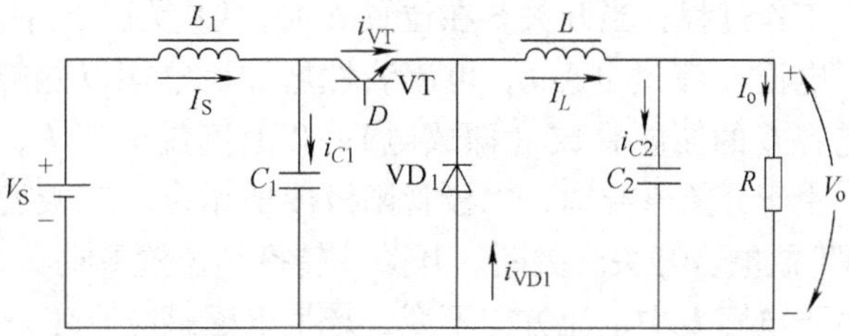

图 1-7 给出了 Buck 变换器各支

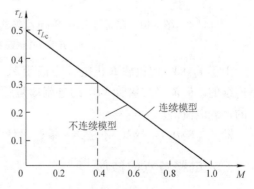

图 1-7　降压变换器各支路电流的定义

路电参数符号及正方向。图中包括了一个输入滤波网络 L_1、C_1，并且假设 L_1 具有足够大的电感量，以致 I_S 实质上是直流；C_2 较大，以致 I_L 的交流压降大部分在电感 L 上。这两个假设是为了获得低输入电流纹波及小输出电压纹波而提出的，符合开关电源的实际应用。

随着 L 变小，τ_L 变小，开关变换器将从连续状态变为不连续状态。在此交界点的电感 L_c 称为临界电感，此时时间常数标为临界时间常数标幺值 τ_{L_c}，它与 D（或 M）的关系，根据式（1-14），临界时间常数标幺值为

$$\frac{D_2}{2} = \frac{1 - D_1}{2} = \frac{L_c}{RT_S} = \tau_{L_c} \qquad (1\text{-}20)$$

根据式（1-20）可画出如图 1-8 所示曲线，如果 $\tau_L > \tau_{L_c}$，那么将进入连续状态。反之，如果 $\tau_L < \tau_{L_c}$，进入不连续状态。例如，$M = 0.4$ 时，$\tau_{L_c} = \dfrac{1 - 0.4}{2} = 0.3$。当 $\tau_L \geq 0.3$ 时，工作在连续模式区间。注意，随着 R 和 V_S 的变化，开关电源变换器工作状态可能会变化。如果在具体应用中希望工作在某确定的单一状态，则应在整个 R 和 V_S 的变化范围内找出连续与不连续的边界。

图 1-8　电感电流连续与不连续的边界

第二节　Boost 变换器

Boost 线路如图 1-9 所示，一般称升压变换器。电路由开关 S、电感 L 和电容 C 组成。

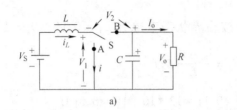 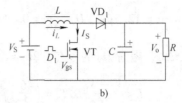

图 1-9　Boost 变换器电路

a）Boost 变换器电路原理图　b）由场效应晶体管和二极管组成的 Boost 变换器电路

VT 为有源开关，VD_1 为无源开关。加上 L、C 元件完成升高电压至 V_o 的功能。

一、工作原理

假定条件与图 1-1 所示 Buck 变换器相同。但在图 1-13 中还特别考量了寄生参数的影响。

工作过程：当开关 S 在位置 A 时，VT 受控于占空比 D_1 历时 t_{on}，工作状态如图 1-10a 所示，电流 i_L 流过电感 L，电流线性增加，电能以磁能形式贮存在电感 L 中。此时，上个 T_S 的电容 C 的储能释放（即放电），R 上流过电流 I_o，R 两端为输出电压 V_o，极性为上正下负。由于开关管导通，二极管阳极接地钳位，二极管承受反压 V_o，而且电容不能通过 VD_1 和 VT 放电。开关管关断，开关 S 转换到位置 B 时，历时 t_{off}，工作状态如图 1-10b 所示。这时由于电感 L 中电流方向不变，产生电磁感应改变 L 两端的电压极性，电动势反向，VD_1 导通以保持 i_L 流通。这样 L 中的由磁能转化成的 V_L 与电源 V_S 串联，以高于 V_o 的电压向电容 C、负载 R 供电。高于 V_o 时，电容有充电电流；等于 V_o 时，充电电流为零；当 V_o 有降低趋势时，电容向负载 R 放电，维持 V_o 基本不变。

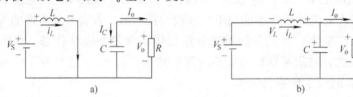

图 1-10　在周期 T_S 中 Boost 变换器在 t_{on} 和 t_{off} 在两个电路中先后工作过程

a）开关 S 在位置 A　b）开关 S 在位置 B

由于 $V_L + V_S$ 向负载 R 供电，V_o 高于 V_S，故称它为升压变换器。工作中输入电流 $i_S = i_L$，是连续的。但流经二极管 VD_1 的电流却是脉动的。由于 C 的存在，负载 R 上仍有稳定、连续的负载电流 I_o。

输入与输出共 + 端，还是共 – 端，设计时依需要可自行决定。

二、电路各点的波形

按在周期初期 i_L 是否从零开始，可分为连续工作状态或不连续工作状态。波形如图 1-11a、b 所示。

在 L 大于临界电感时，为连续工作状态，稳态后周期 T_S 初 $i_L = I_a$，T_S 末 $i_L = I_b$，VT 在 t_{on} 末 $i_L = I_b$，VD_1 在 t_{off} 初 $i_L = I_b$，t_{off} 末 $i_L = I_a$。如此周而复始。但是，如果电感量太小，电流线性下降快，即在电感中能量释放完时，尚未到达场效应晶体管重新导通的时刻，这样就出现了电感电流不连续的工作状态。在要求相同功率输出时，电感电流不连续工作状态下晶体管和二极

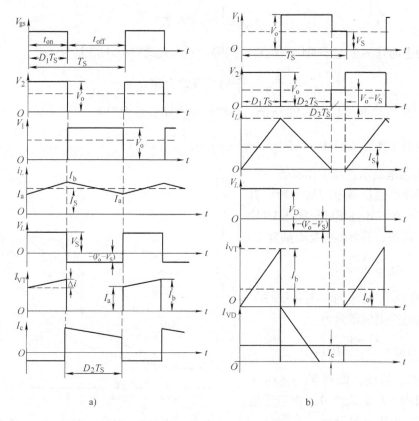

图 1-11 Boost 变换器 i_L 两种工作状态波形图

a) 连续时波形　b) 不连续时波形

管的最大瞬时电流比电感电流连续工作状态下要大，同时输出直流电的纹波电压也增加。

在电感电流连续状态下，输入电流不是脉动的，纹波电流随 L 增大而减小。电感电流不连续工作状态下，输入电流是脉动的。对于场效应晶体管输出电流，不管是在连续还是在不连续工作状态下都是脉动的。而且，峰值电流比较大。另外，在不连续工作状态下，t_{on} 的时间内，L 从输出端脱离，这时只有电容 C 向负载提供所需的能量。因此，要求电容 C 的电容量比较大，才能适应输出电压、电流纹波小的要求。

三、主要概念与关系式

1. 电压增益与占空比的关系

（1）电感电流连续工作状态

下面分析开关闭合和断开的情况与输出电压的关系。图 1-11 中设开关周期为 T_S。其中，闭合时间为 $t_{on} = D_1 T_S$，断开时间为 $t_{off} = D_2 T_S$。连续状态时 $D_1 + D_2 = 1$。

在输入、输出电压不变前提下，在 t_{on} 阶段，i_L 线性上升，其增量为电流上升速度乘上时间 $D_1 T_S$，即

$$\Delta i_{L1} = \frac{V_S}{L} D_1 T_S$$

在 t_{off} 阶段，i_L 线性下降，其增量为

$$\Delta i_{L2} = \frac{V_o - V_S}{L} D_2 T_S$$

由于稳态时这两个电流变化量绝对值相等，所以化简得电压增益为

$$M = \frac{V_o}{V_S} = \frac{1}{1-D_1} = \frac{1}{D_2} \text{而且理论上 } M_{max} = \frac{1}{1-D_{1max}}$$

$M = f\ (D_1)$ 的曲线如图 1-12 所示。由图可知，M 值总大于 1。

如果转换中能量无损耗时，则 $\dfrac{V_S}{V_o} = \dfrac{I_o}{I_S} = 1 - D_1$。

（2）电感电流不连续工作状态

当电感较小或负载电阻较大时，升压变换器工作在 i_L 不连续波形如图 1-11b 所示。在 t_{on} 阶段，其电感电流增量为

$$\Delta i_{L1} = \frac{V_S}{L} D_1 T_S$$

在 t_{off} 的 $D_2 T_S$ 时间内，电流线性下降到零，其电感电流增量为

$$\Delta i_{L2} = \frac{V_o - V_S}{L} D_2 T_S$$

此后的 t_{off} 阶段，即在 $T_S - (D_1 + D_2)T_S$ 时间内，I_L 电流为 0，相当于电感与电容 C、电阻 R 断开。

电感电流在 t_{on} 开

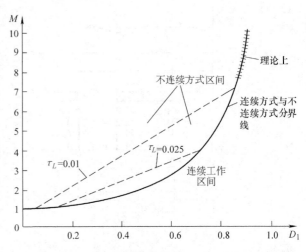

图 1-12　Boost 变换器电压增益 M 与 D_1 的关系曲线

始上升在 t_{off} 结束时又降到 0 的工况称为临界状态，临界电流 $i_o = \dfrac{1}{2}\Delta i_L = \dfrac{V_S D_1}{2L} T_S$。

按式（1-13），临界条件下电感电流平均值为 $\dfrac{1}{2}\Delta i_L = I_o$。

因在 Boost 电路中
$$i_S = i_L = \frac{I_o}{1-D_1}$$

故有
$$\frac{V_S D_1 T_S}{2L} = \frac{V_o T_S}{2L} D_1\ (1-D_1)\ = \frac{I_o}{1-D_1}$$

则可以推出临界电感值

$$L_c = \frac{V_o T_S}{2I_o} D_1\ (1-D_1)^2 \tag{1-21}$$

设计时只要选择电感值 $L < L_c$ 则可不连续状态。

当不连续工作模式时 $D_1 + D_2 \neq 1$，所以电压增益 M 为

$$M = \frac{V_o}{V_S} = \frac{D_1 + D_2}{D_2} \tag{1-22}$$

式（1-22）表示 M 不单与 D_1 有关，而且与 D_2 有关。D_2 在 L_c 定值下是由电路参数决定的，对应开关二极管 VD_1 流过的电流值，从图 1-11a 所示可知，此波形平均值就是 I_0 值；从图 1-11b 所示可知 i_L 三角波平均值就是流过开关晶体管 VT 的电流 I_S 值。不连续工作状态

时波形为三角形，可进一步求得其关系式，有

$$D_2 = \frac{\tau_L}{D_1}\left(1 + \sqrt{1 + \frac{2P_1^2}{\tau_L}}\right) \tag{1-23}$$

$$M = \frac{1 + \sqrt{1 + 2D_1^2/\tau_L}}{2} \tag{1-24}$$

$M = f(D_1)$ 的关系曲线如图 1-12 中的虚线所示。虽然随相对时间常数 τ_L 不同有不同曲线，但与连续工作状态 $M = f(D_1)$ 相比，它中间虚线段几乎是直线。这种线性关系，使得设计不连续的升压变换器控制电路较为容易，并较易调整到稳定工作。

（3）电压增益受寄生参数的影响

式（1-21）中 $(1-D_1)^2 = D_2^2$ 项说明连续工作状态的电压增益与关断占空比 D_2 成反比。当接通占空比大于 0.8（关断占空比 $D_2 = 0.2$）之后，M 迅速增加。实验证明，如图 1-13 所示，在 D_1 开始增加时，M 如实线所示增加；在 D_1 继续增加时 M 反会下降，如虚线所示。其原因是由于式（1-21）在理想情况下推得的。当考虑电感有寄生电阻 R_L，电容有寄生电阻 R_C 时，电压增益与关断占空比关系如下式，即

$$M = \frac{1}{D_2}\frac{D_2^2 R}{R'}$$

式中 $\dfrac{1}{D_2}$ ——理想的升压变换器电压增量的函数；

$\dfrac{D_2^2 R}{R'}$ ——修正因子，$R' = R_L + (R /\!/ \text{ESR})D_2 + \dfrac{R^2 D_1^2}{R + \text{ESR}}$。

修正因子值由开关变换器的 LC 元件寄生电阻 R_L、R 和 ESR，以及 D_1、D_2 等因素决定。

根据上式并设 $R_L = \text{ESR} = 0.01R$ 可画出 $M = f(D_1)$ 曲线，如图 1-13 所示虚线。

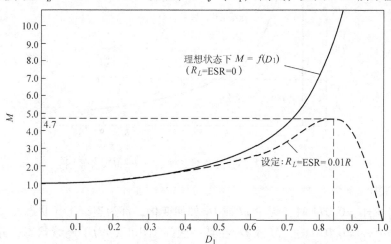

图 1-13　理想状态和实际状态下升压变换器的直流电压增益曲线对比图

图 1-13 中，实线为理想元器件时的 $M = f(D_1)$ 曲线；虚线为考虑元器件的寄生电阻值为负载电阻值 10% 时的 $M = f(D_1)$ 等曲线所示，当 $M \leqslant 3$ 时，实际的和理想的差别很小；当 $M > 3$ 时，则实线迅速上升，虚线上升缓慢。据推证虚线的峰值发生在 $D_{1(\text{max})} = 1 - \sqrt{\dfrac{R_L}{R}}$

处（条件为 ESR $=0$），峰值 $M_{\max} = \dfrac{1}{2}\sqrt{\dfrac{R}{R_L}}$。到达峰值后，转而下降。这一峰转降是上式中修正因子值显著影响的结果。对于高效率的变换器来说，寄生电阻值通常比变换器负载电阻值的 1% 还要小。而且，在选择滤波元器件总是选取寄生电阻尽量小的元器件。

从图 1-13 中的曲线可知，当 $R_L = \text{ESR} = 0.01R$ 时，占空比 $D_1 = 0.88$ 时，M 的最大值为 4.7。当 $D_1 > 0.88$ 时，M 值反而下降。一般变换器工作，当电源电压 V_S 下降时，为使输出电压 V_o 稳定，控制电路总是尽量增大 D_1，使 M 增大，维持输出电压 V_o 为一个恒定值。但在这里却不是，虚线说明必须限定 D_1 的范围。例如 $D_1 \leqslant 0.88$。

2. 电感电流连续与不连续工作状态的临界条件

在连续与不连续状态之间表示电感电流 Δi_L 与开关晶体管 VT 电流 I_S 的关系如下：

$$\dfrac{1}{2}\Delta i_L < I_S \text{ 为连续状态；} \quad \dfrac{1}{2}\Delta i_L = I_S \text{ 为临界状态；} \quad \dfrac{1}{2}\Delta i_L > I_S \text{ 为不连续状态}$$

由式（1-21）得 $\quad \dfrac{L_c}{RT_S} = \dfrac{D_1\,(1-D_1)^2}{2}$ 即 $\tau_{L_c} = \dfrac{D_1\,(1-D_1)^2}{2}$ $\qquad$ (1-25)

又因 $M = \dfrac{V_o}{V_S} = \dfrac{1}{1-D_1}$ 代入式（1-25）

$$\tau_{L_c} = \dfrac{M-1}{2M^3} \qquad\qquad (1\text{-}26)$$

这式（1-25）、式（1-26）两方程式，可以用图 1-14 和图 1-15 表示。

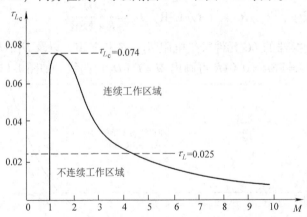

图 1-14　连续与不连续临界条件 $\tau_{L_c} = f\,(M)$ 关系图

从图中可知：

① 当 $\tau_L > \tau_{L_c} = 0.074$ 时，无论 M 或 D_1 如何变化，都为连续工作状态。

② 当 $\tau_L < \tau_{L_c} = 0.074$ 时，M 或 D_1 在某一区间工作时，为不连续状态，此外为连续状态。

例如，当 $\tau_{L_c} = 0.025$ 时，$D_1 < 0.05$ 时，为连续工作状态；$D_1 = 0.05 \sim 0.73$ 时，为不连续工作状态。当 $D_1 > 0.73$ 时，又回到连续工作状态。

③ 当 $\tau_L = \dfrac{L}{RT_S}$ 变大时，即 L 越大于临界电感 L_c 时，M 或 D_1 对应于不连续区域的范围就缩小。

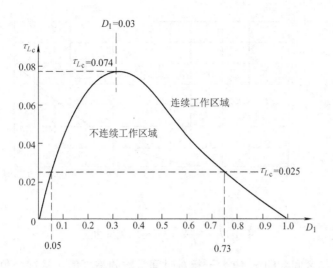

图 1-15　连续与不连续临界条件 $\tau_{L_c}=f\left(D_1\right)$ 关系图

如果在图 1-14、图 1-15 中去除 τ_{L_c} 变量，就可得到 $M=f\left(D_1\right)$ 图，如图 1-12 所示。

四、稳态特性分析

1. $M=f\left(D_1\right)$ 的简化关系式

根据式（1-24）的不连续工作状态方程

$$M=\frac{1+\sqrt{1+2D_1^2/\tau_L}}{2}$$

因为对于大多数系统有 $\dfrac{2D_1^2}{\tau_L}>>1$，因此更加简明的 $M=f\left(D_1\right)$ 关系式为

$$M\approx\frac{1}{2}+\frac{D_1}{\sqrt{2\tau_L}}\qquad(1-27)$$

验算证明，当 $D_1=0.5$，$\tau_L=0.01$ 时，由式（1-24）和式（1-27）所得的结果，误差只有 1%。因此，常用式（1-27）进行实用设计。

2. 大功率升压变换器工作状态的设计

由于图 1-12 中虚线呈线性关系，似乎表明升压变换器应设

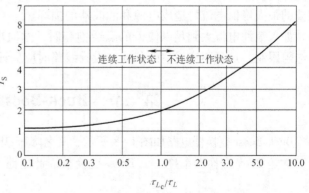

图 1-16　$I_b/I_S=f\left(\tau_L\right)$ 关系曲线

计在不连续工作状态。其实不然。进一步研究表明，流过晶体管最大电流峰值 I_b 电感电流有效值 $I_{L(\mathrm{rms})}$ 与 τ_{L_c}/τ_L 的关系如图 1-16 和图 1-17 所示。

从这些曲线可知，τ_L 对这些电流的大小影响是比较显著的。不连续状态下，即 $\dfrac{\tau_{L_c}}{\tau_L}>1$ 时，（τ_{L_c} 为临界值，τ_L 为实际使用值），电流 I_b、I_L 都有急剧增加的趋势。因此，大功率变换

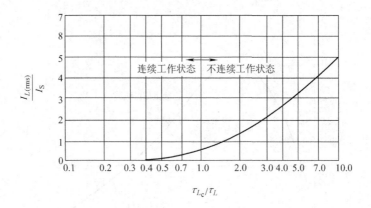

图 1-17　$\dfrac{I_{L(\mathrm{rms})}}{I_{S}} = f\left(\tau_{L}\right)$ 关系曲线

器应设计在连续工作区间，即 τ_L 应大于相对时间常数的临界值，从这个角度看，越大越好。

3. 稳态特性与元器件参数的量化

具体数据见表 1-1。

五、起动过程特性分析

为简单起见，对升压变换器稳态特性推导作一些假定，即忽略主要电路元器件的寄生参数 R_L、R_C。事实证明，这样能满足实际设计的要求。

为了减小对电源瞬间电流的要求，实际的升压变换器多数在输入处加上一个由 L_1、C_1 组成的滤波器。

在如图 1-9b 所示的电路中，突然加上电压 V_S 时，设开关管 VT 处于断开位置，这样输入浪涌电流只受到 R、L 和 C 所构成的低通滤波网络的限制。在半周期中，瞬态浪涌电流正弦波的最大峰值电流可造成电源和滤波器的损坏。

如果浪涌电流大到足以使 L 的磁通饱和时，这时电流只受电源内阻、L、VD 和 C 的寄生电阻限制。这是不应发生的状况，设计线路时应保证安全。

第三节　Buck-Boost 变换器

Buck-Boost 变换器电路如图 1-18 所示，又名降压-升压（或升降）变换器或反号变换器。

它是 Buck 变换器串接一个 Boost 变换器。此电路可以逐步进行简化，如图 1-18a、b 所示。

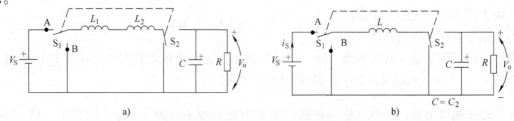

图 1-18　Buck-Boost 变换器电路

假设在图 1-18a 中，S_1 及 S_2 是同步的，并且占空比相同，则 S_1、S_2 的功能可以用等效的双刀双掷开关来表示。电容 C_1 已删除，原理上在没有电容滤波器下，可加大滤波电感，后面加大输出电容 C_2。因删除 C_1 之后，电感 L_1、L_2 可以合成为一个 L，如图 1-18b 所示。如果允许电路输出的电压极性反向，可演变为图 1-19a 所示电路。图 1-19b 所示是由有源开关及无源开关二极管组成的实际等效电路。

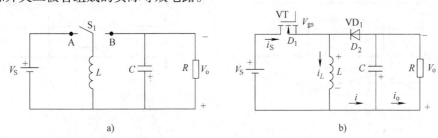

图 1-19 Buck-Boost 变换器等效电路

一、工作原理

假定条件与前面 Buck 的相同。

工作过程如下：

图 1-19 所示电路，当开关 S_1 闭合到 A 点时，电流 i_S 流过电感 L，L 存储能量。当开关 S 从 A 点打开与 B 点闭合时，i_L 要保持方向不变，电感 L 产生反向自感电动势，为下正上负，无源开关二极管 VD_1 导通，负载 R 上输出电压 V_o，并且电容 C 充电储能，以备开关 S_1 再在位置 A 时放电维持 V_o 值，使该值几乎不变。

由于负载上的 V_o 电压极性与输入电压 V_S 的极性相反，故称为反号变换器。电路中电流 i_S、i 都是脉动的，但通过电容 C 的钳位和滤波作用，V_o 近于直流电压，i_o 是连续的。

二、电路各点的波形

按 i_L 的电流在周期初是否从 0 开始，可分为连续和不连续工作两种状态，各波形如图 1-20a、b 所示。

三、主要概念与关系式

1. 电压增益

无论电感电流连续或不连续

按 L 两状态（A、B 位置）伏·秒值相等的观点有 $V_S D_1 T_S = V_o D_2 T_S$。

可推得电压增益
$$M = \frac{V_o}{V_S} = \frac{D_1}{D_2} \tag{1-28}$$

功能上当 $D_1 < 0.5$ 时是降压，$D_1 > 0.5$ 时是升压。

把 τ_L 作为参变量，$M = f(D_1)$ 曲线如图 1-21 所示。

2. 变换中各量关系

① 假设变换器效率很高，几乎没有损耗，则有

$$V_S I_S = V_o I_o \quad 即 \quad \frac{I_o}{I_S} = \frac{V_S}{V_o} = \frac{D_2}{D_1}$$

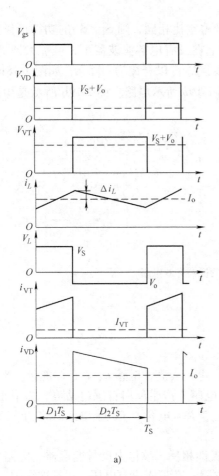

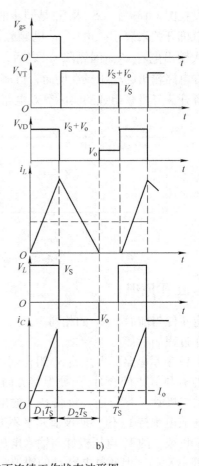

a)   b)

图 1-20　Buck-Boost 变换器连续与不连续工作状态波形图

a）连续工作状态　b）不连续工作状态

如是连续工作状态 $D_1 + D_2 = 1$

$$\frac{I_o}{I_S} = \frac{1 - D_1}{D_1} \qquad (1\text{-}29)$$

② 假设变换中 V_S 上、下波动 $V_{smax} \sim V_{Smin}$，仍要保持 V_o 不变其 D_1 要在 $D_{1max} \sim D_{1min}$ 范围作调整。则有

$$\frac{V_o}{V_{Smin}} = \frac{D_{1max}}{1 - D_{1max}} \qquad (1\text{-}30)$$

而且

$$\frac{V_o}{V_{Smax}} = \frac{D_{1min}}{1 - D_{1min}} \qquad (1\text{-}31)$$

③ 假设输出电流 I_o 作上、下波动 $I_{omax} \sim I_{omin}$，D_1 对应作 $D_{1max} \sim D_{1min}$ 调整后，输入电流 I_S 作何变化

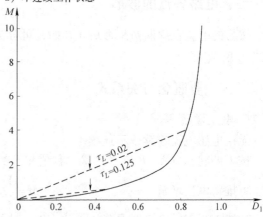

图 1-21　Buck-Boost 变换器 $M = f(D_1)$

关系曲线

$$\frac{I_{omin}}{I_{smin}} = \frac{1 - D_{1min}}{D_{1min}} \qquad (1\text{-}32)$$

而且
$$\frac{I_{omax}}{I_{Smax}} = \frac{1 - D_{1max}}{D_{1max}} \qquad (1\text{-}33)$$

2. 连续与不连续工作状态之间的临界条件

临界条件可表为

$$2\tau_{L_c} = \frac{1}{(1 + M)^2} \text{和} 2\tau_{L_c} = (1 - D_1)^2$$

相应曲线 $\tau_{L_c} = f(M)$ 和 $\tau_{L_c} = f(D_1)$ 如图 1-22 和图 1-23 所示。

3. 纹波电压

从图 1-20 所示的纹波电流对电容 C 的充电形成纹波电压 ΔV_o，当 $L \gg L_c$ 时，可得

$$\Delta V_o = \frac{V_S}{8CL} D_1 T_S \qquad (1\text{-}34)$$

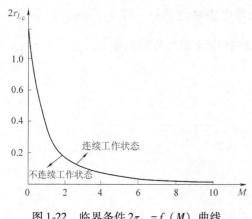

图 1-22 临界条件 $2\tau_{L_c} = f(M)$ 曲线

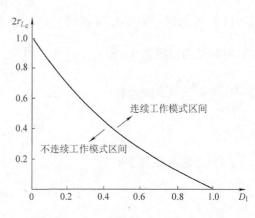

图 1-23 临界条件 $2\tau_{L_c} = f(D_1)$ 曲线

四、优缺点

Buck-Boost 变换器的电压增益 M 随 D_1 变化，可以下降，也可以上升，这是它的主要优点。但是，实际电路就显得比较复杂了。因为它的输入、输出脉动，其电流要平波要加 L_1C_1、L_2C_2 两个滤波器。另外，驱动电路不共地，也会使电路中元器件增加。

五、拓扑分析反号变换器

实际工作中的参数关系，往往无现成公式，这时可依工作原理及给出条件自行推导。下面举例说明。

例 1 Buck-Boost 变换器，如图 1-19b 所示。假定变换器处于电感电流连续工作状态，且电感电阻 $R_L = 0$，试求：

（1）根据电感线圈上的磁通平衡原理，确定直流电压增益 $\frac{V_o}{V_S}$ 与占空比 D_1 的函数关系；

（2）假定输出电压纹波可忽略，用电容充、放电平衡法求电感电流 i_L 的平均值 $I_{L(avg)}$；

（3）电感大小决定了工作是在连续还是不连续工作状态。试求出连续和不连续工作状态临界值的 τ_{L_c}，并确定它与 D_1 的函数关系；

(4) 假设 $\tau_L \to \infty$，求输出电压的波形峰值 ΔV_o 的表达式。

解：

(1) 当有源开关 VT 导通时，设线圈 L 匝数为 N，按 $V = N \dfrac{\mathrm{d}\phi}{\mathrm{d}t}$

$$\mid \Delta\phi \mid_{on} = \left| \frac{V_L}{N} D_1 T_S \right|_{V_L = V_S} = \frac{V_S}{N} D_1 T_S$$

当无源开关 VD$_1$ 导通时，设 $D_2 = \dfrac{t_{off}}{T_S}$，则 $\mid \Delta\phi \mid_{off} = \left| \dfrac{V_L}{N} D_2 T_S \right|_{V_L = V_o} = \dfrac{V_o}{N} D_2 T_S$。

在稳态下，磁通平衡，$\mid \Delta\phi \mid_{on} = \mid \Delta\phi \mid_{off}$，即 $\dfrac{V_S}{N} D_1 T_S = \dfrac{V_o}{N} D_2 T_S$，得

$$\frac{V_o}{V_S} = \frac{D_1}{D_2} = \frac{D_1}{1 - D_1}$$

(2) 当无源开关 VD$_1$ 导通时，二极管电流与电感电流相等，即 $i_{VD_1} = i_L$。当稳态工作时，电容平均电流为 0，即 $i_{C(avg)} = 0$。因此，二极管电流即为负载电流 $i_{VD_1(avg)} = I_o = \dfrac{V_o}{R}$，又因 $\dfrac{i_{VD_1(avg)}}{i_{L(avg)}} = \dfrac{D_2 T_S}{T_S}$，所以有

$$I_{L(avg)} = \frac{i_{VD(avg)}}{D_2} = \frac{V_o}{D_2 R} = \frac{V_o}{(1 - D_1)\,R}$$

(3) 在临界条件下有

$$I_{L(avg)} = \frac{1}{2} \Delta i_L$$

因

$$\Delta i_L = \frac{V_o}{L} D_2 T_S$$

故

$$\frac{V_o}{(1 - D_1)\,R} = \frac{1}{2} \frac{V_o}{L} D_2 T_S$$

所以有

$$\tau_{L_c} = \frac{L}{R T_S} = \frac{(1 - D_1)^2}{2} = \frac{1}{2} D_2^2$$

(4) 在 $\tau_L \to \infty$ 时，为极好的电流连续工作状态。当有源开关导通时，电感储能负载电流 I_o 全部由电容电流提供，此时电容电流变化的峰峰值 ΔV_o 为

$$\Delta V_o = \frac{1}{C} \int_{t_1}^{t_2} i_C \mathrm{d}t = \frac{1}{C} I_o D_1 T_S = \frac{V_o}{CR} D_1 T_S$$

式中 $t_2 - t_1$——有源开关导通的时间（s）。

例 2 一个 Buck-Boost 变换器输入电压作 8~16V 变化，负载电流作 0.3~1.5A 变化，要求保持输出电压为 6V，求占空比 D_1 输入电流 I_S 的变化。

解： 假设在连续工作状态、线性段工作，依式（1-30）和式（1-31）有

$$\frac{6}{8} = \frac{D_{1max}}{1 - D_{1max}} 得 D_{1max} = 0.43$$

$$\frac{6}{16} = \frac{D_{1min}}{1 - D_{1min}} 得 D_{1min} = 0.27$$

依式 (1-32) 和式 (1-33) 有

$$\frac{0.3}{I_{Smin}} = \frac{1 - 0.27}{0.27} 得 I_{Smin} = 0.11A$$

$$\frac{1.5}{I_{Smax}} = \frac{1 - 0.43}{0.43} 得 I_{Smax} = 1.14A$$

第四节　Cǔk 变换器

Boost-Buck 电路如图 1-24 所示，又名 Cǔk（古卡）变换器。

一、电路构成

1980 年前后，美国加利福亚理工学院 Solbodan Cuk 进行了一系列 Boost-Buck 变换器的研究，进行如下的演变，从而得出一个很有特色的电路。

在图 1-24a 所示电路中，S_1 及 S_2 是同步的，并有相同的占空比 D。它可演变为如图 1-24b 所示电路。如果允许输出电压是反极性时，则两个单刀双掷开关，两个电容各可省去一个。这时，演变出的新电路如图 1-24c 所示。实际电路如图 1-24d 所示，它是四端非隔离反相 Cǔk 变换器电路。

可以看出，这个电路只要一个开关和一个二极管就可有升、降电压功能。电容器作为输入到输出主要能量的转换元件。

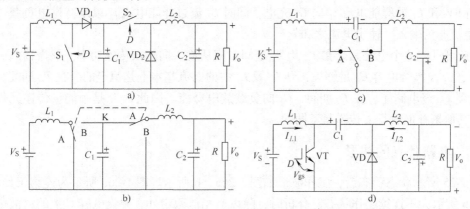

图 1-24　Boost-Buck 变换器的等效电路演变过程

在连续工作状态下，Cǔk 变换器输入电流和输出电流均不是脉动的，而且增加电感 L_1 和 L_2 值，可使交流纹波电压值为任意小。在应用中，这一变换器不需要再附加输入/输出的滤波器。再回顾一下降压-升压变换器，开关电流是脉动的，为了减少它们在开关导通时的噪声，经常要求加一个附加的输出/输入滤波器。因此 Cǔk 变换器使用的元件就少。

Cǔk 变换器同样可以提供 $M < 0.5$ 或 $M > 0.5$ 值。其大小主要决定于如图 1-24d 所示电路的占空比。

二、工作原理

假定条件仍是理想元件、磁心不饱和等、具体描述与前面相同。

工作过程如下：

图 1-24d 所示的占空比 D 的控制信号加在 VT 门极，把 L_1、L_2 绕在同一磁心上。i_{L1}、i_{L2} 电流如图 1-25a 所示。流经两个电感的电流如图 1-25b、c 所示。

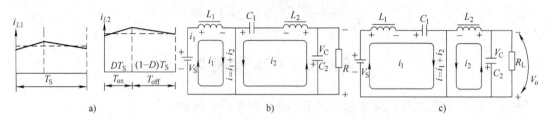

图 1-25　Cǔk 变换器输入/输出电流波形及电流电压的分配

a）输入输出电流　b）VT 导通期间，即 $T_{on} = D_1 T_S$

c）VT 截止期间，即 $T_{off} = （1 - D_1） T_S$

能量的存储和传递是同时在 VT 导通和截止期间（即 t_{on} 和 t_{off}）及电流 i_1、i_2 两个回路中进行的，如图 1-25 所示。当经过若干周期进入稳态后：

① 在 T_{on} 期间，如图 1-25b 所示。此时 VT 导通，把输入、输出环路闭合。VD 反偏而截止，这时输入电流 i_1 使 L_1 储能；C 的放电电流 i_2 使 L_2 储能，并给负载供电。VT 中流过输入、输出电流之和 i。

② 在 T_{off} 期间，如图 1-25c 所示。VT 截止，VD 正偏而导通将输入、输出环路闭合。这时电源 V_S 和 L_1 的释能电流 i_1 向 C_1 充电，同时 L_2 流过释能电流 i_2 以维持供电负载。经过 VD 的电流亦为输入、输出电流之和 i。

由此可见，这个电路无论在 T_{on} 及 T_{off} 期间，都从输入向输出传递功率。只需输入、输出电感 L_1、L_2 及耦合电容 C_1 足够大，则 L_1 及 L_2 中的电流基本上是恒定的。在 T_{off} 期间，输入电流 i_1 使 C_1 充电储能。在 T_{on} 期间，C_1 向负载放电释能。因此，C_1 是个能量传递元件。这一点与其他拓扑能量靠 L 传递是不同的。

三、电路各点的波形

图 1-25 所示状态稳态后，工作波形如图 1-26a、b 所示。图 1-26a 所示为连续工作状态，图 1-26b 所示为不连续工作状态。分析时，除以前相似假定外，并设电容 C 上的纹波电流与其平均值 I_o 之比是很小的。这样 V_o 可认为是恒定电压。

由于稳态时，电感 L_1 和 L_2 电压 V_{L1} 和 V_{L2} 的平均值为零，所以在 V_S、L_1、C_1、L_2、V_o、V_S 环路中有

$$V_{C1} = V_S + V_o$$

当 VT 加正脉冲 V_{gs} 时导通，在 V_S 作用下 i_{L1} 线性上升，L_1 两端电压为 V_S。另外，电容 C_1 通过 VT 放电。电流 i_{L2} 线性上升。这时 L_2 上的电压 V_{L2} 是电容 C_1 的电压与 V_o 的差值，上已述 $V_{C1} = V_S + V_o$，故其差值为 $V_S + V_o - V_o = V_S$。上述两个电流之和 $i_{L1} + i_{L2}$ 流过晶体管的集电极。上面所述过程如图 1-26a 所示的 $D_1 T_S$ 区间。

当 V_{gs} 脉冲消失时，晶体管电压 V_{VT} 上升，由于二极管导通 $V_{VD} = 0$，并使 V_{VT} 等于 V_{C1}；流经 L_1 的电流 i_{L1} 线性下降，V_{L1} 反向。其值大小同样根据 $V_{C1} = V_S + V_o$，观察 V_S、L_1、C、

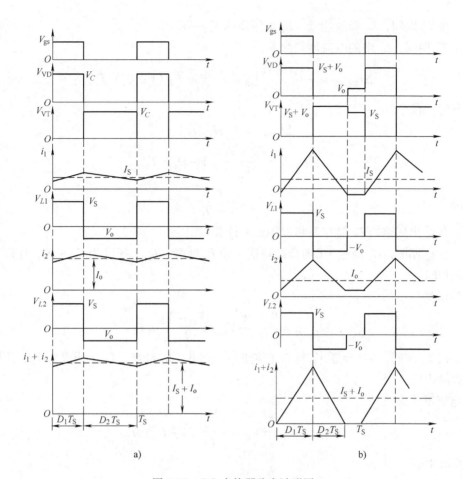

图 1-26　Cǔk 变换器稳态波形图

a）电感电流连续工作状态　b）电感电流不连续工作状态

VD、V_S 环路，V_{L1} 是 V_{C1} 与 V_S 差值决定的，故 $V_{L1} = V_S + V_o - V_S = V_o$。由于 VD 导通，$V_{L2}$ 与 V_o 相等；晶体管截止，二极管 VD 导通流过电流 $i_{L1} + i_{L2}$。上述过程如图 1-26a 所示的 $D_2 T_S$ 区间波形。

根据上述原理，不难理解不连续工作状态时图 1-26b 所示波形，差别只在于二极管、晶体管均不导通出现了电压为 V_o 的一个阶段，此情况与其他拓扑相似，不再赘述。

四、主要概念与关系式

1. 电压增益

下面分析开关闭合和断开的情况下，输入与输出电压的关系。

为了讨论及计算的方便，设电路中使用的元器件均是理想的，电感量也不变。下面针对图 1-25 所示电路进行分析。

（1）从输入环路的 L_1 储存和释放能量来计算

①　在 T_{on} 期间，L_1 储能，L_1 上压降为 V_S，

$$\Delta I_{L1(on)} = \frac{V_S}{L_1} T_{on} = \frac{V_S}{L_1} D_1 T_S$$

② 在 T_{off} 期间，L_1 释放能量，L_1 上压降为 $V_{C1} - V_{\text{S}}$，

因此，在 T_{off} 期间，L_1 中的电流增量为

$$\Delta I_{L1(\text{off})} = -\frac{V_{C1} - V_{\text{S}}}{L_1} T_{\text{off}} = -\frac{V_{C1} - V_{\text{S}}}{L_1}（1 - D_1）T_{\text{S}}$$

进入稳态后，有

$$\Delta I_{L1(\text{on})} = \mid \Delta I_{L1(\text{off})} \mid$$

即

$$\frac{V_{\text{S}}}{L_1} D_1 T_{\text{S}} = \frac{V_{C1} - V_{\text{S}}}{L_1}（1 - D_1）T_{\text{S}}$$

解得

$$V_{C1} = \frac{V_{\text{S}}}{1 - D_1} \tag{1-35}$$

（2）从输出环路的 L_2 储存和释放能量来计算

① 在 t_{on} 期间，C_1 通过 VT 向负载释能，使 L_2 储能，L_2 上压降为 $V_{C1} - V_{\text{o}}$，压降方向与电流方向相同

L_2 的电流增量为

$$\Delta I_{L2(\text{on})} = \frac{V_{C1} - V_{\text{o}}}{L_2} T_{\text{on}} = \frac{V_{C1} - V_{\text{o}}}{L_2} D_1 T_{\text{S}}$$

② 在 T_{off} 期间，VD 导通 V_{S} 与 L_1 储能向 C_1 充电，L_2 释能，L_2 上压降为 V_{o}，压降方向与电流方向相反

L_2 中的电流增量为

$$\Delta I_{L2(\text{off})} = -\frac{V_{\text{o}}}{L_2} T_{\text{off}} = -\frac{V_{\text{o}}}{L_2}（1 - D_1）T_{\text{S}}$$

在稳态情况下有

$$\Delta I_{L2(\text{on})} = \mid \Delta I_{L2(\text{off})} \mid$$

解得

$$V_{C1} = \frac{V_{\text{o}}}{D_1} \tag{1-36}$$

将式（1-35）代入式（1-36）$\frac{V_{\text{o}}}{D_1} = \frac{V_{\text{S}}}{1 - D_1}$ 解得

$$V_{\text{o}} = D_1 V_{C1} = D_1 \frac{V_{\text{S}}}{1 - D_1} = \frac{D_1}{1 - D_1} V_{\text{S}} = M V_{\text{S}} \tag{1-37}$$

因式中 M 称为电压增益，所以由式（1-37）可见

当 $D_1 = 0.5$ 时，$M = 1$

当 $D_1 < 0.5$ 时，$M < 1$，为降压式

当 $D_1 > 0.5$ 时，$M > 1$，为升压式

$M = f（D_1）$ 的关系曲线与降压-升压变换器的相同，如图 1-21 所示，在此不再重复。

2. 连续与不连续工作状态的临界条件

图 1-26a 所示电感电流连续工作状态下电感电流纹波为

$$\Delta I_{L1} = \frac{V_{\text{S}}}{L_1} D_1 T_{\text{S}} \quad \Delta I_{L2} = \frac{V_{\text{S}}}{L_2} D_1 T_{\text{S}} \quad \Delta（I_{L1} + I_{L2}）= \frac{V_{\text{S}}}{L_{\text{e}}} D_1 T_{\text{S}}$$

式中，$L_{\text{e}} = L_1 /\!/ L_2$。

用上节相似方法，求得 Cuk 变换器连续与不连续工作状态的临界条件为

$$2\tau_{L_e} = \frac{1}{(1+M)^2} = f(M)$$

或

$$2\tau_{L_e} = (1-D_1)^2 = D_2^2 = f(D) \tag{1-38}$$

对应曲线与图 1-22 和图 1-23 所示相同，在此不再重复。

3. 不连续工作状态的状况

不连续工作状态是在 L_1 或 L_2 较小，或 R 较大，或 T_S 较大时出现的。这时有三个状态：①晶体管导通，二极管截止；②晶体管截止，二极管导通；③晶体管、二极管均截止。根据分析可以求得电压增益等表示式为

$$M = \frac{V_o}{V_S}$$

$$D_2 = \sqrt{2\tau_{Le}}$$

式中，$L_e = L_1 /\!/ L_2$，$\tau_{Le} = \dfrac{L_e}{RT_S}$。

Cǔk 变换器的显著特点是，它虽然不用变压器，但其特性非常接近一个匝比可调的直流直流变换器。能量的存储和传递同时在开、关期间和两个环路中进行。这种对称性是这种变换器高效率的原因所在。

4. 两个电感器的异态工作

基本的 Cǔk 变换器有两个电感器。这种变换器完全可能出现一个电感在连续工作状态，而另一个电感在不连续工作状态的情况。但是由于它会导致特殊的功率变换传输特性，所以在应用中应该尽量避免这种情况。

在这四种基本拓扑中，各有鲜明的不可替代的特性，应用都很广泛，尤其是 Buck 和 Boost。反向（激）应用很广，Cǔk 在再生能源、微网上的应用很有特色。

第五节　四种基本变换器的比较

前面讲过了四种基本开关型变换器，其中三种是用电感传送能量，最后一种 Cǔk 变换器是用电容传送能量。当二种基本型串联时，其电压增益 M 与 D 关系都一样，输出电压都是反相的。但结合应用，使用合适的管型（NPN 或 PNP）也可以是同相的或隔离的。详见图 1-27。另外还有两种拓扑称为 Sepic、ZeTa，前者有隔离变压器，可得高电压输出，输入纹波电流小；后者无隔离用电容传递能量、输出的纹波电流小。它们也可升、降压有相当使用价值，考虑篇幅在此不拟多述了。Cǔk 变换器工作过程比较复杂，但它能达到输入/输出电流连续和峰值减小的效果。而且通过将输入/输出电感耦合，可以达到零纹波，实现体积小型化。Cǔk 变换器虽是最佳电路拓扑，但是因为其能量转换所用的电容器需要耐受极大的纹波电流，从而使这种电容器成本高，磁-电系统调整是高阶方程。潜在关系复杂，可靠性也稍差一些。目前，因 grid 应用令人大有兴趣，但其批量投产尚待时日。

上述四种 DC-DC 变换器，有一个共同点，即输入/输出的一根线是共用的。因此，也称为三端开关式稳压器，通过原理分析，可总结出以下几个基本概念：

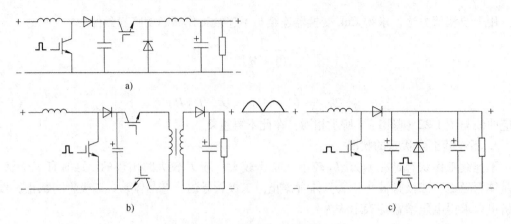

图 1-27　Boost-Buck 变换器

a）非隔离四端同相有公共端电路　　b）有隔离变压器四端电路

c）非隔离四端同相易控制（即两管共发射极相连）电路　（如 PFC 有专用控制 IC4926-1）

在 DC-DC 变换器中，其电气特性与电感电流的工作状态有密切关系。凡周期中电感电流有零值的 $i_L = 0 \mid_{t=T_s}$ 称不连续工作状态，也称为能量完全传递；凡周期中电感电流常大于零的 $i_L > 0 \mid_{t=T_s}$ 称为连续工作状态，也称为能量不完全传递。

开关电源中电感与电容起能量放、存作用，其参数和接线形式一定为低通滤波器。因为变换器这些元器件，必定使得电压波形呈纹波状，而且影响零极点的数目、位置，影响稳定性，一般在设计初期就要给予足够重视。

DC-DC 变换器中 Buck（Boost）变换器是最基本的，今后所述的绝大部分变换器都是由这两种派生出来的。从拓扑来看，由哪一种变换器派生，就会具备哪一种变换器的基本特性。这包括 M 值和动态方面的特性。

在所有实际应用中，就电气特性而言，没有哪一个 DC-DC 变换器是最佳的。换言之，不同的应用，应选取最合适的不同的变换器。

表 1-1 列出四种基本型的函数式。表中下标，avg 表示平均值，rms 表示有效值，VT、VD 表示开关管，S 表示电源，O 表示输出。

表 1-1　基本 DC-DC 变换器电感电流连续工作状态下进入稳态后各关系式

	Buck 变换器（见图 1-2、图 1-3）	Boost 变换器（见图 1-10、图 1-11）
$M = V_o/V_S$	D_1	$\dfrac{1}{1-D_1}$
$I_a (I_{L(\min)})$	$\dfrac{V_o}{R}\left(1 - \dfrac{1-D_1}{2\tau_L}\right)$	$\dfrac{V_o}{R}\left[\dfrac{1}{1-D_1} - \dfrac{D_1(1-D_1)}{2\tau_L}\right]$
$I_b (I_{L(\max)})$	$\dfrac{V_o}{R}\left(1 - \dfrac{1-D_1}{2\tau_L}\right)$	$\dfrac{V_o}{R}\left[\dfrac{1}{1-D_1} + \dfrac{D_1(1-D_1)}{2\tau_L}\right]$
$I_{L(\text{avg})}$（或 $I_{L1(\text{avg})}$）	$\dfrac{V_o}{R}$	$\dfrac{V_o}{R}\left(\dfrac{1}{1-D_1}\right)$
$I_{L(\text{rms})}$（或 $I_{L1(\text{rms})}$）	$\dfrac{V_o}{R}\left[1 + \dfrac{1}{12}\left(\dfrac{1-D_1}{\tau_L}\right)^2\right]^{\frac{1}{2}}$	$\dfrac{V_o}{R}\left[\left(\dfrac{1}{1-D_1}\right)^2 + \dfrac{D_1(1-D_1)}{2\tau_L}\right]^{\frac{1}{2}}$

	Buck 变换器（见图 1-2、图 1-3）	Boost 变换器（见图 1-10、图 1-11）
$I_{C_2(\text{rms})}$ ［或 $I_{C(\text{rms})}$］	$\dfrac{V_o}{R}\dfrac{1-D_1}{\sqrt{12}\tau_L}$	$\dfrac{V_o}{R}\left[\dfrac{D_1}{1-D_1}+\dfrac{D_1}{12}\left(\dfrac{1-D_1}{\tau_L}\right)^2\right]^{\frac{1}{2}}$
$I_{\text{VT}(\text{avg})}$	$\dfrac{V_o}{R}D_1$	$\dfrac{V_o}{R}\dfrac{D_1}{1-D_1}$
$I_{\text{VT}(\text{rms})}$	$\dfrac{V_o}{R}\left\{D_1\left[1+\dfrac{1}{12}\left(\dfrac{1-D_1}{\tau_L}\right)^2\right]\right\}^{\frac{1}{2}}$	$\dfrac{V_o}{R}\left[\dfrac{D_1}{(1-D_1)^2}+\dfrac{1}{3}\left(\dfrac{1}{2\tau_L}\right)^2 D^3(1-D_1)^3\right]^{\frac{1}{2}}$
$I_{\text{VD}_1(\text{avg})}$	$\dfrac{V_o}{R}(1-D_1)$	$\dfrac{V_o}{R}$
$I_{\text{VD}_1(\text{rms})}$	$\dfrac{V_o}{R}\left\{(1-D_1)\left[1+\dfrac{1}{12}\left(\dfrac{1-D_1}{\tau_L}\right)^2\right]\right\}^{\frac{1}{2}}$	$\dfrac{V_o}{R}\left\{(1-D_1)\left[\dfrac{1}{(1-D_1)^2}+\dfrac{1}{3}\left(\dfrac{1}{2\tau_L}\right)^2 D_1(1-D_1)^2\right]\right\}^{\frac{1}{2}}$
$I_{\text{S}(\text{avg})}$	$\dfrac{V_o}{R}D_1$	$\dfrac{V_o}{R}\dfrac{1}{1-D_1}$
$V_{\text{VT}(\text{max})}$	V_S	V_o
$V_{\text{VD}_1(\text{max})}$	V_S	V_o

	Buck-Boost 变换器（见图 1-19、图 1-20）	Ćuk（Boost-Buck）变换器（见图 1-25、图 1-26、图 1-27）
$M=\dfrac{V_o}{V_\text{S}}$	$\dfrac{D_1}{1-D_1}$	$\dfrac{D_1}{1-D_1}$
$I_\text{a}(I_{L(\text{min})})$	$\dfrac{V_o}{R}\left(\dfrac{1}{1-D_1}-\dfrac{1-D_1}{2\tau_L}\right)$	$\dfrac{V_o}{R}\left(\dfrac{D_1}{1-D_1}-\dfrac{1-D_1}{2\tau_{L1}}\right)$
$I_\text{b}(I_{L(\text{max})})$	$\dfrac{V_o}{R}\left(\dfrac{1}{1-D_1}+\dfrac{1-D_1}{2\tau_L}\right)$	$\dfrac{V_o}{R}\left(\dfrac{D_1}{1-D_1}+\dfrac{1-D_1}{2\tau_{L1}}\right)$
$I_{L(\text{avg})}$	$\dfrac{V_o}{R}\dfrac{1}{1-D_1}$	$\dfrac{V_o}{R}\dfrac{D_1}{1-D_1}$
$I_{L2(\text{avg})}$		$\dfrac{V_o}{R}$
$I_{L2(\text{min})}$		$\dfrac{V_o}{R}\left(1-\dfrac{1-D_1}{2\tau_L}\right)$
$I_{L2(\text{max})}$		$\dfrac{V_o}{R}\left(1+\dfrac{1-D_1}{2\tau_L}\right)$
$I_{L(\text{rms})}$ ［或 $I_{L1(\text{rms})}$］	$\dfrac{V_o}{R}\left[\dfrac{1}{(1-D_1)^2}+\dfrac{(1-D_1)^2}{12\tau_L^2}\right]^{\frac{1}{2}}$	$\dfrac{V_u}{R}\left[\left(\dfrac{D_1}{1-D_1}\right)^2+\dfrac{(1-D_1)^2}{12\tau_{L1}^2}\right]^{\frac{1}{2}}$
$I_{L2(\text{rms})}$		$\dfrac{V_o}{R}\left[1+\dfrac{(1-D_1)^2}{12\tau_{l2}^2}\right]^{\frac{1}{2}}$
$I_{C_1(\text{rms})}$ ［或 $I_{C(\text{rms})}$］		$\dfrac{V_o}{R}\left\{\dfrac{D_1^3}{(1-D_1)^2}+\dfrac{D_1(1-D_1)^2}{12\tau_{L1}}+(1-D_1)\left[1+\left(\dfrac{1-D_1}{2\tau_{l2}}\right)^2\right]\right\}^{\frac{1}{2}}$
$I_{C_2(\text{rms})}$	（输出）$\dfrac{V_o}{R}\left[\dfrac{D_1}{1-D_1}+\dfrac{(1-D_1)^2}{12\tau_L^2}\right]^{\frac{1}{2}}$	$\dfrac{V_o}{R}\dfrac{1-D_1}{\sqrt{12}\tau_{l2}}$

	Buck-Boost 变换器（见图 1-19、图 1-20）	Ćuk（Boost-Buck）变换器（见图 1-25、图 1-26、图 1-27）
$I_{VT(avg)}$	$\dfrac{V_o}{R}\dfrac{D_1}{1-D_1}$	$\dfrac{V_o}{R}\dfrac{D_1}{1-D_1}$
$I_{VT(rms)}$	$\dfrac{V_o}{R}\left\{D_1\left[\dfrac{1}{(1-D_1)^2}+\dfrac{(1-D_1)^2}{12\tau_L^2}\right]\right\}^{\frac{1}{2}}$	$\dfrac{V_o}{R}\left\{D_1\left[\dfrac{1}{(1-D_1)^2}+\dfrac{(1-D_1)^2}{12}\left(\dfrac{\tau_{L1}+\tau_{L2}}{\tau_{L1}\tau_{L2}}\right)^2\right]\right\}^{\frac{1}{2}}$
$I_{VD_1(avg)}$	$\dfrac{V_o}{R}$	$\dfrac{V_o}{R}$
$I_{VD_1(rms)}$	$\dfrac{V_o}{R}\left\{(1-D_1)\left[\dfrac{1}{(1-D_1)^2}+\dfrac{(1-D_1)^2}{12\tau_L^2}\right]\right\}^{\frac{1}{2}}$	$\dfrac{V_o}{R}\left\{(1-D_1)\left[\dfrac{1}{(1-D_1)^2}+\dfrac{(1-D_1)^2}{12}\left(\dfrac{\tau_{L1}+\tau_{L2}}{\tau_{L1}\tau_{L2}}\right)^2\right]\right\}^{\frac{1}{2}}$
$I_{S(avg)}$	$\dfrac{V_o}{R}\dfrac{D_1}{1-D_1}$	$\dfrac{V_o}{R}\dfrac{D_1}{1-D_1}$
$V_{VT(max)}$	V_S+V_o	V_S+V_o
$V_{VD(max)}$	V_S+V_o	V_S+V_o

注：$\tau_L=\dfrac{L}{RT_S}$，$\tau_{L1}=\dfrac{L_1}{RT_S}$，$\tau_{L2}=\dfrac{L_2}{RT_S}$。

习　题

1. 设计一个 50kHz 工作的 Buck 变换器，输入 $V_S=8\sim9V$，输出为 5V，电流为 $0.1\sim0.4A$。均要求电流连续状态工作，如取 1.3 倍 L_c，求 L。

2. 如果上题纹波电流 $\Delta i_L<2I_{0min}=0.2A$。纹波电压 $\Delta V<30mV$，求 C。

3. 已知工作在连续模式的 Buck 变换器，$V_S=46\sim53V$ 输出电压为 $V_o=5V$，$I_o=1\sim5A$，$f_S=80kHz$，纹波电压为 50mV，纹波电流 $<2A$。计算所需滤波电容 C，电感 L，（$L\approx1.3L_c$）计算开关管、二极管的参数。

4. 设计一个升压变换器，工作频率为 50kHz，输入电压范围为 $8\sim12V$，输出 $V_o=26V$，负载电流 $I_o=0.1\sim1.1A$ 试计算占空比、导通时间、截止时间和输入电流 I_S 的变化范围。

5. 一个升压变换器 $f_S=50kHz$、$V_S=20\sim35V$、输出电压 $V_o=50V$，$I_o=0.2\sim1A$ 求其临界电感值。

6. 试用 D_1、τ_L 参数表达不连续时 Boost 的工作占空比 D_2。

思　考　题

1. 为什么在分析基本变换器拓扑，总是要有三点假设，主要目的是什么？

2. 你制作过线性稳压电源吗？与开关电源相比如何？

3. 在基本拓扑上，结合应用可以派生出许多具体电路结构来，读者有何体会？

4. 图 1-27a、b、c 所示电路为哪种基本拓扑？各有什么特点？与图 1-27a、b 所示电路相比，图 c 所示电路将第 2 个开关管移到了⊖线，输入图 c 所示的双半正弦波电压，此电路的工作有何优点？

第二章 变换器中的功率开关器件及其驱动电路

当前可供高频开关使用的功率开关器件有 IGFET、IGBT 等。

这些器件常分 N 沟道和 P 沟道，又再分增强型和耗尽型。受篇幅所限这里不拟都作深入说明。只说明 N 沟道增强型。它在控制栅极电压大于 0 时，N 沟道中产生导电沟道，从而引起开关导通。这器件常用在开关电源中，下面分析以此为例子。

本章将介绍其结构、特点、驱动器件、使用技术和使用方法等。为精简编幅，书中把 IGFET 和 IGBT 放在一起同时介绍。凡在括号内的内容是指 IGBT 的相应内容。如两者完全不同，IGBT 将稍后（如第一节的二）介绍。

第一节 开关功率器件

一、垂直式导电的 IGFET（IGBT）的结构和导电机理

图 2-1a 所示是单胞 IGFET（IGBT）结构图，栅极和源极（发射极）位于芯片整体的上表面，下表面是基片 N^+（P^+）层是漏极（集电极），中间体 N^-（N^-）较厚。在 N^- 截止状态下，构成空间电荷区；P 称为导通阱，植入在 N^-（N^-）的上面，在 P 区水平置有圆圈形多层状 N^+ 型硅，称为导电沟道。这个 N^+ 与源极 P^+（发射极P^+）通过金属铝表面相连一起，也就是说从源极到漏极寄生一个反向 PN 结。导电沟道旁圆圈状的宽度 d 称为沟道宽度，它的大小与栅控性能相关。另外正对着 P 导通阱上，有一片 N^+ 多晶硅用 SiO_2 绝缘后引

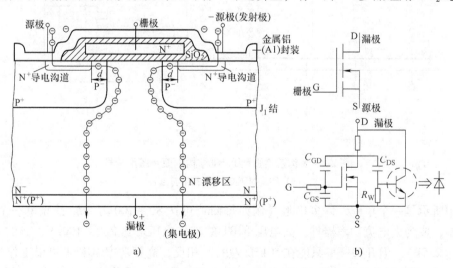

图 2-1　N 沟道增强型 IGFET 结构剖面及图形符号

a）结构剖面图　b）图形符号、考虑寄生电容后的等效电路

出一脚称为栅极。

当在栅极和源极（发射极）之间电压 V_{GS} 为 0 时是反偏状态，漏源极间漏电流为 0。当栅源正向电压 $V_{GS} > 0$ 时并且大于阀值电压 V_{TH} 时，栅极下的 P⁻ 表面沟道宽度 d 上感生电子从而把导电沟道与 N⁻ 漂移区连了起来，从而有了许多横向水平流通的电子，如果这时漏源极上有正电压，电子流向 N⁻ 漂移区，到达 N⁺ 漏极，J_1 结转为正偏，漏源极间形成了从源极（发射极）到漏极（集电极）的垂直导通的大电流。这是单子导电，因此，当 V_{GS} 为 0 时，大电流迅速降为零，没有多子导电的恢复时间，也不需要钳位电路。

二、IGBT 与 IGFET 的不同

由上面内容可知 IGFET 和 IGBT 两种管子作用过程是相似的，但也有不同之处。IGBT 的 N⁻ 下面紧贴的是 P⁺ 层的集电极，当电子流经 N⁻ 漂移区到达 P⁺ 基片时，会诱发出空穴，当 P⁺ 加上与发射极相比为正电压后，集电极释出空穴，并会注入 N⁻ 漂移区，到 P⁺ 阱区 N⁺ 沟道横向流入发射极。因此 IGBT 不单有 IGFET 的电子流并且有极大量空穴垂直移动。它使空间电荷区缩小，因此发射极与集电极之间的电压降较低，损耗也变小，这是 IGBT 带来的好处。带来的坏处是两种载流子同时导电，在 V_{GS} 降为 0 需要关断时，电子、空穴有复合过程，关断拖尾使所历时间变长，变长程度与空穴电流占的比例大小相关。

图 2-2 所示是 N 型增强型管。

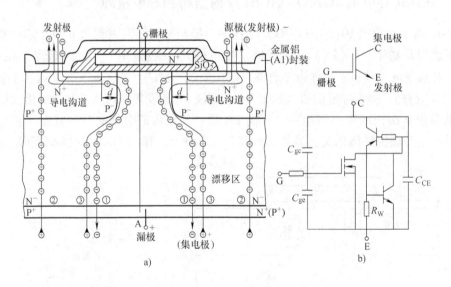

图 2-2　N 沟道增强型 IGBT 结构剖面及图形符号
a）结构剖面图　b）图形符号

图中所示是一个单胞，许多单胞（例如每 cm² 可达 80 ~ 100 万个）并联由一个绝缘的栅极控制，成为大电流功率器件。高电压 IGBT 的工作电压可达 2.5 ~ 100kV，有的 IGBT 的电流可达 2.5kA，但开关频率只能在 50kHz 左右。相反，高频功率 IGFET 可以工作在 0.5 ~ 3.5MHz，但 IGFET 截止电压大于 400V 时，通态压降增加、承载能力会下降。可见两种管子均有提高性能的空间。

第二节 IGFET 和 IGBT 的静特性

一、电压、电流

正向：通过在栅极与源极（发射极）加上大于 2V 电压时可以由正向截止（横粗线）转换至导通状态（纵粗线），输出通态电流。要求快速转换状态，使发热损耗减少。

IGFET 在漏源电压 V_{DS}，漏极电流 I_D 均为正时，有正向阻断和正向导通两个状态。在导通时，由外电路决定电流 I_D 和管电压降 $V_{DS(on)}$。因此，导通电阻 $R_{DS(on)}$ 与 $I_{D(ON)}^2$ 乘积决定了芯片温度，通常的工作在 25～125℃。$R_{DS(on)}$ 大约随温升会增加一倍。驱动电路应该有足够大的电流输出能力，电压为 10～15V，此值及波形影响转换快速性，通态电压和温升。而且为使导通压降小，选管电流裕度应 3 倍左右。

反向：主电路端子之间加反向电压，工作在Ⅲ象限特性有反向导通和反向截止两个状态，此状态由二极管的接法决定。

在反向运行时（Ⅲ象限），如果 $V_{GS} < V_{GS(th)}$，则 IGFET 会显示出二极管特性（见图 2-3）。这一特性由 IGFET 结构中的寄生二极管所引起。源、漏极 PN 结（寄生二极管）的导通电压决定了 IGFET 在反向时的导通特性。这个 PN 结可从手册查出电流极限值。

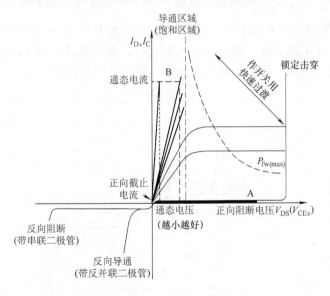

图 2-3 IGFET（IGBT）的输出特性

IGBT 的输出特性，有正向的阻断区、放大区和饱和区，反向特性与 IGFET 相当，也是决定于二极管的接法。反向时 IGBT 的 PN 结处于反偏。目前，IGBT 的反向截止电压仅为数十伏，这在使用中要注意。如要承受反向电压，则要串一个快速二极管，限制反向电流的增加。

二、IGFET 和 IGBT 作为硬开关时的开关特性

1. 硬开关特性与结构特点的关系

开关特性和损耗由开关内部结间电容以及内部和外部电阻决定。内部结间电容如图 2-4 所示。$C_{GD}+C_{GS}\equiv C_{iss}$ 输入电容。由于开通瞬间 D 点电压突然从高值 V_{DS} 连续下降，控制电流被分流很多，事实上因 $C_{GS}\gg C_{GD}$，C_{GS} 的充电电流占栅极控制电流 65% 以上这现象称为密勒效应。设计要充分考虑此特点。处理方法是 i_G 应为 C_{GS} 充电电流乘上开关管电压增益。

极间电容要查手册而知，因它与耐压有关。例如，耐压高，输入电容越大于反馈电容 C_{GD}。因此，低压管使用时密勒效应弱化一些，如果频率 f_S 较小（如 $<60\text{kHz}$）更是如此。否则要加射极限随器。

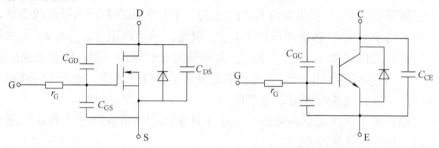

图 2-4 IGFET 和 IGBT 的结间电容

作为硬开关使用时，实质上是对电感（或带阻电感）进行硬接通、关断。这时负载电流是连续的，因为 $\dfrac{L}{R}\gg\dfrac{1}{T_S}$，此时漏极电流 I_D（集电极电流 I_C）和漏极电压 V_{DS}（集电极-发射极电压 V_{CE}）如图 2-5 所示。图中，左图中 $V_{DS(on)}$ 略大于 $V_{CE(sat)}$ $0.4\sim0.5\text{V}$，这是 IGFET 的弱点，为了弥补在选 IGFET 时，导通电阻 r_{DS} 宜小些，以确实管压降 $<1\text{V}$。

因 r_{DS} 随温度高而升高，不会出现二次击穿，管子可放心并联使用。

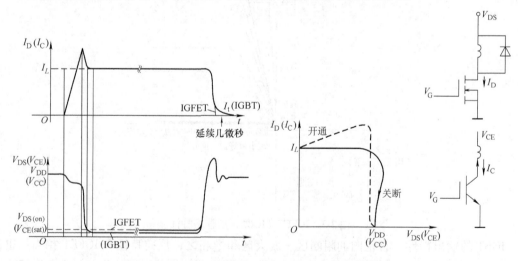

图 2-5 IGFET 与 IGBT 的硬开关特性曲线及负载图

2. 特点

作为硬开关，起始电流有尖峰，关断时上升电压也有尖峰，但原则上，IGFET（IGBT）不需要 RC 缓冲器，原因是它们内部漂移区有一个动态 PN 结。当开通过程中的虽然电流、电压变化快、有少区域重叠但引起损耗时，电流动态曲线会向纵轴靠扰（见图 2-5 虚线），开关内部可以承受损耗。如果加入 RC 缓冲器限压，损耗会转移至外部 RC 上，一方面没有这个必要，另一方面开关整体效率反而略有下降。

IGFET 与 IGBT 不同的是单子与多子导电。多子的 IGBT 电流降零过程如图 2-5 左图粗实线所示。它有明显的拖尾现象（比 IGFET 延续数微秒），因此损耗大些。

IGFET 目前管耐压不高，约千伏，电流 20A 左右。在中、小功率应用相宜。

第三节　作为开关使用的二极管

一、二极管的转态限制了工作频率 f_s 的提高

感性负载（如有电阻的电感线圈）和逆变工作的电路存在续流需要。在需要导通时，无源开关二极管自动适应电流方向变化，适时导通，在需要关断时，电流过零关断。每这一个转态为关断过程需要的时间称为反向恢复时间。定义为电流过零起算至小于 0.2 倍最大反向电流值所经历的时间值。只有转态恢复时间短的二极管才看成是开关二极管。为了配合高频工作的 IG 开关管要求二极管也在同样的高频率下开通和关断，因此要采用快速二极管作为续流二极管。否则在每一次 IG 开关管开通之前，要等待续流的开通二极管恢复阻断能力，即转变为截止状态。这种等待，使 f_s 的提高受到限制。为此要研究开关二极管的快开通和快关闭问题。选二极管要讲究相关恢复时间、软硬参数等。

二、寄生二极管的作用

1. 体内二极管的存在

首先要研究 IG 开关管寄生的二极管，由于源极金属铝板短路了 N^+ 区和 P 区，因此源极与漏极（发射极与集电极）之间形成了寄生二极管——体内二极管。它可提供开关电源感性线圈无功电流反向时的通路，也可在正激有源钳位起辅助作用。所以，当源极（发射极）电位高于漏极（集电极）电位时，二极管即可立即正向导通。但如上述，它的反向恢复需要一定时间，使 f_s 值与主 IG 开关管不相匹配。

2. 反向特性

（1）IGFET 反向特性

当 IGFET 反向运行（第三象限）时，如果 $V_{GS} < V_{GS(th)}$，IGFET 会显现出二极管特性。这是由寄生二极管引起的。但是它的通态损耗大，关断特性差。但是，如果栅源电压保持在反向二极管的开启电压之下（例如通过并联一个肖特基二极管等方法），它的关断特性就会与 IGFET 的关断特性相同。

（2）IGBT 反向特性

由于反向 PN 结在集电极，因此与 IGFET 不同，它不具备反向导通能力。另外，其反向截止电压仅为数十伏。如果要 IGBT 承受反向高压，办法是串联一个快速二极管。

三、几种二极管的比较

1. 快恢复二极管

它是能迅速进入导通状态，迅速由导通状态过渡到关断状态的 PN 结整流管。其缺点是反向恢复时间 t_{rr} 稍大，限制了高频率，优点是额定电流大，正向压降稳定，损耗不大。

2. 超快恢复二极管

正向导通电压 1V 之内，损耗小、结电容小、反向漏电流小、耐压高、运行温度较高，并且 t_{rr} 更小，$t_{rr} \leqslant 50ns$。

3. 肖特基二极管（SBD）

普通二极管利用 PN 结的单向导电性，肖特基二极管则利用金属和半导体面接触产生的势垒。现有的大多数肖特基二极管正向压降 0.3~0.6V。以前出现了用砷化镓（GaAs）做成的二极管。适用于低电压（低于 50V）的电力电子电路中。此外，它是根据漂移现象产生电流的，不会积累，也就无需移去多余的载流子，因此不存在反向特性恢复现象。输出电压为 4~5V 的开关变换器可选用反压峰值为 45V 或 25V 的硅管。它的缺点是：反向漏电流比普通二极管大得多，这是反向结电容较大的原因。但砷化镓快速二极管反向恢复时间 ≤10ns，适用于高频、高速动作电路及电压稍高的电路，现已广泛使用。例如日本产品参数规格有 2.5~7A，150~180V。它还有开关噪声小、温度稳定性好（结温可达 −40~150℃）。

碳化硅质地二极管比砷化镓的更好一些。例如，其临界击穿电场达几兆伏/厘米，导热率也极高。目前，耐压 12kV 二极管也已制成。它在 100A 下的正向压降小于 5V。阻断电压高、损耗小，使它在电力电网应用成为可能。这是电力电子开关电源的新应用领域。

第四节 功率模块

一、IGBT 和 IGFET

1. 结构

数个 IGFET（IGBT）以及二极管芯片集成到一块导热且绝缘的底板上，再安装散热板、封装等从而构成了功率模块。有些把混合电路、芯片、无源元器件、传感器也集成进去，甚至加入了保护环节，而成为智能功率模块 SPIC。一个 IGBT 功率模块的结构和电路如图 2-6 所示。

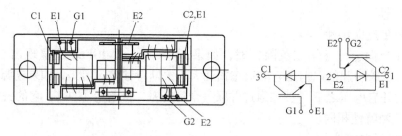

图 2-6　IGBT 功率模块结构（SEMITRAN2 形式）与电路示意图

2. 功率模块的可应用性指标

主要考察项目为"优化的"模块复杂度，散热能力，绝缘电压及漏电等性能稳定性，内部连接承受温度或负载循环的能力，低电感和抗电磁干扰的内部结构；静态和动态的结构和对称性，模块发生损坏时确定且不扩大危险的机理；简单的安装和连接技术，无污染制造和可绿色使用以及可回收性；安规等级和认证机构权威性，当然要注意性价比。

随着模块的推广应用，也就要求研制驱动、测量和保护装置。

3. 模块的类型

专业厂商生产的实际电路有半桥、全桥、多相、多功能等约有二十几种，可广泛应用在各行业领域。

这种模块中的 IGFET、IGBT 和二极管芯片 DCB 不是焊接在一块铜底板上，而是借助一个合成材料的压力单元，几乎将芯片直接压在散热器上。通过压接端子和低电感的引出线使得 DCB 与功率端子形成电气连接。

二、SiCVJFET 功率模块

当前人们致力研发 SiC 功率模块，因为它工作温度更高，体积小、损耗低，更适合高频开关大功率场合应用。在 150℃下 1200V、100A 电流时它的总开关损耗与其他两种管可比较见表 2-1。

表 2-1 比较各管总开关损耗

IGBT	IGFET	SiCVJFET
20.8mJ	12.2mJ	1.25mJ

封装在相位补偿半桥 SPI 模组中的 1200V、$13m\Omega$ 的 SiC 增强型模块，由 $36mm^2$ SiCVJFET 和 $23mm^2$ 肖特基管并联组合而成。在 $I_o = 100A$ 时，只有 $2.7m\Omega \cdot cm^2$ 比导通电阻。开关测试采用标准双脉冲感性负载电路，得到如上表所示损耗值，这是目前损耗最低纪录。

栅极驱动采用两级。第一级，提供高峰值电流脉冲，使极间电容充电，快速转为导通。导通后进入第二级驱动，电流减小到维持导通状的必需值。第一级用 3XIXDD509 驱动集成电路并联组成，可供 27A 的拉电流，第二级只用一个 IXDD509IC。因此控制功耗也可降低，得到减少发热之效。

第五节 开关功率器件的驱动

在掌握 IGFET（IGBT）的特性曲线和参数后可以设计栅极的驱动电路。原则上，因它的输入特性是 IGFET 的特性，因此，用于 IGFET 的驱动电路均可应用到 IGBT，具体有如下几种。

一、直接驱动法

主电路是三端的（如基本拓扑），可用直接驱动法。

用图 2-7 所示电路驱动，TTL 脉冲发生器输出脉冲，经 VT_1、VT_2 射极跟随器作电流放大，加速 IGFET 的开通和关断。计算公式为

$$I_C = \frac{(C_{GS} + C_{GD})\ V_{GS}}{t_r}$$

式中 V_{GS}——栅控电压（V）；

t_r——栅控脉冲上升时间（ns）。

据此可计算 VT_1、VT_2 的功率

$$P = V_C I_C t_r f_S$$

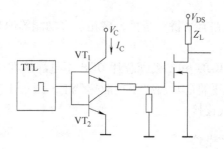

图2-7 直接驱动法

二、隔离驱动法

图2-8a 所示为变压器隔离驱动电路，图 b 所示为光耦合隔离驱动电路。在图 b 中当 V_g 使发光二极管有电流流过时，光耦合器 HU 中的光敏晶体管导通，R_1 上有电流流过，场效应晶体管 VT$_1$ 关断，在 V_C 作用下，经电阻 R_2，VT$_2$ 基发极有偏流，VT$_2$ 导通，IGBT 得到正偏压而导通。当 V_g 脉冲电压下降时，VT$_3$ 使 IGBT 迅速关断。

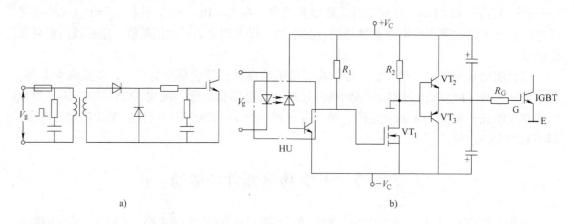

图2-8 变压器隔离驱动电路与光耦合隔离驱动电路

三、专用芯片高频脉冲调制驱动法

UC3724/3725 芯片组成的驱动 IGFET 的电路中，UC3724 产生高频载波信号，一般小于 600kHz（由 R_T、C_T 确定），由④、⑥脚输出。在 UC3725 的⑦、⑧脚得到载波的占空比。UC3725 的主要功能是解调，由内部肖特基二极管构成的整流桥完成任务，然后进行脉冲整形、放大。UC3725 经防振荡电阻 R_g 控制主 IGFET 的开通和关断。脉冲变压器 T 建议采用高磁导率环形磁心，一次侧的磁化电感 L 为 1mH 左右，适用于 $f_s = 100$kHz 的开关频率。

此电路的优点是简单、可靠，周边元器件很少。控制脉冲幅值不受 V_g 的幅值、占空比和频率变化的影响。

四、可饱和电抗器作磁占空比控制法

该方法在方波传递途中，对方波前沿或后沿进行控制，起占空比调节作用。用 B/H 矩形磁滞回线磁性材料，绕少许匝数就构成可饱和电抗器。其磁滞回线陡升阶段，相当于开关关断；磁滞回线水平阶段（即饱和阶段），相当于开关接通。它常用在低压大电流输出处，控制功耗极小，速度在几十千赫兹以上。

思　考　题

1. 图 2-3 所示曲线为何说明导通损耗与管压降相关？如何选择管的参数？

2. 图 2-3 所示的从正向阻断渡越放大区域到达饱和区，在时间上要作何考虑才能减少温升？应如何设计相应驱动脉冲。

3. 如果说二极管是开关管、你赞同否？请说明其工作原理？什么叫反向恢复时间？

4. 电力电子模块是何物？正向着什么的结构和方向发展未来将是怎样的？

5. 什么叫多子导电？少子导电？其快速性若何？

6. 读者想象中的磁占空比是什么样子的？

第三章　高频开关电源中的磁性元件设计

高频开关变换器中能量的转换是通过磁性元件进行的，因此在高频开关变换器中磁性元件的参数、性能、工作状态都会影响到高频开关变换器的工作。

磁性元件是指有一个或多个绕组和一个或多个磁心合成的元件，磁性元件的作用有：

① 存储能量；

② 功率转换；

③ 电气隔离；

④ 信号传输；

⑤ 滤波，抑制尖峰电压；

⑥ 作为谐振元件，与电容一起组成谐振网络。

磁性元件是高频开关变换器中必须存在且至关重要的元件，但磁性元件的设计又不易理解。它的设计参数在铁心方面包括磁性材料的性能、磁场的非线性、材料温度效应、材料的频率效应、气隙特性及漏感；在绕组方面又包括高频应用下的趋肤效应、邻近效应、绕组分布状态及绕组温升等许多参数。

即使对于输入、输出规格相同的高频开关变换器，在进行磁性元件设计时，因设计人员的想法不同，流过磁性元件的电流状态不同、磁心不同、散热结构不同均会使设计出来的磁性元件参数各不相同。但这些不同参数的磁性元件，都能很可靠地工作于各自的高频开关变换器中。

因而，在高频开关功率变换器的磁性元件设计中，首先要掌握的是设计方法，而不是设计的结果。

第一节　磁性材料的基本特性

组成磁性元件的基本部件是磁心，而组成磁心的基本材料是磁性材料。磁性材料是一种铁磁物质，该物质在外加磁场中会表现为有一定的铁磁特性，当磁场撤消后，该物质又恢复为常态而无磁性。

一、磁性材料的基本参数

图 3-1 所示是磁性材料的基本磁化曲线。根据基本磁化曲线，可得到下面一些有用的关于磁性材料的参数。

1. 初始磁导率 μ_i

初始磁导率的定义：磁性材料从完全退磁的状态开始加上磁场时的磁感应强度的变化率，用数学方式可表达为

$$\mu_i = \frac{1}{\mu_0} \lim_{H \to 0} \frac{B}{H}$$

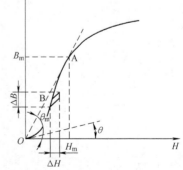

图 3-1　磁性材料的基本磁化曲线

式中　μ_0——真空磁导率（$4\pi \times 10^{-7}$H/m）；

　　　H——交流磁场强度（A/m）；

　　　B——交流磁感应强度（T）。

2. 有效磁导率 μ_r

在电感 L 形成闭合磁路中（忽略漏感），磁心的有效磁导率为

$$\mu_r = \frac{L}{4\pi N^2} \frac{l_m}{A_e} \times 10^7$$

式中　L——线圈的自感量（mH）；

　　　N——线圈匝数；

　　　$\dfrac{l_m}{A_e}$——磁心常数，是指磁路 l_m 与磁心截面积 A_e 的比值（mm^{-1}）。

3. 饱和磁感应强度 B_m

随着磁心中磁场强度 H 增加，磁感应强度出现饱和时的 B 值，称饱和磁感应强度 B_m。

4. 剩余磁感应强度 B_r

磁心从磁饱和状态去除磁场后，剩余的磁感应强度（或称为残留磁通密度）。

5. 矫顽力 H_c

磁心从饱和状态去除磁场后，继续反向磁化，直至磁感应强度减小到零，此时的磁场强度称为矫顽力。

6. 温度系数 α_u

温度系数为温度在 $T_1 \sim T_2$ 范围内变化时，每变化 1℃ 相应磁导率的相对变化量，即

$$\alpha_u = \frac{\mu_{r_2} - \mu_{r_1}}{\mu_{r_1}} \times \frac{1}{T_2 - T_1} \qquad T_2 > T_1$$

式中　μ_{r_1}——温度为 T_1 时的磁导率；

　　　μ_{r_2}——温度为 T_2 时的磁导率。

7. 居里温度 T_c

如图 3-2 所示，在 μ-T 曲线上，80% μ_{max} 与 20% μ_{max} 连线与 $\mu = 1$ 的交叉点相对应的温度，即为居里温度 T_c。在该温度下，磁心的磁状态由铁磁性转变成顺磁性。

8. 磁心损耗（铁损）P_c

磁心在工作时磁感应强度的单位体积损耗。该工作磁感应强度可表示为

$$B_w = \frac{V_s}{4.44 f N A_e} \times 10^6$$

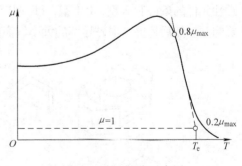

图 3-2　居里温度示意图

式中　B_w——工作磁感应强度（mT）；

　　　V_s——线圈两端电压（V）；

　　　f——工作电压频率（kHz）；

　　　N——线圈匝数；

　　　A_e——磁心有效截面积（mm^2）。

磁心损耗包括磁滞损耗、涡流损耗和残留损耗。

磁滞损耗是磁化所消耗的能量，表示为

$$P_h = S_0^T H \Delta B$$

作为工程计算用式有：

$$P_h = K_h f B_m^{1.6}$$

式中　f——频率；

　　　B_m——最大磁感应强度；

　　　K_h——比例系数（因材料而定）。

涡流损耗是交变磁场在磁心中产生环流引起的欧姆损耗，可表示为

$$\frac{1}{6p}\pi^2 d^2 B^2 W f^2$$

式中　　d——密度，单位体积的重量（g/mm^3）；

　　　　ρ——电阻率（$\Omega \cdot m$）。

残留损耗是由磁化延迟及磁矩共振等造成的。在磁心损耗中，主要表现为磁滞损耗和涡流损耗。

9. 电感系数 A_l

电感系数为

$$A_L = \frac{L}{N^2}$$

式中　L——有磁心的线圈的自感量；

　　　N——线圈匝数。

二、磁心的结构

高频开关变换器磁性元件所用的磁性材料一般是铁氧体材料，其制成的磁心结构多种多样，部分形状如图 3-3 所示。这些磁心均能使用于各种不同拓扑结构的高频开关变换器中，但它们的使用要求、使用方法、散热状况、噪声干扰程度均不同。较常用于高频开关变换器中作为磁性元件的磁心有 E 型，PM 型，PR 型等。磁心必须在居里温度以内使用，这是选择磁心的首要问题。然后还要考虑磁导率的大小、温度稳定性、磁心损耗、饱和磁感应强度等问题。

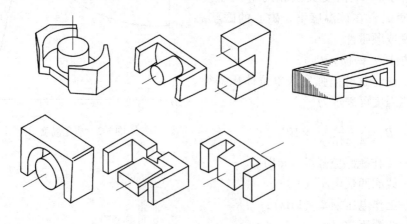

图 3-3　不同形状的磁心

三、基本电磁感应定律

磁化曲线表征的是磁场强度和磁感应强度之间的关系，高频开关变换器中的磁性元件所要解决的是电压（或电流）和磁感应强度之间的关系，因而必须用法拉第电磁感应定律来建立电压（或电流）和磁感应强度之间的关系式。

对于 N 匝线圈的闭合磁路，由安培环路定律，可得

$$Hl_m = NI$$

式中　　H——磁场强度；

　　　　l_m——磁路长度；

　　　　N——线圈匝数；

　　　　I——流过线圈的电流。

另外，根据法拉第电磁感应定律，在一个电感上加一个电压 V，则电感会产生反电动势 $-E$，此反电动势的值与电压 V 相等。则有

$$V = -E = \frac{N\mathrm{d}\Phi}{\mathrm{d}t}$$

式中　　Φ——磁通势，$\Phi = BA_e$；

　　　　B——磁感应强度；

　　　　A_e——磁心的有效截面积。

因而由上式可得

$$N = \frac{V\Delta t}{\Delta BA_e}$$

又根据磁化曲线可得

$$B = \mu_r H$$

则有

$$V = \frac{N^2 A_e \mu_r \Delta I}{l_m \Delta t}$$

定义电感的自感量为

$$L = \frac{N^2 A_e \mu_r}{l_m}$$

从上式可以看出，电感的自感量和磁心的材料，磁心的有效截面积及绕在磁心上的线圈匝数有关。

再和上一节的电感系数 A_L 比较一下，不难得出特定磁心的电感系数为

$$A_L = \frac{A_e \mu_r}{l_m}$$

四、高频磁性元件的损耗

磁性元件的损耗包括磁心损耗和绕组损耗两个方面。

磁心损耗主要取决于磁心材料、磁感应强度摆幅、磁心工作频率和磁心大小。一般磁心生产厂商会提供磁心损耗的图表，根据磁感应强度摆幅和磁心工作频率给出单位重量的磁心

损耗（单位为 mW/g）。图 3-4 所示是西门子公司提供的 N27 型磁心工作在 20℃时的磁心损耗、磁感应强度摆幅和磁心工作频率的关系曲线。

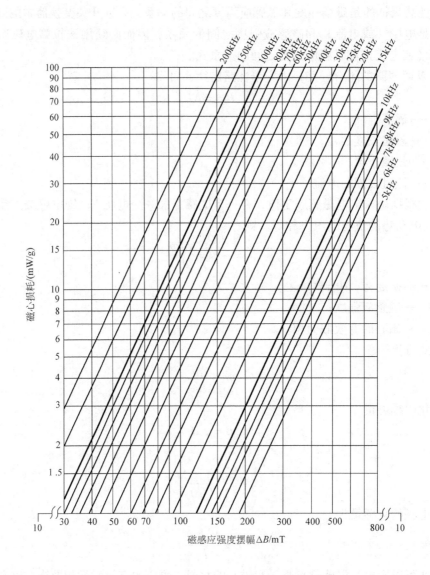

图 3-4 N27 型材料磁心损耗曲线

绕组损耗主要取决于绕组的电阻值，由于高频开关变换器的磁性元件工作在高频状态，因而在设计磁性元件时要计算绕组的交流电阻和电流的有效值。

图 3-5 给出了多种高频开关变换器磁性元件中的电流波形以及有效值的换算方法。

在高频应用场合，一根导线在通过高频交变电流时会激发一个同心磁场，并会在导线内部和外部产生磁动势。在磁动势的作用下，导线内部产生涡流，涡流的方向在导线表面与原先导线内的电流方向相同，增强了导线的表面电流。但在导线中心，涡流方向却与导线内的电流方向相反，因而削弱了导线中心的电流。

这种高频电流沿导线表面流动的现象即为导线的趋肤效应，如图 3-6 所示。实际上，大

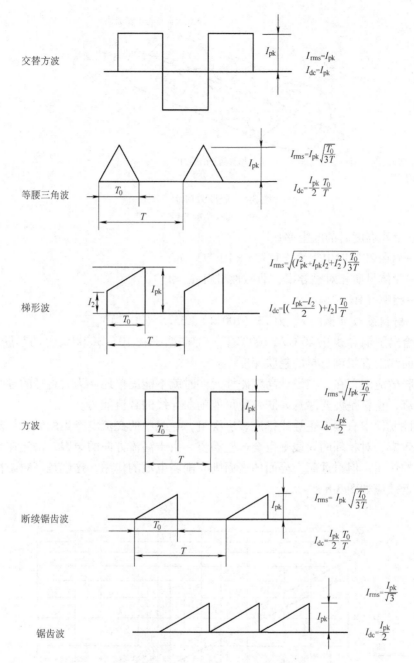

图 3-5　多种电流波形以及有效值换算

部分电流会沿导线表面某一深度流动，这一深度即趋肤深度。可用下式计算绕组材料的趋肤深度为

$$\Delta = \frac{6.61}{\sqrt{f}}K = \frac{K_{\mathrm{m}}}{\sqrt{f}}$$

式中　Δ——趋肤深度（mm）；

K——$\sqrt{\dfrac{l}{\mu_{\mathrm{r}}\rho_{\mathrm{c}}}}$ 材料常数，铜在 20℃ 时 $K = 1$；

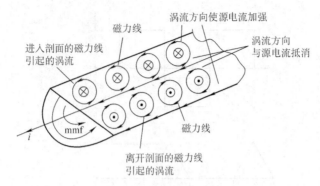

图 3-6 趋肤效应示意图

注：mmf 为磁动势。

ρ——工作温度时的电阻率；

ρ_c——铜在 20℃时电阻率 = $1.724 \times 10^{-6}\Omega/cm$；

μ_r——导体材质相对磁导率，非磁性材料 $\mu_r = 1$；

f——频率（Hz）；

K_m——材料系数（铜的 K_m 为 75（100℃），65.5（20℃））。

图 3-7 给出了铜导线在 20℃和 100℃下，工作频率在 10～300kHz 时的趋肤深度曲线，可以从这条曲线上查找铜材料的趋肤深度。

由于趋肤效应的存在，在设计高频磁性元件时就不能简单地认为大直径的导线就能够通过较大的电流，也就是说要注意趋肤效应可能削弱导线的载流能力。

由于磁性元件中有很多匝导线排成多层绕组，导线中的交流电产生的磁动势对自身导线会产生趋肤效应，对相邻的导线则也会产生涡流。由于涡流方向的原因，涡流在导线邻近处有增强电流的作用，但对远离交界面的表面则有削弱电流的作用，这就是高频磁性元件的邻近效应。邻近效应如图 3-8 所示。

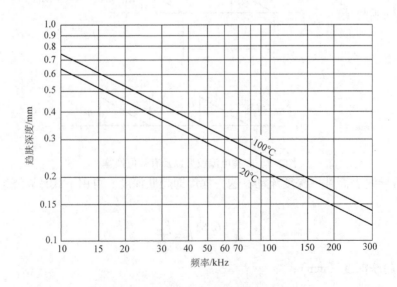

图 3-7 铜材料的趋肤深度曲线

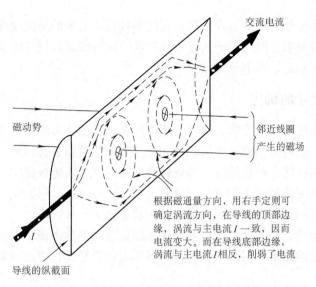

交流电流

磁动势

邻近线圈
产生的磁场

根据磁通量方向，用右手定则可
确定涡流方向，在导线的顶部边
缘，涡流与主电流I一致，因而
电流变大。而在导线底部边缘，
涡流与主电流I相反，削弱了电流

导线的纵截面

图 3-8　邻近效应示意图

　　磁性元件绕组受到趋肤效应和邻近效应的影响，导线的有效载流面积就缩小了很多。因而在高频磁性元件中，绕组的交流电阻比直流电阻大 K 倍，图 3-9 所示是由于趋肤效应和邻近效应引起的线圈电阻的变化。

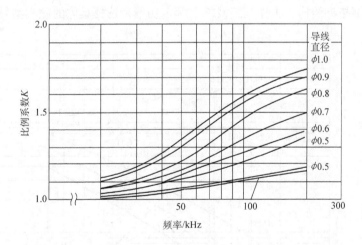

图 3-9　趋肤效应和邻近效应引起的线圈电阻的变化

第二节　高频变压器的设计方法

　　高频变压器的设计决定了高频开关变换器整体的效率和成本，因而高频变压器也是高频开关变换器设计中最难、最复杂的领域。它具有众多的设计参数，很多设计参数是非线性的，并且很多参数和磁场的边界条件有关。这些参数的进一步推导认证已超出本书的范围。

　　为了简化高频变压器的设计过程，本书会给出一些经最优化设计得出的高频变压器的设计参数。这些参数是十分有用的工程参数，按此参数设计出来的高频变压器已能满足一般高频开关变换器的设计要求。但对于一些有特殊要求，在特殊场合使用的高频变压器，则需要对这些工程参数进行修正，本书不加以讨论。

一、变压器尺寸的确定

一般大家都认为变压器尺寸的大小与变压器所能承担的功率输出有关，但研究发现没有严格的基本数学公式能将变压器的电气参数和尺寸大小的关系表达出来。磁心的损耗、磁心的温度稳定性、绕组损耗、趋肤效应、邻近效应、冷却方式、绝缘要求、变压器几何形状和表面涂层，以及开关变换器的工作模式（电感中电流的连续或不连续）都会影响到高频变压器的温升，进而影响到高频开关变换器的工作状态。

在实际工作环境中，一般可根据温升要求来确定变压器的表面积，使得变压器产生的热量同变压器表面散发的热量在某个温升到达的温度点达到平衡，因此也就可以确定高频变压器的尺寸。

很多磁心生产厂商会为其生产的磁心提供输出功率的数据。根据这些曲线，可以根据磁心的型号、工作频率、变换器电路拓扑结构来得到磁心能承担的输出功率。这些资料对变压器磁心型号的选择提供了很好的依据。图 3-10 给出了磁性材料为 N27 的铁氧体磁心的额定功率、工作频率、变换器电路拓扑结构、磁心型号、磁心体积之间的关系（自然风冷的条件下）。可以根据拓扑结构、工作频率及输出额定功率来选择具体的磁心型号。

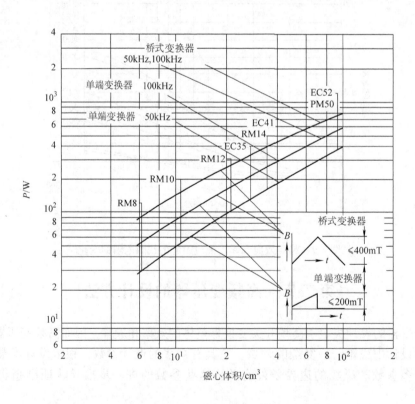

图 3-10   选择磁心型号曲线

但在实际设计过程中，由于采用的绕组导线材料、变压器绝缘要求以及冷却方式的不同均会造成变压器温升的不同。因而，上述选择磁心的方法只适合于一般要求的高频开关变换器的设计。

影响磁心大小的因素包括工作频率、磁性材料、绕组匝数及绕组排列方式、屏蔽层位置及厚度、绝缘要求。

开关变换器的拓扑结构、工作时的电流方式也会影响到变压器的尺寸大小，这些影响很难进行数学计算。因而，对于一些特殊的应用场合，按上面的方法选择磁心与实际应用会有较大的出入。

二、变压器的最优效率

由于高频变压器的效率决定了开关变换器的整体效率，所以高频变压器的效率就显得至关重要。

对于输出功率已知的变压器，其磁心损耗是随磁心的体积及磁感应强度摆幅而变化的。即磁心越大、磁感应强度摆幅越大，则磁心损耗越大。而绕组损耗却随着磁心的增大、磁感应强度摆幅增大而减小（磁心尺寸增大、磁感应强度摆幅增加意味着绕组匝数可以减少）。显然，这两个是矛盾的，只能在这两个因素之间进行折中处理，得到最优状态。

图 3-11 所示为开关变换器用的 N27 磁性材料、磁心型号为 EC41 的铁氧体磁心。图中曲线是工作频率分别为 20kHz 和 50kHz 时的绕组损耗、磁心损耗和总损耗同磁感应强度摆幅之间的关系曲线。

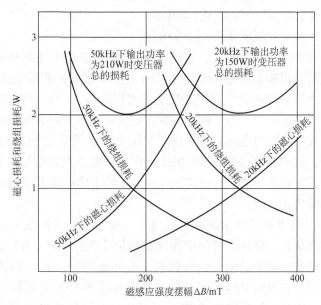

图 3-11　高频开关变压器损耗示意图

在图 3-11 中可以看到在工作频率为 50kHz 时，最高效率发生在磁心损耗为 44%、绕组损耗为 56% 这一点上。同时，如果工作频率为 20kHz 时，最高效率发生在磁心损耗与绕组损耗相等的这一点上。但在工作频率为 20kHz 时，损耗曲线的底部比较平坦。为实际工程应用方便起见，一般定义高频变压器的最高效率发生在变压器的磁心损耗与绕组损耗相等的点上。

三、磁感应强度摆幅的选择

为使变压器工作在最高效率的状态，合理地选择磁感应强度摆幅使高频变压器的效率最高就显得十分重要。但因为磁心存在着饱和问题，限制了磁感应强度摆幅的选择，因而要进行磁感应强度摆幅最优化的选择就比较困难。

图 3-12 所示为典型的铁氧体材料在 25℃ 和 100℃ 时的饱和特性曲线。为保证磁感应强

度在工作时有一定的设计裕度，磁感应强度摆幅的选取值不能超过 250 mT。这是在磁心单向磁化时给出的值，双向磁化时，则磁感应强度摆幅可以达 500 mT。

图 3-11 给出了 EC41 磁心工作频率为 20kHz 和 50kHz 时，功率输出为 150W 和 210W 时的磁心损耗、绕组损耗及总损耗与磁感应强度摆幅之间的关系。在 20kHz 时，在磁心损耗和绕组损耗相等时，变压器的损耗最低，为 2W。此为变压器的最优设计，此时磁感应强度摆幅值达 320 mT。

但当变压器工作在 50kHz 时，为达到同样的磁心损耗，磁感应强度摆幅则必须减小到 180 mT。

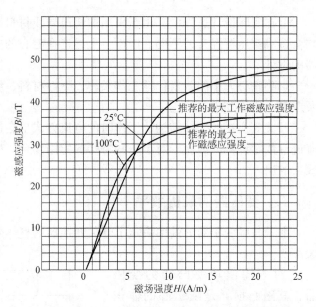

图 3-12　铁氧体材料在 25℃ 和 100℃ 时的饱和特性曲线

可是工作频率增加的幅度会大于磁感应强度摆幅减小的幅度，因而匝数可以减少，绕组损耗也就可以降低。为达到变压器效率最高的目的，可以增加绕组导线的截面积。为了使变压器达到最高效率下的磁心损耗和绕组损耗相等，则可以增加绕组导线中流过的电流，此举使得变压器能够承受的输出功率加大。因而，磁心工作在 50kHz 时，输出功率达到 210W 时才会产生和磁心在 20kHz 工作时一样的损耗。从这点可以看出，开关变压器工作频率提高，虽然会降低磁感应强度摆幅的选取，但总的来讲还是会增加变压器输出功率的。

在单端开关变换器的应用中，由于磁心工作在单向磁化状态，仅仅利用到磁滞回线的第 I 象限。图 3-13 是一典型的磁滞回线，磁性材料会有剩磁存在。在单向磁化时，磁场回复到零值，但磁感应强度值并未回复到零值，而是回复到剩磁 B_r 点上。这也降低了磁感应强度摆幅值的选取，真正的 $\Delta B = B_s - B_r$。为减小剩磁，一般在设计变压器时会选取磁导率比较低的磁心，或在磁路中加入气隙，以降低剩磁，低磁导率的磁心一般剩磁会较小。

在桥式电路的应用中，由于磁心工作在整个磁滞回线的 I、III 象限。因而，剩磁对桥式电路的影响不是很

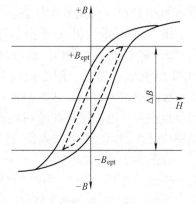

图 3-13　基本磁滞回线

大，但为防止磁心在启动和瞬时操作时饱和，也必须要降低磁感应强度的取值范围。一般工程设计中，选取工作磁感应强度值为饱和磁感应强度值的 1/2 ~ 1/3。

总的来说，对不同的高频开关变换器电路拓扑结构，绕组电流的工作方式（绕组电流波形）变压器的要求输出功率、变压器的工作频率是选取磁心磁感应强度摆幅的关键要素。只有确定了开关变换器的电路拓扑结构、绕组电流的工作方式、工作频率及输出功率后，才能选择最优化的磁心磁感应强度的摆幅值。

四、变压器一次绕组匝数的计算

选择好磁心型号之后，便可以确定一次绕组的匝数。为减小绕组损耗，一般都会尽可能地减少绕组匝数，但减少绕组匝数会增加磁心磁感应强度的摆幅，即增加磁心损耗，甚至会引起磁心的饱和。

由于高频开关变换器的一次电流为方波或准方波，可根据法拉第电磁感应定律，得到如下公式：

$$N = \frac{V\Delta t}{\Delta B A_e}$$

式中　N——变压器一次绕组的匝数；

V——一次侧开关器件处于导通状态时，加在一次绕组上的电压；

Δt——一次侧开关器件导通的时间；

A_e——变压器磁心的有效截面积；

ΔB——磁心磁感应强度的摆幅。

在稳态条件下，每个周期时间是相同的，但开关器件的导通时间和关闭时间会不一样。所以必须使磁心在所有的工作周期内均不会出现磁心饱和的情况。在此条件下，采用公式计算变压器一次绕组匝数时，应采用最大一次电压值及在此电压值下开关器件的最大导通时间。

通过上述公式，计算出来的匝数是使所采用的磁心不产生饱和的最小匝数，如果少于这个匝数，变压器磁心就有可能产生磁饱和。

对于桥式电路，由于磁感应强度工作于Ⅰ、Ⅲ象限，因此磁感应强度的摆幅是单端开关变换器的两倍，变压器的一次绕组匝数可减少一半，即磁心的利用率扩大了一倍。

在变压器一次绕组匝数的计算结果出现小数时，一般采用进位的方式取整。

五、变压器二次绕组匝数的计算

一次绕组匝数已经求得后，二次绕组的匝数可通过一次绕组的电压比求得。

在 Buck 派生型开关变换器中，需考虑输出二极管和输出扼流圈的压降，因而变压器的二次电压应高于由占空比所确定的电压。

为保证二次输出电压的额定值，在 Boost 派生型开关变换器中，也可以采用伏·秒数相等原则来确定二次输出电压的，即

$$V_p t_{on} = V_s t_{off}$$

化简后得

$$n = \frac{V_p}{V_s} = \frac{1 - t_{on}}{t_{on}}$$

式中　n——变压器一次、二次的匝数比；

t_{on}——变压器在最低电压输入时的开关器件的导通时间。

同样，在计算 Boost 派生型变换器的二次电压时也要考虑输出二极管的压降。二次绕组匝数同样面临取整的问题，一般也是进位取整。

变压器一次、二次绕组匝数进行的进位取整会降低磁心磁感应强度的摆幅，同时降低磁

心损耗。

在多输出电压的应用中，通常可先算出最小输出电压的二次绕组的匝数，再算出剩余二次绕组的匝数。算出后，一般会比较难以达到所有匝均为整数的情况。这时可同时调整一次和各二次绕组的匝数，以使次与各二次绕组的比值最接近于电压比。

必须注意的是，计算出来的匝数是磁心不饱和时的最小匝数，因而在调整一次、二次绕组匝数时，一般都往上增加匝数以保证磁心不会出现饱和。

六、绕组导线的选择

变压器一次、二次绕组导线的选择是变压器设计最复杂的部分。绕组导线规格的选择取决于开关变换器电路拓扑结构、一次电流的波形、变压器所允许的温升等参数。

同时，在决定开关变压器一次、二次绕组导线规格时，还要考虑趋肤效应和邻近效应。如果选择的导线的半径大于集肤深度，则导线的有效载流截面积会减少，绕组损耗会增加。

因此，在选择导线规格时，所选择的导线半径一定不能超过趋肤深度。

在变压器中，因为相邻绕组之间各种场的存在，情况比上述的状态复杂得多。因而，绕组的排列方式对导线的选择起到十分重要的作用。由于邻近效应的存在，线径将进一步减小。

通过复杂的电磁场计算，并通过实际工程验证后，发现最优的选择方法是导线的有效交流电阻和直流电阻的比 $F_r = 1.5$ 时，变压器导线为最优。

为此，线径必须根据工作频率和绕组的层数来进行选择。图 3-14 所示是变压器绕组导线的直径和工作频率、绕组层数之间的关系。

根据图 3-14 所示曲线，可以选择适合高频变压器所用的导线直径。

在选择好导线的直径之后，就可以根据变压器所流过的电流来确定变压器绕组需要几根这样的导线来并联绕制。

在选择变压器绕组有效载流截面积时，要引入电流密度的概念。电流密度是指每平方毫米允许通过的电流值。在变压器设计中，电流密度随变压器的额定功率、温升要求而变化，并没有一个定值。但在实际工程实际过程中，为简化变压器的设计，定义了变压器绕组电流密度的参考值。一般在中小功率开关变换器的应用中，变压器温升在30℃的状况下，电流密度为 $3 \sim 5 \mathrm{A/mm^2}$。在高功率开关变换器的应用中，变压器的温升同样在30℃的状况下，则电流密度为 $2 \sim 3 \mathrm{A/mm^2}$。

由此，在选择了电流密度、导线直径及已知的变压器的输出功率、输入电压、输出电压，便可计算出为满足变压器的输出功率而需要的导线的数量。

目前，也有一种将多根细导线绞合在一起，线与线之间彼此绝缘的导线，称之为利滋线（Lize Wire）。只需根据电流密度所算出的需要导线的有效载流截面积就可选择相应规格的利滋线，从而方便了变压器的设计。

七、绕组的排列结构

绕组排列结构在变压器的设计和最终性能上起着很大的作用。图 3-15a 所示为变压器普通绕制结构的磁动势分布图。图 3-15b 所示的则是采用将一次线圈分成两半，首先绕制一次侧一半的线圈，然后再绕制二次线圈，再在最外面绕制另一半一次线圈的方式（称之为三

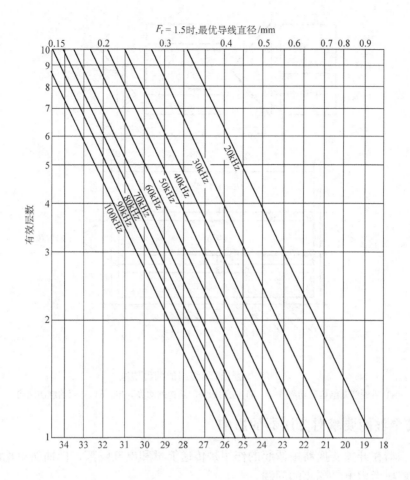

图 3-14　导线直径、工作频率、绕组层数的关系

明治绕制法）的磁动势分布图。

　　在图 3-15 中可以看到，在简单绕制的绕组中，二次侧的磁动势随着安匝数的增加不断增加，在一次、二次侧的交接面处达到最大值。而二次侧的磁动势几乎和一次侧相等，但方向相反。从一次、二次侧交接面开始减小，在二次侧的最外面为零。而在三明治绕法的变压器中，磁动势的最大值减小了，在二次绕组的中心磁动势减小为零。

　　采用三明治绕法结构的变压器，其磁动势的最大值和邻近效应明显低很多，所以其磁损耗和漏感也都相应地减小。

　　三明治绕法一般是将一次绕组一分为二，先绕一半一次绕组线圈，再绕二次绕组线圈，在外面再绕另一半一次线圈，从而将二次绕组线圈包裹在中间。但对有多个二次绕组的变压器，尤其是输出电压低、电流大的，应采用将二次绕组拆成两半，一次绕组包裹在中间的三明治绕法。其优点，一是二次大电流绕组靠近磁心，绕组每匝的平均长度短，绕组损耗小；二是靠近磁心的绕组的电压低，降低了变压器因耦合而产生的射频干扰。

　　但是这种将二次绕组拆分的方法须小心设计，因为如果一次绕组里边的二次绕组和在一次绕组外边的二次绕组的安匝数不相等的话，则会产生比较大的漏感，外边的二次绕组的输出电压会降低。

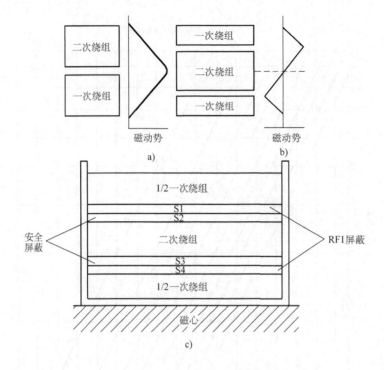

图 3-15　变压器的绕组的两种绕法

a) 普通绕制结构磁动势分布　b) 三明治绕制结构磁动势分布　c) 三明治绕制结构

八、安全性能要求对变压器的影响

高频变压器在开关变换器中所起的作用是传递能量和电气隔离，前面所讨论的均是传递能量，下面就要考虑电气隔离的问题。

为满足各种安全性能要求，如 VDE、UL 和 CSA 制定的相关要求，变压器的一次侧和二次侧必须达到一定的耐压等级，同时也要实现一定的爬电距离。

满足爬电距离的要求比较容易，就是在一次、二次绕组中间用胶带隔离出这一距离即可。但增加了这一隔离距离之后，变压器绕组的有效绕制空间就减小了很多，对磁心的有效利用不利，如图 3-16a 所示。

尤其是 VDE 对变压器爬电距离的要求增加为 8mm。则必须采用如图 3-16b 和 c 所示的方式才能解决满足爬电距离而有不减小有效绕制空间的问题。

九、漏感对变压器性能的影响

漏感即为一次绕组磁通不通过铁心，即小部分磁通通过空气形成闭合回路，因此不与其他绕组交链，称为漏磁通，用电感大小来表示漏感。

漏感的简单测试方法为，只留一个要测试的绕组，剩余绕组用导线全部短路后，测试绕组上所显示出来的电感值即为该绕组对其余绕组漏感。

漏感不参与能量的传递，也就是一次侧漏感的能量不会传到二次侧再传送给负载。但是此漏感的存在却会减缓一次电流的上升率，同时该漏感能量会存储在变压器中。对于一次侧开关器件，该漏感能量会对功率管的结电容充电，造成功率管 V_{ds} 的升高，如果漏感太大则

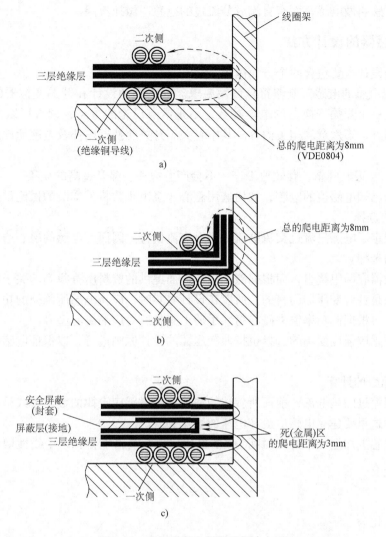

图 3-16　变压器爬电距离的解决办法

a）牺牲有效绕制空间满足爬电距离的方法　b）不牺牲有效绕制空间满足爬电距离的方法一

c）不牺牲有效绕制空间满足爬电距离的方法二

会造成功率管电压击穿而损坏。

同时，漏感增加就必须通过能量吸收电路将漏感能量吸收消耗掉。因而，漏感的存在会降低开关变换器的整体效率。

所以在设计变压器时，一定要注意变压器一次绕组和二次绕组之间的耦合，使变压器的漏感越小越好。

第三节　电感的设计方法

电感作为一种磁性元件广泛应用在高频开关变换器中。一般电感只对交流信号有阻抗作用，而对直流信号则无阻抗作用。但在高频开关功率变换器中，有一类电感不仅需要通过交流同时也存在很大的直流偏置，为了能够正确理解有直流偏置的电感，在一般场合将不通过直流成分的电感叫做电感，而有直流成分流过的电感叫做扼流圈。

一、电感器的设计方法

电感器的设计主要包含两个方面内容：

（1）确保电感的电感值能够符合使用要求。电感值的设计和开关变换器的拓扑结构有关，因而这是一个开关变换器的电学参数，不是本节讨论的重点，读者可以参考本书的第一、第四、第五、第六章的相关内容。其中有关于开关变换器拓扑及电感元件的电感值计算的叙述。

（2）确保电感能可靠、有效地工作，不会产生饱和、温升过高的现象。

对于一个已知电感值的电感，如何选用磁心、绕组匝数将是本节的讨论重点。

1. 磁心的选择

前本已规定了电感只流过交流电流，而无直流偏置。因而，电感的磁心选择完全等同于变压器磁心的选择。

由于变压器有两组绕组，而根据磁心生产厂商提供的资料所查找到的关于磁心尺寸和输出功率的关系是针对变压器而言的。所以在设计电感时，应将电感所承受的功率除以 2 后得到的功率值，再根据此功率值去磁心材料手册上查找所对应的磁心型号。

电感类磁感应强度摆幅的选择也按照变压器的设计原则进行，以保证电感的磁心不会引起饱和。

2. 绕组匝数的计算

一般电感流过的是电流，前面所叙述的法拉第电磁感应定律的数学公式是用电压来表示的电压，因而这里要建立电感电流和电压的数学关系。

如果在电感上加上一个持续时间为 t 的电压，那么电感中会有一个线性增加的电流，此电流的增加量为

$$\Delta i = \frac{V \Delta t}{L}$$

进一步转化为

$$V \Delta t = L \Delta I$$

将上式代入法拉第电磁感应定律可得

$$N = \frac{L \Delta I}{\Delta B A_e}$$

式中　　N——电感匝数；

　　　　L——电感值；

　　　ΔI——流经电感的电流增量；

　　　ΔB——磁心的磁感应强度的摆幅；

　　　A_e——磁心的有效截面积。

上式所得即为保证磁心通过电流 I 而不饱和的最小匝数。但却不能保证在此匝数时用这个磁心能够得到所希望得到的电感值 L。

如果在此匝数下，还未达到所要的电感值，则必须调整匝数。

因为 $L = A_L N^2$，即 $N = \sqrt{\dfrac{L}{A_L}}$，只需调整匝数即可。

如果在此匝数下，已超过所要的电感值，则可以通过开气隙的方式来调整电感值。
气隙的计算公式为

$$l_g = \frac{\mu_0 \mu_r N^2 A_e 10^{-1}}{L}$$

式中　　l_g——气隙长度；

　　　　μ_0——$4\pi10^{-7}$；

　　　　μ_r——1；

　　　　N——匝数；

　　　　A_e——磁心有效截面积；

　　　　L——电感值。

3. 绕组导线的选择

由于电感不存在一次、二次的问题，因而只考虑导线在高频时的趋肤效应即可，在选择导线直径和电流密度时基本方法和变压器的设计方法一样。

4. 电感损耗校验

磁损耗可以根据所选择的磁心型号查看生产厂商所提供的材料手册而得到。

对于绕组损耗可根据磁心尺寸计算出每匝线圈的平均长度 l，根据绕组材料的电阻率 ρ 及导线的截面积 S 计算出它的直流电阻 R，即

$$R = \frac{Nl\rho}{S}$$

再根据图 3-9 查得在电感的工作频率及所选导线直径的情况下，交流电阻和直流电阻的倍数值 K，即

$$R_{ac} = KR$$

再计算绕组损耗，有，　　　　　　　　$P_{cu} = I^2 R_{ac}$

在计算绕组损耗时，必须根据电感中的电流波形，对照图 3-5 计算出电流波形的有效值，再代入上面的公式计算。

一般而言，在磁损耗和绕组损耗相等时，认为电感的效率最高。

二、扼流圈的设计方法

扼流圈的设计相当复杂，需要丰富的实际工作经验。要设计、制造出最符合经济效益的扼流圈，设计人员必须熟知磁心材料的性能、尺寸、设计方案的选择、绕组的绕制工艺等知识。本节只对高频开关功率变换器中常用的扼流圈作简单介绍。

1. 扼流圈的磁心材料

扼流圈的磁心材料必须满足工作频率、直流交流电流比、电感值和力学性能方面的要求。当在较低频率或直流成分很大时，可选用硅钢片材料来做扼流圈的磁心材料，因为硅钢片材料的饱和磁感应强度高，这样可以减少匝数，降低绕组损耗。当工作频率很高或交流分量很大时，必须考虑磁损耗，可选用带气隙的铁氧体、坡莫合金或铁粉心材料的磁心。

2. 扼流圈的磁心尺寸

通常扼流圈的磁心结构和尺寸的设计是最为困难的，对于某一个具体的应用很难确定最好的磁心尺寸，也无法说哪一种结构的磁心最适合扼流圈。

因而本节只以通常情况下，开关变换器使用 E 型铁氧体磁心加气隙的扼流圈的设计方法来说明。

目前，一般认为在输出功率一定、工作频率一定的情况下，对各种不同结构的磁心，其所能承受的输出功率应该是差不多相同的。因此，根据磁心生产厂商提供的资料来选择磁心尺寸显得比较合理。具体选择方法可参看本章上一节，设计电感时选择磁心的方法。

生产厂商大都会提供磁心的 AP 值，而对于 E 型磁心而言，其 AP 值也容易计算求得。

由于扼流圈一般只存在一个绕组，所以它不存在绕组之间隔离绝缘问题，几乎整个绕组窗口均可绕制绕组导线。

3. 扼流圈的导线

扼流圈是有较大直流偏置的电感，因而在扼流圈设计过程中，如果采用 E 型铁氧体磁心加气隙的方法，则损耗主要来自绕组的损耗。在多数情况下扼流圈的磁损耗可以忽略。由此，扼流圈的功率损耗变得比较简单。只要知道绕组长度、绕组所用导线的规格即可知道扼流圈的损耗，即

$$P = I^2 \frac{Nl\rho}{S}$$

式中　I——扼流圈中的电流；

　　　ρ——导线的电阻率；

　　　l——绕组平均匝长；

　　　N——绕组匝数；

　　　S——绕组导线的截面积。

扼流圈的导线选择并不象高频变压器那样复杂，在交流成分不大时，不必过多关心趋肤效应和邻近效应对绕组导线的影响。但要正确选择导线却也并不简单，因为这里所关系到的是扼流圈的功耗所产生的热量能否靠扼流圈的表面有效地散发出去以满足温升要求。因而，扼流圈需要更多观注热设计方面的内容。

由于从理论上很难分析如何选取扼流圈的导线尺寸，况且这又跟开关变换器的散热方式、元器件的排列位置、整体设备的温升要求有很大的关系。所以只给出一个建议性的工程设计方法。

在选择好磁心型号之后，可以先计算扼流圈的绕组匝数，计算绕组匝数的公式为

$$N = \frac{L\,\Delta I}{\Delta B A_e}$$

对于一定型号的磁心，绕线窗口面积 A_w 也就确定，可以用下式计算导线尺寸：

$$S_w = \frac{0.6 A_w}{N}$$

式中　S_w——导线的截面积；

　　　A_w——绕线窗口面积；

　　　N——绕组匝数；

　　0.6——导线是圆导线时的填充系数。

4. 扼流圈的气隙

为避免磁心在通过大直流偏置时产生磁心饱和的问题，就要在扼流圈磁心中加气隙。图

3-17 所示是在铁氧体磁心中加气隙后的磁滞曲线。与原先未加气隙的磁滞曲线相比，可以看出，加入气隙后磁心的磁滞曲线变得更为平坦。这样的结果是整个电感需要更大的磁场强度，才能达到与没有气隙的电感一样的磁感应强度。也就是说，如果产生一样的磁感应强度，则有气隙的电感需要更大的磁场强度。

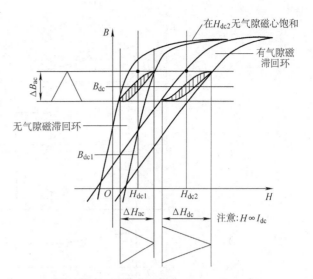

图 3-17　有气隙和无气隙的磁心磁化曲线

绕组中的直流电流成分在磁性元件的 B-H 曲线中的 H 轴上产生一个直流磁场 H_{dc}（H_{dc} 的值与直流安匝数成正比）。如果扼流圈的直流电流确定的话，则 H_{dc} 也是确定的。因而，为让磁心能够流过一个带直流电流成分的信号，则可以增大 H 值的范围，让磁心的 H 值范围更大而磁心也不至于饱和。用增加气隙的方法就可以达到此目的。

注意，在加气隙后，并未增加磁心的磁感应强度的摆幅，而是增加了达到此磁感应强度摆幅所必须的磁场强度，而磁场强度 $H = NI/l_m$。那么对于一个确定的磁心，其磁路长度 l_m 是一定的。对于确定的电感，其匝数 N 也是固定的。如果 H 增大，则此电感就能承受更大的电流。

但增加气隙后，磁心的有效磁导率会降低，电感系数 A_L 也会变小，电感的电感值会变小，因而需要更多的匝数才能满足电感值要求，这样会增加绕组损耗。

另外，磁心引入气隙之后会增加磁辐射，引起射频干扰。所以在设计引入气隙的电感时，一定要注意射频干扰的问题，此干扰可采用铜屏蔽的方法予以解决。

气隙的计算公式可参考电感气隙的计算办法（具体见第三章第二节）。

在具体设计扼流圈时，应重点注意以下事项：

（1）在选择磁心时，不仅要考虑满足扼流圈的电气参数，同时也要考虑磁心的机械安装参数，要留有足够的气隙距离（一般为中柱直径的 20%）。

（2）采用铁氧体磁心时，磁损耗一般较小，可忽略。但如选择其他磁心材料（如铁粉心）时，则要考虑磁损耗。在确定扼流圈总损耗时，必须将磁损耗加上绕组损耗。

（3）在一些应用中，电感值非常重要，会影响开关变换器的瞬态响应性能和稳定性。此时必须采用更复杂的计算方法，并在实验中逐步调整电感以达到最佳电感值。

5. Buck 变换器中的扼流圈设计实例

图 3-18 所示是 Buck 变换器电路及扼流圈中的电流波形。其扼流圈输出电流大且连续，这将导致大的直流磁化偏置。

在所有类型的开关变换器中，所选择的扼流圈的电感值必须能在轻载到满载的工作条件下保持电流连续。因此，纹波电流的峰值应小于满载电流的 20%，以保证开关变换器的高效率和较低的输出纹波电压。

扼流圈的规格：

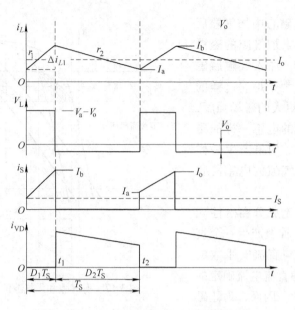

图 3-18   Buck 变换器电路及扼流圈电流波形

输入电压 = 25V

输出电压 = 5 V

最大输出电流 = 10A

工作频率 = 25kHz

最大纹波电流为 20% I_{max} （2A）

设计步骤（1）确定电感值

根据图 3-18 所示的电流波形，可采用如下方法确定所需的电感。

初始值：

频率 f = 25kHz，因此 $T = 1/f = 40\mu s$

计算导通时间有

$$占空比 = t_{on}/T = V_{out}/ V_{in}$$

因此

$$t_{on} = \frac{TV_{out}}{V_{in}} = 8 \ \mu s$$

$$t_{off} = T - t_{on} = 32 \ \mu s$$

关断时，电流下降到了满载电流的 20%，考虑到二极管的压降（设二极管压降为 0.6 V），则电感的计算式为

$$L = \frac{V_{out}t_{off}}{\Delta I} = 89.6\mu H$$

步骤（2），选择磁心

根据输出电压和输出电流计算电感的功率

$$P = V_{out} I = 50W$$

根据电感功率，从磁心生产厂商的资料中选择符合此电感功率的磁心，选 EE3329D 型磁心。

此磁心有

$$A_e = 120\text{mm}^2, \ A_w = 85 \ \text{mm}^2$$

先确定磁心所用的骨架的绕线窗口的面积 A_w，有

$$A_w = K H$$

式中　K——绕线骨架的绕线宽度；

　　　H——绕线骨架的绕线高度。

先计算不使磁心饱和的绕组匝数为

$$N = \frac{L\Delta I}{\Delta B A_e} = 7.5 \ （此时 \ \Delta B = 0.2\text{mT}）$$

由此得出，对于 EE3329D 型磁心，在本例应用中，只有在 8 匝以上线圈时，磁心就不会产生饱和。在比例中，因存在直流偏置成分，应在磁心中引入气隙。这样为满足电感量，取绕组匝数为 33 匝。

此时，采用圆型导线作为绕组导线，而选用的圆型导线的绕线填充系数为 0.6，则可计算出导线的截面积为

$$S_w = A_w K \ / \ N = 85 \times 0.6/33 = 1.54 \ \text{mm}^2$$

由导线截面积算出导线直径为

$$d = 0.7 \ \text{mm}$$

步骤（3）计算磁心气隙

$$l_g = \frac{\mu_0 \ \mu_r \ N^2 A_e 10^{-1}}{L} = 1.82 \ \text{mm}$$

式中，$\mu_0 = 4\pi \times 10^{-7}$，$\mu_r = 1$。

加入气隙后，绕制 33 匝线圈，其电感量仍满足大于或等于电气参数所要求的最小电感量，即 89.6μH。

步骤（4）通过实验验证扼流圈的设计参数及温升。

第四节　共模电感的设计

在共模电感的设计中，应当采用高磁导率的铁氧体磁心，以便能够采用尺寸较小的磁心获得较大的电感值。由于共模电感的两个绕组是反相对称的，因而并不存在磁心饱和问题。一般只要注意共模电感的损耗和温升即可。

在设计共模电感时，电感值是一个很重要的电气参数，它和电路中滤波电容的参数密切相关，对于共模电感的电感值的计算可参见本书第八章的有关内容。

在确定了电感之后，就应该从共模电感的温升角度出发来设计共模电感，先确定电感所应许的最大绕组功耗 W。这个功耗越小越好，但并没有一个定值，因为此功耗取决于所设计的开关变换器的输出功率，以及所要求达到的效率等参数。一般工程设计中取开关变换器满载功率的 0.2% ~ 0.5%

然后可计算出共模电感的电阻为

$$R_w = \frac{W}{I^2}$$

式中，I 为流过线圈的电流的有效值。

上式计算出来的电阻即为共模电感的最大电阻，由此可继续确定电感导线的规格、匝数。

这里介绍试凑法设计共模电感。

一些磁心生产厂商会提供磁心材料的电感系数值，可由 A_L 值和共模电感所需的电感值计算出磁心所需的匝数，即

$$N = \sqrt{\frac{L}{A_L}}$$

然后根据绕线面积计算出绕制时，可采用的导线规格。

再根据导线规格、绕制绕组的每一匝的平均长度及绕组匝数复核其电阻是否满足小于最大电阻 R_w 的要求。如果满足则说明设计的共模电感已满足损耗和温升要求。

如果不满足小于 R_w 的要求，则只能重新选择尺寸大一些的磁心再按上述步骤重新设计计算，直到电阻小于 R_w。

实际实验核校共模电感的电感值和温升状态，以取得最佳的使用效果。

在共模电感的设计中不要加任何气隙，E 型铁氧体的接触面越紧密，电感就会越大，这是共模电感和其他电感的不同之处。

第五节　新型磁性材料

在前文中，是采用铁氧体磁心作为磁心材料制作高频变压器、电感和扼流圈的磁心。铁氧体材料以其价格低廉、高频磁损耗低而成为高频变压器磁心材料的首选。但铁氧体材料的饱和磁感应强度比较低，因而以铁氧体做成的变压器的绕组损耗比较大，影响了变压器的整体效率。为此，长期以来人们一直在研究、开发新型的磁心材料，以便能制造出效率更高的变压器或电感。

一、铁镍合金

铁镍合金又称坡莫合金（Permalloy），它是一种在弱磁场具有高磁导率和低矫顽力的低频软磁材料。早期铁镍合金是应电话通信需要而研制的。铁镍合金的含镍量在 36% ~ 80%，变化幅度很宽，因此它的磁性和应用领域也不大相同。铁镍合金的磁导率特别好，比一般铁氧体材料高 10 ~ 20 倍，但其电阻率较低。后来，在铁镍合金中加入钼、铬、铜提高磁性能、电阻率和改善热处理性能。加入铜的铁镍合金称为铜坡莫合金（Mumetal）。加入钼的就称为钼坡莫合金（其中 Ni72%、Cu14%、Mo3%），这样不仅使相对磁导率大大提高（u_0 为 60000 ~ 90000μH/m），而且提高了电阻率，使涡流损耗大大降低。除钼坡莫合金外，20 世纪 30 年代还应用了铬坡莫合金（其中 Ni78.5%、Cr3.8%、其余为 Fe）。20 世纪 50 年代初，阿什穆斯（Assmus）和费弗（Pfeifer）发现 Fe-Ni-Mo-Cu 四元合金的性能与超级坡莫合金（Super-Permalloy）相当，继后里查德（Richards）和沃克（Walker）又对该四元合金进行了改进，得到一种高性能的 Fe-Ni-Mo-Cu 四元合金（其中 Ni77%、Mo14%、Cu4%，其余为 Fe）并取名为 "Super-mumetal"（起级铜坡莫合金），磁导率可达到 200000H/m。1956 年，

霍依（G. H. Howe）发明了一种晶粒取向和磁畴取向的铁镍合金（其中 Ni65%、Mo2%、Fe33%），并取名为"Dynamax"，其磁导率最高达到 1780000H/m。

铁镍合金具有磁导率很大、矫顽率很低、电阻率不高的特点，但是其价格昂贵、工艺性能较差。因此，在电机、变压器领域中，仅在小型变压器、控制用微电动机、控制用变压器、高灵敏度变压器和高精度变压器等的铁心中使用。

二、铁铝合金

20 世纪初，发现在纯铁中加入 1% 的铝可以提高纯铁的磁性能，但并未在电工领域应用。1948 年，日本人增本·斋藤着眼于 Fe_2Al 的规则晶粒，进行了含铝 16% 的铁铝合金的研究，获得成功。他将这种铁铝合金命名为"Alperm"，其 u_0 为 3100 ~ 54700H/m。同年 5 月，他在《日本金属学会志》上发表了他的研究成果，引起较大反响，并使这种合金在 20 世纪 40 年代末期后进入工业应用领域。但是，当时这种合金既硬又脆，机械加工性能较差。1954 年，美国人纳奇曼（F. Nachman）将含铝 16% 的铁铝合金经真空冶炼、氢中脱碳、脱氧，经铸-热轧-冷轧，制成了 0.1mm 厚的薄板，并取名为"Alfenol"。这种铁铝合金的导磁性有所提高，磁导率可达 15000 ~ 70000H/m（以后又提高到 115000 ~ 130000H/m）。

在铁铝合金中，还添加某些其他元素，如 Mo、Mn 等以改善其性能，如美国的"Thermanol"合金（其中 Al16%、Mo3%、Fe81%）。

铁铝合金具有较高的磁导率和较高的电阻率，加之价格较铁镍合金便宜，并具有良好的耐热、耐蚀性能，所以在小型变压器、控制变压器、互感器和微特电动机中得到了应用。

三、非晶态合金

非晶态电工钢片是把一些液态合金（如 Fe-Si-B 合金）以每秒百万摄氏度的冷却速度直接冷却到固态，仅用千分之一秒的时间就将 1300℃ 的钢水降到 200℃ 以下，获得合金中的非晶结构的一种软磁材料。其主要优点是磁感应强度好、铁损低（约为取向硅钢片的 1/2 ~ 1/3）。

1960 年，美国人杜韦兹（P. Duwez）发明快淬金属工艺，制造出非晶合金。1968 年，美国通用（GE）公司的留博斯基（Luborsky）发现非晶合金具有损耗很低（10.44W/kg）的特点。为此，1970 年美国联信（Allied）公司开始生产非晶合金带材，从而引发了 20 世纪 70 年代研究非晶合金的高潮。1979 年出现单辊非晶合金制带法，推动了非晶合金工业化生产。1979 年，美国联信公司研制出 260 5SC 非晶态合金（其中 Fe81%、Bl1%、Si3%、C5%），后又研制出不含碳的 260 5S2 的非晶态合金（其中 Fe78%、Bl3%、Si9%）。20 世纪 80 年代，美国、日本、德国相继建成年产万吨级的连续制带设备，苏联、德国、捷克、匈牙利等也建成了非晶合金工业生产装置。我国从 1976 年开始研究非晶合金，20 世纪 80 年代开始生产非晶合金。

四、微晶合金

微晶合金材料是近 20 年来随金属快速凝固技术进步而发展起来的新型导磁材料。1988 年，日本日立金属所发现（Fe、Co）-Si-B 系铁基合金中加入适量的 Cu 和 Nb 等元素，其非晶薄带在经低温加热后即在非晶相内析出约20nm大小的bcc亚稳相的均匀分布的超微晶粒，即制备出了纳米级Fe-Si微晶窄带。20世纪90年代，许多国家对纳米级Fe-Si微晶合金进行了研究，形成了不同的工艺路线。例如，对晶粒取向硅钢片室温局部加压，然后高温退火，使形成纳米级微晶；或采用激光照射使其微晶化；或采用特殊工艺使Fe-Si-B非晶合金微晶化。除Fe-Si系列外，对Fe-M-B及Fe-M-C等系列微晶材料也进行了研究。

微晶合金钢片的饱和磁感应强度和磁导率很高，铁耗非常低，可用于要求较高的电动机和电器中。

在设计扼流圈时，需要有效磁导率小的磁心（其相对磁导率一般为10～300）。为了满足扼流圈的设计，也专门为扼流圈研究、开发了磁粉心类磁心元件。磁粉心是由铁磁性粉粒与绝缘介质混合压制而成的一种软磁材料。由于铁磁性颗粒很小（高频下使用的为0.5～5μm），又被非磁性电绝缘膜物质隔开。因此，一方面可以隔绝涡流，适用于较高频率；另一方面由于颗粒之间的间隙效应，导致材料具有低磁导率及恒磁导特性；又由于颗粒尺寸小，基本上不发生趋肤现象，磁导率随频率的变化也就较为稳定。它主要用于高频电感。磁粉心的磁电性能主要取决于粉粒材料的磁导率、粉粒的大小和形状、填充系数、绝缘介质的含量、成型压力及热处理工艺等。

五、粉心材料

1. 铁硅铝粉心

铁硅铝粉心可在8kHz以上频率下使用；饱和磁感应强度在1.05T左右；磁导率为26～125H/m；磁致伸缩系数接近零，在不同的频率下工作时无噪声产生；比MPP有更高的DC偏压能力；具有极佳的性能价格比。主要应用于交流电感、输出电感、滤波器、功率因素校正电路等。有时也替代有气隙铁氧体作变压器铁心使用。

2. 铁粉心

常用铁粉心是由碳基铁磁粉及树脂碳基铁磁粉构成，在粉心中价格很低，饱和磁感应强度值在1.4T左右，磁导率范围在10～100H/m，初始磁导率随频率的变化稳定性好，直流电流叠加性能好，但高频下损耗高。

3. 坡莫合金粉心

坡莫合金粉心主要有钼坡莫合金粉心（MPP）及高磁通量粉心（High Flux）。

（1）MPP主要特点

饱和磁感应强度在0.75T左右；磁导率范围大，为14～550Hm；在粉末磁心中具有极低的损耗；温度稳定性极佳，广泛用于太空设备、露天设备等；磁致伸缩系数接近零，在不同的频率下工作时无噪声产生。主要应用于300kHz以下的高品质因数滤波器、感应负载线圈、谐振电路、对温度稳定性要求高的LC电路、输出电感、功率因素补偿电路等。在交流输入电路中也较为常用，但在磁粉心材料中价格很贵。

（2）高磁通粉心主要特点

饱和磁感应强度为1.5T左右；磁导率范围为14～160H/m；在粉末磁心中具有很高的磁感应强度，很高的直流偏压能力；磁心体积小。主要应用于滤波器、交流电感、输出电感、功率因素校正电路等，在直流电路中常用于扼流圈，价格低于MPP。

习　题

电路如图3-19所示。已知　$V_S = 48V$，$f_S = 200kHz$，$L = 6.2\mu H$，$C = 470\mu F$

$$R = 0.33\Omega，D = 0.252，n_1 = 11T，n_2 = 22T，n_3 = 2T$$

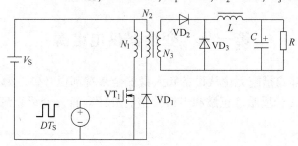

图3-19　习题

现采用的磁心参数如下：

$$有效截面积：A_e = 0.41cm^2$$

$$有效磁路长度：l_m = 3.96cm$$

$$初始磁导率：\mu = 3000\mu_0$$

$$磁心损耗系数：K_{fe} = 76W/cm^3 T^\beta \quad \beta = 2.6$$

忽略变压器的漏磁通，只考虑主磁通。

求：

1）稳定工作时，各电流 $i_1(t)$，$i_2(t)$，$i_3(t)$，$i_4(t)$ 波形（包括电流的纹波），计算各个电流的有效值和峰值。

2）计算采用磁心和匝数后，变压器各绕组的电感量。

3）画出主磁通 $\Phi(t)$ 的波形，并计算 $\Phi(t)$ 的峰值。

4）计算变压器的磁心损耗。

5）画出开关管 VT_1 的漏源极电压 V_{ds} 波形，并计算出 V_{ds} 的峰值电压。

第四章　输入与输出隔离的各种变换器结构

第一节　变换器供电电源

在实际应用中，隔离措施无论从设备和人身安全来看都很必要。为此本章对各种具有隔离功能的变换器结构（分反激、正激和半桥）进行介绍。首先介绍直流 V_S 的获得。

一、概念

由于各种变换器中隔离环节是安排在高频转换过程中的高频变压器上，利用变压器一次和二次绕组的电磁耦合来隔离的，所以本节讨论的直流电源 V_S 只是从市电进来之后首先要技术处理的地方——整流、滤波。对 50Hz 交流整流、滤波好像很简单，但由于 V_S 供给的负载是高频（高于 20kHz，甚至兆赫兹）电流、功率，因此也不能太轻视。应该知道，V_S 是50Hz 与高频工作电路的能量连结点。V_S 常用 50Hz 市电整流后用一个电容器 C 滤波得到。这个电容器的充电电压是带有 100Hz 纹波直流偏置的电压。这个电容器的放电对象（负载）却是后面的高频逆变器。这个逆变器把直流电变换成交流电，然后经高频变压器滤波输出直流电压 V_o。这个逆变器负载 I_o 变化时，应折算（反射）为逆变器一次绕组的相关波动，也就是对这个电容器可能放、充电。其中包括高频变压器的感性负载和能量回收的充电过程。这些都交汇在这个电容器上。电容器所涉及的电压、频率和电流有 V_S、ΔV_S、V_o、ΔV_o、f_S、Δf_S、50Hz、100Hz、0Hz 和 $I_{交}$、$\Delta I_{交}$、I_o、ΔI_o、ΔI_T、I_S、ΔI_S 等。电容器温度由这多种频率不同的有效值电流之和决定。由于高频逆变器的负载形式多种多样，科学合理地解决问题的方法是十分复杂的。在此只介绍工程应用中常用的 O·H·Schade 曲线法。

如果直流电压 V_S 因加了滤波电容 C 后使得交流电源侧的交流电流非正弦形的现象严重，即功率因数差，谐波电流大则不要考虑使用本节方法。例如，用升压变换器，并使交流电流和交流电压同步变化。这样整流的同时使功率因数为 1。这一技术，详见本书第六章。由于这类开关电源负载等与市电是隔离的，所以称为 OFFLine 变换器。这么叫的目的是免去人们的恐慌，绝非是一些人认为的与市电能量无关系，甚至不是开关电源了。

二、V_S 的整流、滤波电路元器件计算

1. 整流桥

在市电进入处，要设置一个高频滤波器，使 V_S 工作符合安规要求。此滤波器体积很小，参见第八章。整流桥容量依开关电源输出功率而定，二极管整流平均值 I_{avg} 在整流后的直流电流 I_o 再加一定裕度。全波整流电路二极管反向峰值电压为正弦电压的峰值的两倍，即 $2\sqrt{2}V_{rms}$。一般 220V 单相选 600V 左右。有时在每个二极管并联一小电容作瞬态保护用。

2. 电容器及电容量

（1）电压值

电容器耐压值一般是市电交流电压的峰值电压，加上一定裕度。假设市电电压变化率为

$k_1\%$（k_1 随容量增加而减少），因此耐压值为 $\sqrt{2}V_{\text{rms}}$（$1 + k_1\%$）。

另外，还应适当考虑市电轻载时（如深夜）电压升高的情况。

（2）电容量

电容器容量大小，主要看电容器是否能够通过纹波电流；这与高频逆变器二次整流电压 V_0 的滤波电容主要考虑纹波电压能否通过是不一样的。计算时分两步。

电容器容量初算方法

可使用单相全波电路进行粗算。这时可使用如图 4-1 所示的 O·H·Schade 曲线。

第一步，求 R_S/R 比值。

R_S 代表整流电路的线性阻抗或串联合成电阻，R 是负载电阻，等于 V_S/I_S；单相整流 $V_S = \sqrt{2}V \times 0.9$。$R_S/R$ 的值对应纵向右边读数，假设 $R_S/R = 2$。

第二步，确定交流电压变化率，即 $e_{\text{max}} \sim \Delta e/e_{\text{max}}$。

第三步，在 O·H·Schade 曲线族中求出横坐标 ωCR 值。该值是由整流纹波电压决定的简单系数，数值大则说明纹波电压小。产品成本越高。一般来说，ωCR 值在 10～1000 较为合理。

如果电压变化率为 10%，$R_S/R = 2$，则通过纵轴在 90% 处向右投影，与曲线 2 的交点再向下投影，在横轴上的读数为 $\omega CR = 50$。

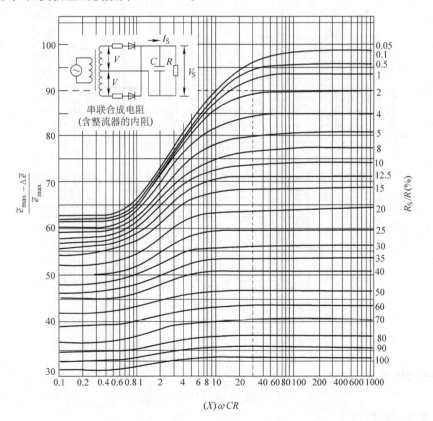

图 4-1　O·H·Schade 曲线族

注：e_{max} 为最大交流输入电压；Δe 为交流输入电压的变化。

67

第四步，求出电容器容量 C

$$C = \frac{横坐标读数值}{\omega R} = \frac{\omega CR}{2\pi f V_s} I_s$$

3. 验算电容器容量

（1）求纹波电流 Δi_o

滤波电容既通过市电的充电电流，又通过高频逆变器的高频可逆（充电和放电）电流。两电流的次方和的方均根值为其有效电流值。有效电流通过电容的 ESR（寄生串联电阻）而使电容发热从而决定了电容器的温升。正常情况下电容允许的纹波电流值，是在条件为 105℃、120Hz 下得出的，在其他温度下还要进行折算或查资料。例如 60℃ 时，电流值可能提高 2.8 倍。所以要根据环境条件，先计算电容值，还要再算纹波电流值。为此，可根据图 4-2 中的 ωCR 和全波整流 $\frac{R_s}{R}$ 比值曲线，求出纵坐标的纹波电压 $\Delta V/V_s$（％）。

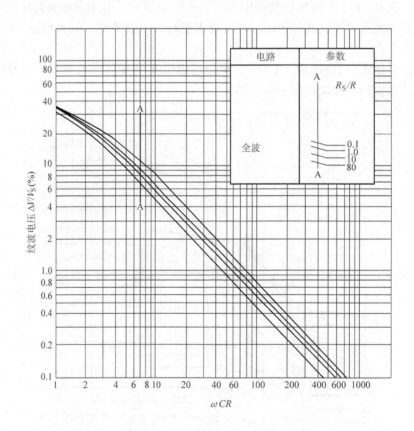

图 4-2　用 O·H·Shade 曲线求纹波电压

用下式求出纹波电流 Δi_o。

$$\Delta i_o = \omega C \Delta V/V_o$$

（2）选择电容器型号

根据纹波电流容许值，从表 4-1 选择（参考）型号。

表 4-1　两种型号的电相关参数

电压值（DC）/V	电容值/μF	型号	漏电流/μA	容许纹波电流 (105℃，120Hz)/mA	尺寸/mm			
					ϕD	L	F	ϕd
25	1000	（25SSP1000）	250	450	12.5	20	5.0	0.6
32	2200	（25SSP2200）	550	675	16	25	7.5	0.8

注：ϕD 为直径，L 为长，F 为引脚间距，ϕd 为引脚直径。

第二节　反激变换器

一、工作原理

1. 特点

把图 1-19b 所示的 Buck-Boost 变换器电感 L 用变压器绕组 W_p、W_s 代替时，则得到如图 4-3 所示的隔离型反激变换器（如果需要可加多个 W_s）。

一次侧 S_1 导通，二次侧因二极管 VD 的反向截止不能产生回路电流，一次侧输入能量实际上以磁能形式储藏在 W_p 中；当 S_1 断开时，VD 正向偏置而导通，对电容充电，对负载供电。S_1 关断期间，能量耦合至二次侧传送至负载。好像 S_1 在回程时传送能量一样，故称反激变换器。

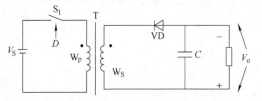

图 4-3　从 Buck-Boos 演变而来的反激变换器

它广泛应用在 50W 以下的电路中。它的优点是简单，只要一个磁性元件、一个开关、一个二极管就可以完成多输出隔离、降压、升压的任务。然而，这个磁性元件，既是储能的电感又是变压器，设计时比较困难。这种电路输入和输出电流有较大尖峰而且是脉动的。

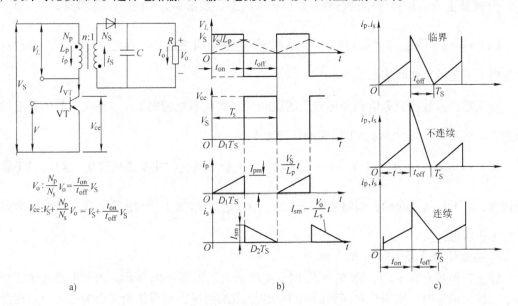

$$V_o:\frac{N_p}{N_s}V_o=\frac{t_{on}}{t_{off}}V_S$$

$$V_{ce}:V_S+\frac{N_p}{N_s}V_o=V_S+\frac{t_{on}}{t_{off}}V_S$$

图 4-4　反激变换器的原理图及波形

a）电路原理图　b）各工作波形　c）i_p，i_s 三种状态下波形

2. 基本概念

不宜输出较大功率。下面对这一点进行简明讨论。首先画出反激变换器单输出工作波形如图 4-4 所示。

下面分析单端反激变换器的基本关系式。

如图 4-4 所示,在 D_1T_S 时 VT 导通期间,电流 i_p 按 V_S/L_p 斜率随时间 t 上升,即

$$i_p = \frac{V_S}{L_p}t$$

t_{on}结束时,i_p 最大电流为

$$I_{pm} = \frac{V_S}{L_p}t_{on}$$

由于在 D_2T_S 时 VT 关断期间流过二次绕组的是线性下降的电流,有

$$i_s = I_{sm} - \frac{V_o}{L_S}t \qquad (4-1)$$

按一次侧、二次侧安匝关系有

$$I_{pm}N_p = I_{sm}N_S$$

$$I_{sm} = \frac{N_p}{N_S}I_{pm}$$

故

$$i_S = \frac{N_p}{N_S}I_{pm} - \frac{V_o}{L_S}t$$

单端反激变换器,随 t_{off} 值的不同。依式(4-1)有三种工作状态。

(1) $t = t_{off} = \dfrac{L_s}{V_o}I_{sm}$ 时,有 $i_s = 0$,说明在二极管 VD 关断末尾,$i_S = 0$。在下一个 T_S,i_p 从 0 按 $\dfrac{V_S}{L}t$ 规律上升,这种工作状态称为临界工作状态,如图 4-4c 所示 i_S、i_p 波形。

(2) $t = t_{off} > \dfrac{L_s}{V_o}I_{sm}$ 时,有 $i_S < 0$,说明在 VT 重新导通之前,i_S 早已下降为零,这种状态称为电流不连续工作状态。

变压器的匝数比只影响到晶体管上的压降(二次侧有电流时),$\dfrac{N_p}{N_S}$ 越大,晶体管上的电压越高。当 i_S 降为零之后,VT 所受的压降为 V_S。

(3) $t = t_{off} < \dfrac{L_s}{V_o}I_{sm}$ 时,有 $i_S > 0$。说明在 VD 关断末尾,i_S 并未衰减到 0。这样,VT 重新导通时,i_p 不是从 0 开始,而将从对应于 $i_{S(min)}$ 的 $i_{p(min)}$ 再加上 $\dfrac{V_S}{L_p}t$ 增量上升。这种称为电流连续工作状态。

3. 磁复位概念及去磁环节

以上三种状态在 $n > 1$,即 $N_p > N_S$ 时,电流的关系如图 4-4c 所示。由于电流连续工作状态下,周期结束时,磁通没有回到周期开始出发点的情况,有可能使磁心内磁感应强度随周期的重复而逐次增加,导致磁心饱和而损坏高压开关管。因此,为了使磁心不易饱和,一般使用软磁粉末压制的磁心。这种磁心粉末之间存留气隙,这样磁心耐受的 H_m 值增加。当原

边电流达最大值时，磁心尚不会进入饱和状态。

另外，在 VT 截止期间，应考虑增加去磁环节，使 $i_{p(min)}$ 不会增加。考虑到变压器一次、二次绕组间存在漏感，在 VT 关断瞬间，一次绕组漏感乘上电流变化率即为集电极承受的电压尖峰。另外，VT 重新导通时，i_s 不为零，因此二极管 VD 反向恢复电流将引起一次侧晶体管集电极电流尖峰很高。为了压抑这两种尖峰，必须加上钳位电路，或者加一个能量感应再生绕组消除尖峰，实现能量再次利用。也可以在 L_p 两端、或晶体管 c、e 两端加上缓冲器 R、C、VD，让这一尖峰不产生 RF 辐射能量消耗在 R 上，如图 4-5 所示。

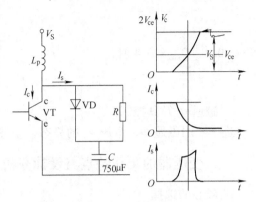

图 4-5　开关管 c、e 两端装有 R、C、VD 组成的缓冲器及波形

因此，反激变换器中的晶体管必须按照关断时的最高集电极电压和导通时的最大集电极尖峰电流来选择。一般在关断时，晶体管必须承受的最高集电极电压与 $D_{max} = t_{on(max)} / T_S$ 值相关。即

$$V_{ce(max)} = \frac{V_S}{1 - D_{max}}$$

式中　D_{max}——最大占空比；

　　　V_S——电源的电压。

一般 $V_{ce(max)} \approx (3 \sim 4) V_S$。为了限制集电极电压在安全值之内，占空比必须保持较低值，通常取 $D_{max} = 0.4$ 左右。

再从 VT 导通时，必须满足集电极工作电流 I_{VT} 来看，则应为

$$I_{VT} = \frac{I_o}{n}$$

式中　I_o——输出的最大电流；

　　　n——变压器一次、二次匝数比。

为了能根据变换器的输出功率和输入电压求出电感值 L_p 和集电极最大工作电流，下面给出 L_p 单位时间传递到输出端的能量，它应等于单个脉冲能量 $\frac{1}{2} L_p I_{VT}^2$ 乘上工作频率 f_S，因此其功率

$$P = \frac{1}{2} L_p I_{VT}^2 f_S \eta$$

式中　η——变换器效率，小于 1。

加在变压器上的电压 $V_S = L_p \frac{\Delta i}{\Delta t}$，假定 $\frac{\Delta i}{\Delta t} = \frac{I_o}{D_{max} T_S} = \frac{I_o}{D_{max}} f_S$，那么电压 $V_S = L_p \frac{I_o}{D_{max}} f_S$，整理得

$$L_p = \frac{V_S D_{max}}{I_o f_S}$$

$$P = \frac{I_o}{2}V_S D_{\max}\eta = \frac{V_S}{2}D_{\max}\eta n I_{VT}$$

$$I_{VT} = \frac{2P}{V_S D_{\max} n\eta}$$

当 $\eta = 0.8$ $D_{\max} = 0.4$ 时

$$I_{VT} = \frac{6.25P}{V_S n}$$

4. 磁通 Φ 及其控制

进一步的磁通 Φ、电压 V_o 的静态、动态解以及稳定问题，参见本书第七章例题2。

二、变压器的工作特点与设计分析

1. 磁心的选择

变压器要完成储能、隔离和传递能量的功能，磁滞回线又只在 I 象限，所以为了安全起见，不能出现磁饱和现象。为此选定磁感应强度增量 ΔB 不能太大，一般最大工作点在主磁滞回线 2/3 之下，一般铁氧体磁心的 $\Delta B = B_m - B_r \approx (0.6 \sim 0.7)\ B_m$。

磁心截面积 A_e，工作占空比 D，加在 L_p 和晶体管 VT 上电源电压 V_S 与一次绕组匝数 N_p，一定要满足如下关系

$$A_e = \frac{V_S/D}{N_p \Delta B f} \times 10^8$$

其中，要考虑 D 的变动范围，V_S 的波动，工作温度对 ΔB 影响等。

2. 气隙的计算

为了保证 L_p 有一定的电感值，一般磁心要加气隙。尤其在不完全能量传送方式下，即电流 i_L 连续工作状态时，一次、二次侧经常有较大的直流偏置，容易引起磁心饱和。为了有效防止饱和，就要增加磁路的磁场强度 H（即安匝值），就要在磁路中加入气隙。也就是

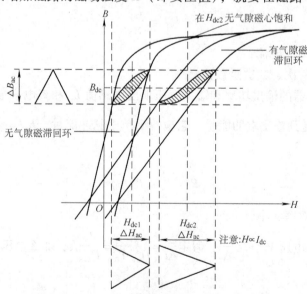

图 4-6 适当增加气隙使磁滞回线向横轴 H 偏移

说，要使主磁滞回线向横轴 H 偏移，如图 4-6 所示。加入气隙后使有效磁导率减小，在匝数一定的情况下，电感值下降，因此离饱和点有一定距离。

确定气隙大小，要计算出电感值 $L_p = \dfrac{V_S}{\Delta I} t_{on}$。然后，依传递能量大小选定磁心尺寸根据磁心型号查出电感系数 A_L，计算出一次绕组的匝数 N_p，公式为 $N_p = \sqrt{\dfrac{L_P}{A_L}}$。电感值的大小，可在实用中调整气隙大小来改变。另外，也可以从根据厂商资料，如公布的 $A_L = f(l_g)$ 曲线（l_g 是气隙尺寸）来改变，如图 4-7 所示。图 4-7 中为 N27 规格的 E16 铁氧体磁心相关曲线。

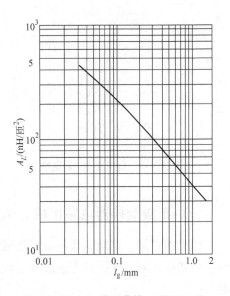

图 4-7 A_L、l_g 关系曲线（N27. E16）

三、双管反激变换器

上面所述的单晶管反激变换器在开关管关断时，可能出现集电极承受反向电压太高的现象，一般可以达到 V_S 的 3 ~ 4 倍。因此，在功率较大的场合要选用耐压值高的开关管而又成本过高时，建议使用双管反激变换器，电路如图 4-8 所示。

电路的中 VT_1、VT_2 两个晶体管，将同时导通或关断，控制电路简单。开关二极管 VD_1 和 VD_2 起到钳制电压作用，使得每个晶体管的最大集电极电压在 V_S 以下，因此电路中可采用较低反压值的晶体管。为此所付出的代价是增加了

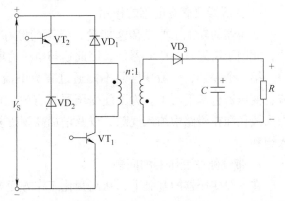

图 4-8 双管反激变换器电路原理图

VT_2、VD_1、VD_2 三个器件。此电路在实际应用中较为常见。但在闭环控制中，由于存在右半平面的零点，稳定性较差，动态校正、优化会困难一点，对这一点工作时要有思想准备。

第三节 正激变换器

图 1-1 所示是正极性 Buck 变换器电路，如果改为图 4-9 所示电路，变为输出负极性，则可称为负极性 Buck 变换器。如果还要实现隔离输出的功能，则电路如图 4-10 所示，它一般也称为正激变换器。上述三个都是 Buck 变换器，都有 Buck 的基本属性。但正激变换器与 Buck 变换器有两点不同：一是有隔离的功能，二是有 N_p/N_S 电压比功能。因此，可以方便地输出各种电压，即电压增益不单与占空比 D_1，也与 N_p/N_S 相关。它是中、小功率变换器中广泛使用的一种电路拓扑。

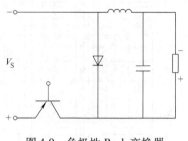

图 4-9　负极性 Buck 变换器

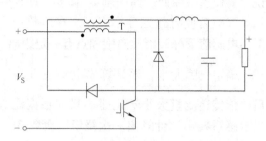

图 4-10　带变压器耦合的 Buck 正激变换器

一、正激变换器电路组成、工作原理和波形

由上面可知，正激变换器就是带变压器耦合的 Buck 变换器，原理、属性无须重述，波形、公式也相同，同样具有连续和不连续的工作状态。而不同的是，使用变压器后带来的问题。

二、正激变换器的变压器带来的问题

1. 变压器要兼有电感的作用

变压器的功能主要是传递能量，但不能储存和释放能量，因为储存和释放兼具时间因子，此因子需组合一些元器件，因此这与电感有明显差别。

第二个差别，一般变压器不能通过直流电流，对于开关控制的脉冲直流的平均直流电流，变压器也承受不了。为了使变压器兼有较大电感 L_p 并可调整的特点，首先要增加匝数加大线径和在磁路中加入气隙，以及增加高频磁复位环节，这样在磁化电流波动时就不会进入饱和。

2. 带气隙的变压器的问题

在一般变压器的基础上，从高频化工作方面考虑，而且加入气隙后可以使用在正激变换器中。加了气隙后，由于磁化曲线偏向横轴，允许磁化强度变化 ΔH，因此可承受较大的 H 值，即安匝值。由于加入气隙使 B_r 值降低和安匝值增加，磁感应强度摆幅 ΔB 也可增加。然而正激变换器的 B-H 曲线只工作在 I 象限，尽管随着每个脉冲电流的后沿值的下降，磁化有所恢复，但不能保持每次开关的 I_{mp} 值（见图 4-11）的正确回归。也就是说，每个周期中要使小的磁化曲线都应能在限幅范围内重复。但是，在高频工作、输入电压波动、负载变动的情况下，这一要求是不现实的。因此，必须采用磁复位环节和相关技术措施。

三、技术措施

1. 励磁电流和励磁功率的分析

励磁电流 i_m 是使磁路产生磁通、开始工作的基础电流，它使磁性材料磁畴变化成规律状。它在磁通形成之前，必须提供一定能量。它与二次侧是否有输出无关，最终它也不能转化成有用功率输出，但在开关变换器中可循环利用。如图 4-11 所示，i_m 随时间线性增加，在 t_{on} 的时间内达到最大值 i_{mp}，$i_m + i_1$ 为一次绕组总电流 i_p。其中 $i_1 = i_2 N_S / N_p$，它所损耗的

无用功率为 $P_m = \dfrac{1}{2} L_p i_{mp}^2 = \dfrac{V_S^2}{2L_p} t_{on}^2$ 相应能量

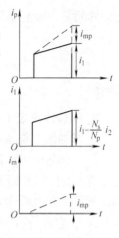

$$Q_m = P_m f$$

在一般电器中占总能量的 1% ~ 3%，开关变换器中小于 1%。

2. 励磁电流复位的作用

由上可知，开通终止时 i_m 应从 i_{mp} 变为 0，这就称为磁通复位。如果没有复位过程，在 i_1 的反复作用下，ΔB 的开始点逐渐提高，最终若干次作用后出现磁饱和。饱和时，磁心相当于失去磁性，几乎不存在磁力线的增加或减少，L_p 值大大降低，电流增加，甚至烧毁晶体管。

3. 励磁电流的循环控制和参数选择

如图 4-12 所示，与一次绕组并联 VD_m、C_m、R_m。当 VT 关断时变压器绕组的反向电动势沿 VD_m、C_m 构成磁复位电流回路。

为了实现复位，设定 R_m 所损耗的功率等于变压器所储存的无用功率 P_m。则

图 4-11　$i_{mp} + i_1 = i_p$
示意图

$$\frac{V_m^2}{R_m} = \frac{V_S^2}{2L_p} t_{on}^2$$

磁复位概念是磁性材料中磁工作点复位。当设复位点电压 V_m，设历时为 t_m，则 $V_m t_m$ 为变压器绕组上的 $V_S t_{on}$ 的 0.01 倍。

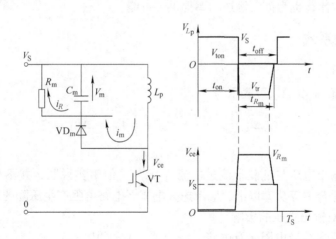

图 4-12　复位过程及各点波形

由于 $t_m < t_{off}$（即在 t_{off} 内完成复位），所以 R_m 不能过大。不能过大的另一个原因是晶体管承受的最大反向电压是 $V_S + V_m$。

为了保证磁复位时间，有

$$t_{on} \leqslant t_{off} = \frac{1}{2} T_S$$

而且，R_m 数值不宜过大。

4. C_m 的选择

复位过程及各点波形如图 4-12 所示。C_m 值大时，$V_{VT(DS)}$ 升高；C_m 值小时，吸收不了 L_p

的尖峰能量，影响磁复位，其能量关系为

$$\frac{V_m^2}{R_m}f = \frac{f}{2}C_m\left(V_m + \frac{1}{2}\Delta V_m\right)^2 - \frac{f}{2}C_m\left(V_m - \frac{1}{2}\Delta V_m\right)^2$$

化简得

$$C_m = \frac{V_m}{\Delta V_m R_m}$$

V_m 的选值决定了晶体管的反向峰值电压 $V_{VT(DS)}$。

5. 增加耦合绕组完成磁复位

上一个办法中电阻 R_m 消耗了励磁电流的能量，有些可惜。下面将介绍更好一些的方法，即再生法。如图 4-13 所示，在电路中增加一个耦合绕组 W_m（W_m 的匝数为 N_m，它可与 W_p 双线绕制）和二极管 VD_m，VT 关断时伴生的反向电动势产生电流 i_m 经二极管 VD_m 对电源滤波电容 C 充电，从而磁能转变为电能。如果 $N_m = N_p$，充电电压等于 V_S，$t_{on(max)}$ 也基本等于 $\frac{1}{2}T_S$。如果 $N_m < N_p$，耦合得到的单匝电压增加，但充电电压仍为 V_s，然而充电电流会增加。此种情况相当于在较短时间完成能量转变，因此在减少 N_m 下允许 $t_{on} \geq t_{off}$。此法为正激变换器扩大了占空比，也为扩大输送功率提供了可能。

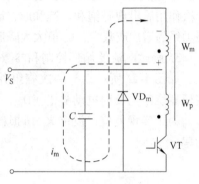

图 4-13　耦合绕组完成磁复位

四、基本关系式

1. 输出电压 V_o

先按电感电流 $\Delta i_{L2} = \Delta i_{L3}$可表示为

$$\Delta i_{L2} = \frac{V_{SN} - V_o}{L_1}t_{on} = \frac{V_o}{L_1}t_{off} = \Delta i_{L3}$$

化简得

$$V_o = V_{SN}t_{on} \tag{4-2}$$

上式说明，输出电压与负载上流过电流 i_{L2} 无关。但事实说明，并不尽然。例如，由于正激变换器有时适合中等功率以上，应考虑大电流下电路电阻产生压降的影响。

2. 输出电流对输出电压的影响

i_{L2} 流过二极管和线径电阻 r 及电流回路各元器件，关系能比较精确表达为

$$V_o = t_{on}f\frac{N_S}{N_p}\left[V_{SN}' - (2V_{VD} + 2i_{L2}r)\right]$$

在线径较小时，会有可观压降，此时输出的电压变小。输出电压与输出电流如图 4-14 所示。

3. 晶体管反向峰值电压的计算

在耦合绕组磁复位电路中原绕组晶

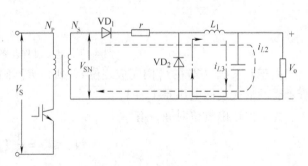

图 4-14　输出电压与输出电流

体管在 T_{off} 时所受的反向峰值电压在二次绕组流过电流 i_m 时为最高，而且与 N_pV_S/N_s 值相关。

在占空比 D_1 较大，N_s 较小时，要特别注意。反向峰值电压为

$$V_{DS} = \left(1 + \frac{N_p}{N_s}\right)V_S$$

如果是用二极管、电容、电阻组成的回路（见图 4-12）进行磁复位，反向峰值电压（推导过程略）为

$$V_{DS} = V_S + \sqrt{\frac{R_m f}{2L_p}}V_S t_{on}$$

电路中，VD_1 反峰值

$$V_{VD_1} = \frac{N_s}{N_p}\sqrt{\frac{R_m f}{2L_p}}V_S t_{on}$$

VD_2 反峰值

$$V_{VD_2} = V_S - 1$$

4. 一次绕组和二次绕组的匝数

通常正激变换器对电感的要求没有反激变换器那么高，但仍要重视其设计计算。按磁心不饱和，用 $0.7B_m - B_r = \Delta B$ 代入下式计算得一次绕组匝数

$$N_p = \frac{V_S t_{on}}{\Delta B A_e} \times 10^8$$

式中 A_e——磁心有效载面积。

考虑突加大负载，引起 V_o 下降，占空比 D_1 增至最大值仍不至于瞬间引起磁感应强度进入饱和状态这一可靠性要求，还要按下式进行验算

$$N_p = \frac{V_{S(max)}}{(B_m - B_r)A_e}t_{on(max)} \times 10^8$$

最终取这两次计算的较大值，作为 N_p 值。

二次绕组匝数主要由输出电压、二极管压降、电路电阻和线径电阻压降决定的

$$\frac{N_s}{N_p} = \frac{V_o + V_{VD1} + v_r}{V_S}$$

求得

$$N_s = \frac{V_o + V_{VD1} + v_r}{V_S}N_p$$

一般来说 N_s 要多取若干匝，这是有好处的。这是因为，V_o 虽然是依靠占空比 D_1 闭环控制和保持的。但在输入电压 V_S 很低时，依靠增加占空比 D_1，V_o 仍难稳定。在 N_s 加大之后，其惟一缺点是二次侧二极管、一次侧晶体管耐压值要增加。为了可靠性还是值得的。

5. 扼流圈的设计与 ΔV 值减小

扼流圈上通过的直流负载电流 I_o 和脉动电流 Δi_{I2}、Δi_{I3}，关系如式（4-2）所示。

所谓开关变换器纹波电压 ΔV 就是 Δi 在电容寄生电阻 ESR 上的压降平均值。为了减小 ΔV 可减少 ESR，也可减小 Δi。减小 Δi 就要增加 L_1 磁心截面和匝数。在成本限制下，一般按 $\Delta i = 0.3I$ 来设计电感 L_1，即

$$L_1 = \frac{V_S - V_o}{0.3I_o}t_{on}$$

选择扼流圈磁心，通常选用钼粉心或 EI 铁氧体磁心。由资料查得 A_L 值，按下式计算匝

数

$$N = \sqrt{\frac{L_1}{A_L}}$$

式中　A_L——电感系数$\left(\dfrac{nH}{匝^2}\right)$。

　　但是，用什么磁心都要保证电流乘上匝数的安匝值不会引起磁饱和，其关系如图 4-15 所示。

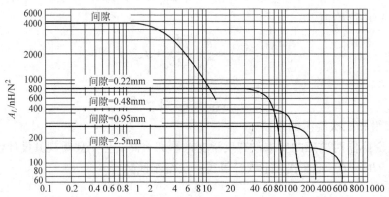

图 4-15　A_L 与安匝值的关系曲线

6. 滤波电容的选择

计算流过电解电容的纹波电流三角波的数值，有

$$\Delta i_C = \sqrt{\frac{1}{T} \int_0^T i_C^2 \mathrm{d}t}$$

也可以用式 $0.577\Delta i_{L2}$ 近似算出。

第四节　半桥变换器原理与设计

　　由于正激变换器和反激变换器开关晶体管所承受的电压是输入直流电压的两倍以上，因而其电压应力比较大。为降低一次侧开关元器件的电压应力，桥式变换器就成了隔离变换器结构的首选。在半桥变换器中由于原边开关元器件的电压降了一半，并且变压器工作在 I、III 象限，因而变压器磁心的利用率得到了提高。

一、半桥变换器的工作原理

　　图 4-16 表示出了半桥变换器的电路原理图，直流输入电源经两个串联等值的电容滤波后，为变换器提供直流电压，VT_1 和 VT_2 串联连接，变压器连接在串联开关管和串联电容的中点位置。因而，变压器的绕组只承受一半的电源电压。

　　假设稳态情况下电容器 C_1 和 C_2 的充电量

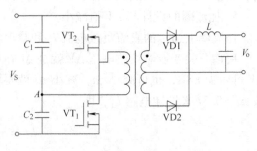

图 4-16　半桥变换器电路原理图

相等，则中心点 A 的电压将是电源电压 V_S 的一半。半桥变换器在一个工作周期内有 6 个工作状态，具体工作方式如下：

1. 工作状态 1，正半周导通（$t_0 \sim t_1$）

工作状态 1 的等效电路及电流方向如图 4-17a 所示。VT_1 导通，A 点电压为 V_S 的一半。此时 A 点电压加载到变压器一次绕组上，变压器一次绕组便通过 VT_1 建立了电流。此电流等于二次电流折算过来的负载电流和变压器励磁电流之和。

$$I_p = \frac{I_o}{n} + I_m$$

式中　I_p——变压器一次电流；

　　　I_o——半桥变换器负载电流；

　　　n——变压器匝数比；

　　　$I_m = \dfrac{V_S t_{on}}{2L_m}$——变压器的励磁电流。

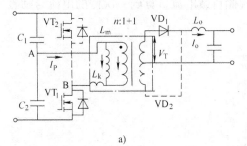

a)

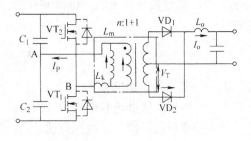

d)

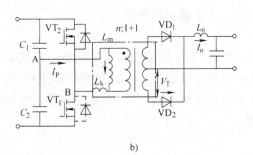

b)

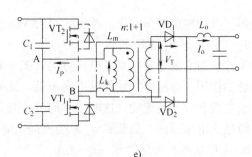

e)

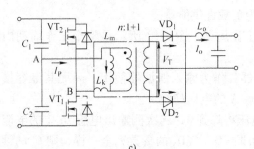

c)

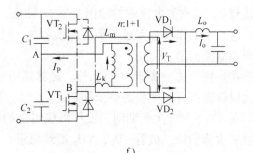

f)

图 4-17　半桥变换器 6 个工作状态

a) 状态 1　b) 状态 2　c) 状态 3　d) 状态 4　e) 状态 5　f) 状态 6

变压器二次侧，整流二极管 VD_1 导通，从而为负载提供能量。

2. 工作状态 2，VT_1 关断（$t_1 \sim t_2$）

工作状态 2 的等效电路及电流方向如图 4-17b 所示。VT_1 关断，由于变压器一次侧电感和漏感的作用，电流将继续朝原方向流动。此时由于 VT_1 已断开，因而电流将通过 VT_2 的体内反偏二极管导通而流动。这时图中的 B 点电压被钳位至 V_S，变压器一次电流减小，变压器二次侧已无电压输出，负载靠 L_o 电感续流提供能量。

3. 工作状态 3，死区时间（$t_2 \sim t_3$）

工作状态 3 的等效电路及电流方向如图 4-17c 所示。VT_1、VT_2 都关断，变压器一次电流已减到 0，二次侧的输出电感 L_o 续流为负载提供能量。

4. 工作状态 4，负半周导通（$t_3 \sim t_4$）

工作状态 4 的等效电路及电流方向如图 4-17d 所示，VT_2 导通，VT_1 关断，连接在输入电压 V_S 和中点 A 之间的电容 C_1 为变压器提供电压，此电压也为 V_S 的一半，变压器开始负半周导通，变压器电流反向流动，电流同样为二次侧负载电流折算到一次侧的电流与励磁电流之和。

$$- I_p = \frac{- I_o}{n} - I_m$$

式中　I_p——变压器一次电流；

　　　I_o——半桥变换器负载电流；

　　　n——变压器一次、二次匝数比。

$$I_m = \frac{V_S t_{on}}{2L_m}$$

变压器二次侧输出反向电压，整流二极管 VD_2 导通，为负载提供能量。

5. 工作状态 5，VT_2 关断（$t_4 \sim t_5$）

工作状态 5 的等效电路及电流方向如图 4-17e 所示。VT_2 关断，由于变压器一次侧电感和漏感的作用，电流将继续朝原方向流动。此时由于 VT_2 已断开，因而电流将通过 VT 的体内反偏二极管导通而流动。这时图中的 B 点电压被钳位至 0，变压器一次电流减小，变压器二次侧已无电压输出，负载靠 L_o 来续流提供能量。

6. 工作状态 6 死区时间（$t_5 \sim t_6$）

工作状态 6 的等效电路及电流方向如图 4-17f 所示。VT_1、VT_2 都关断，变压器一次电流已减到 0，二次侧电路中的输出电感 L_o 续流，为负载提供能量。

这 6 个工作状态完成了半桥变换器的一个工作周期。图 4-18 所示是整个工作周期内的电压和电流波形。

在半桥开关变换器中，C_1，C_2 是储能电容器，作为输入滤波器使用，因而其电容量要很大以保证在开关变换的整个周期，C_1，C_2 中点 A 的电压稳定。

在 VT_1、VT_2 关断期间，变压器绕组上的电压将降到 0，二次侧输出电感 L_o 中的电流会通过二次侧整流二极管 VD_1，VD_2 继续流动。如果 VD_1、VD_2 的参数完全一样，则 L_o 的续流由 VD_1，VD_2 平均分担，流过变压器二次侧正、负绕组的电流一样。变压器的各个绕组电压会被续流电流钳位至 0。

但在续流期间会产生一个重要的影响。由于一次侧励磁电流的存在，会使 VD_1、VD_2 中的电流稍有不平衡。虽然励磁电流和负载电流相比通常较小，它让磁心在续流期间维持磁感应强度为一常数。可当另一个开关管导通时，磁感应强度从 $-B$ 变到 $+B$，而 VD_1，VD_2 的正向电压不一样，在续流期间变压器二次侧的两个绕组不平衡，出现一个电压差。如果每次关断续流期间，该电压方向相同的话，则磁心会趋于阶梯式饱和。

二、半桥变换器的优缺点

由于半桥变换器的两个开关管是串联接到电源端，因而不会承受高于电源的电压，开关管的体内反偏二极管起到能量恢复的作用，能钳位开关管的源漏极之间的电压，使开关管的源漏极电压不会超调，改善了开关管的电压应力。

变压器二次绕组有正，负两个绕组输

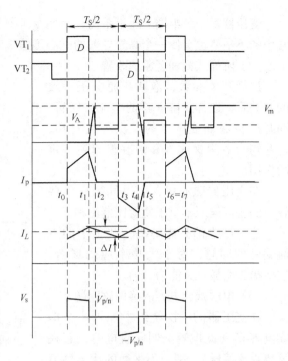

图 4-18　半桥开关变换器电压，电流波形图

出电压，这样的双向整流输出方式提高了二次侧的工作频率，从而使输出电感、输出滤波电容小型化，同时也降低了输出纹波电压和纹波电流。

半桥开关变换器正、负的两个半周期充分利用了变压器一次绕组和变压器磁心磁感应强度摆幅，磁心的利用率得到提高。

由于磁心工作在Ⅰ、Ⅲ象限，因而无需去磁复位电路或去磁绕组。

但是由于开关管和输出整流二极管参数的不一致会引起变压器磁心的阶梯式饱和。

开关管串联接到电源端，易引起直通短路的问题。

在半桥开关变换器开机启动之初，由于变压器设计时的磁感应强度摆幅值取值很大，就有可能在开机瞬间使磁心饱和（双倍磁通效应）。

1. 半桥开关变换器偏磁现象及其防止方法

（1）偏磁的产生

偏磁效应所引起的变压器阶梯式饱和现象是任何工作在正、负激磁状态的桥式变换器普遍存在的问题，是一种动态饱和效应。

对于半桥开关变换器，为使工作效率达到最高，变压器的磁心必须完全利用，而且在工作期间要求磁感应强度的偏移量对称。

但由于两只开关管开关特性不同、开关时间偏差、饱和开通电压不同，均会引起正、负半周不平衡的伏·秒值。输出二极管压降的不同会引起变压器二次侧在续流期间产生电压差而造成阶梯式饱和。

这种不平衡的正、负半周的伏·秒值，将会引起变压器磁滞回线偏移，致使铁心工作到饱和区并产生过大的电流，增加变压器损耗，降低变换器效率，严重的会使开关管失控，甚至烧毁。

变压器正、负半周工作不平衡，会在变压器绕组中产生一个纯直流电流，而且即使是非常小的不平衡也会使一个高磁导率的磁心迅速饱和。

（2）阶梯式饱和现象的改善

选择开关参数、饱和开通电压一致的开关管，选择压降一样的整流二极管，同时严格保证变压器的二次绕组对称，这些均会对阶梯式饱和的改善起到一定的作用。

在变压器磁心中，引入气隙后一些较小的直流偏压不至于使变压器饱和。

这些措施都只能解决一些很小的直流偏磁的问题，对于大功率应用场合，这些措施明显是无能为力的。

（3）串联耦合电容改善偏磁问题

在变压器的一次绕组中加入一个串联电容 C_3（此电容又叫隔直电容，意在隔离直流偏压），把与不平衡的伏·秒值相对应的直流电压滤掉，这样就能得到平衡的正、负半周的伏·秒值。

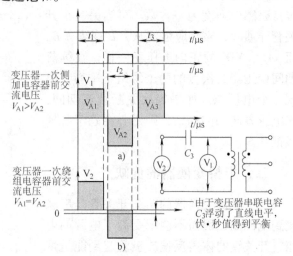

图 4-19 串联电容以改善半桥变换器变压器的偏磁
a）没有串联电容时，正、负不平衡的伏·秒值电压波形
b）串联电容后，滤去了不平衡的直流电压，
使正，负半周的伏·秒值相同

串联入变压器一次侧电路的电容是一个无极性电容，它必须能够承受大电流。为减小因大电流引起的温升，必须选择等效串联电阻低的电容，并采用多个电容并联的方式来满足电容量的要求和低的等效串联电阻。

电容的选择与计算（见图 4-19）：

当变压器一次侧电路串联了电容 C_3 后，该电容会和二次侧输出电感 L_o 折算到一次侧的电感 L_r 组成串联谐振电路。其串联谐振频率为

$$f_r = \frac{1}{2\pi \sqrt{L_r C_3}}$$

$$L_r = n^2 L_o$$

一般为避免串联电容与一次侧电路产生谐振，L_r 与 C_3 组成的谐振电路的谐振频率比半桥开关变换器的工作频率低，一般选取工作频率的 $0.1f_s$。

如一个半桥开关变换器的工作频率为 60kHz，输出电感 $L_o = 20\,\mu H$，变压器变压比为 10，则

$$f_r = 0.1 f_s = 6kHz$$

$$L_r = 20n^2 = 2000\,\mu H$$

最后计算电容量为

$$C_3 = 0.35\mu F$$

2. 双倍磁通效应

在稳态条件下，半桥开关变换器的变压器所能够承受的最大的磁感应强度的偏移量接近两倍的磁感应强度（从 $-B$ 到 $+B$）。在设计半桥开关变换器时，可以最大限度地利用其潜在的大磁感应强度摆幅这个优势，以便能提高磁心的利用率，减少一次绕组匝数，提高变换器整体效率。

磁感应强度在每个周期开始的起始位置为 $+B$ 或 $-B$。由于输出电感的续流作用,在开关管关断期间,磁心的感应强度会被钳制在 $+B$ 和 $-B$ 之间。原先磁心的磁感应强度在原点位置,但在变换器启动瞬间,磁心磁感应强度会随 $2B$ 的磁感应强度摆幅工作,这样就会在开机启动瞬间就使磁心饱和。

为防止双倍磁通效应的出现,就必须减小磁心磁感应强度摆幅。但随着磁心磁感应强度摆幅的降低,磁心的利用率也降低,这就不利于半桥开关变换器的功率密度的提高。

因而,应该从控制电路的方面来解决双倍磁通效应问题。

当半桥开关变换器开机瞬间,用较小的脉冲宽度去激励变压器,能有效减小变压器的伏·秒值。而伏·秒值的大小就决定了变压器磁心的工作磁感应强度摆幅。也就是说,在开机瞬间,用较小的磁感应强度摆幅来让变压器工作。然后,逐渐增大脉冲宽度,增加变压器的伏·秒值直到半桥开关变换器处于稳态工作状态。这种方式即为缓启动方式。

图 4-20 所示是典型的缓启动电路。当电源接通时,辅助电源先建立电压。首先,在电路中 C_1 的原始电压为 0。此时直流 300V 电压还未建立,因此晶体管 VT 导通,10V 辅助电压加到 R_3 上,并经 VD_2 加到比较器 A_1 的反相端。A_1 输出为负,锁住了驱动脉冲的输出。当输出直流电压达到 200V 时,稳压管 ZD_1 击穿,晶体管的基极得到电压而截止。此时 C_1 通过 R_3 充电,同时电阻 R_3 上的电压逐渐降低。这样这个逐渐降低的电压和 A_1 同相输入端的三角波比较,就会在 A_1 的输出端产生脉宽逐渐增加的脉冲,直至 C_1 的电压充到 10V。这时,

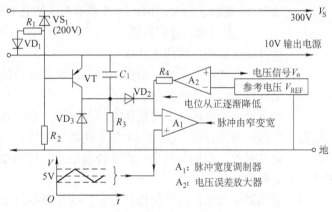

图 4-20 典型的缓启动电路

电阻 R_3 上的电压为 0,而比较器 A_1 的反相输入端就完全受 A_2 输出的误差信号控制。

三、半桥变换器变压器的设计

开关变换器工作在闭环状态时,随着输入电压的增加,脉冲宽度也会以相同的比例减小,以保证加载到变压器上的伏·秒值恒定。在这样的条件下,磁心的磁感应强度的峰值就能保持在一定的值上。但在瞬态条件下,不论输入电压为多少,脉冲宽度有可能增加到最大脉宽值,这时加载到变压器的伏·秒值就很大,即变压器磁心的磁感应强度峰值超出了设计规定,有可能会引起磁心饱和。

所以在选择磁心的磁感应强度摆幅值时,一定要考虑到瞬态时的情况,不能将磁感应强度摆幅选的过大。

在较低的磁感应强度下工作,虽然能够保证变换器安全工作,但降低了变压器磁心的利用率,需要绕组的匝数更多,也会降低变压器的效率。

因此,可以采用在半桥变换器的两个开关管上加上快速检测电流的方法,通过检测电流来控制限制一次电流,这样可以有效防止磁心的饱和。

(1)半桥开关变换器中变压器用磁心的选择

请参见本书第三章的内容以选择合适的磁心。

（2）工作磁感应强度摆幅 ΔB 的选择

请参见本书第三章的内容。

（3）变压器一次绕组匝数的计算

确定了磁心尺寸、磁感应强度摆幅之后，就可以计算变压器的一次绕组匝数。

在输入电压最低时，必须保证能提供足够的输出电压和输出电流。在这个条件下，输入电压最低时，脉冲宽度应该为最大，记为 $t_{on(max)}$。

则半桥变换器中变压器一次绕组匝数可用下式计算，即

$$N_{p(min)} = \frac{V_{S(min)} t_{on(max)}}{2\Delta B A_e}$$

式中　$N_{p(min)}$——变压器一次绕组最少匝数；

　　　$V_{S(min)}$——最低输入电压；

　　　$t_{on(max)}$——最大脉冲宽度；

　　　ΔB——磁感应强度摆幅，可参考单端变换器的选取方法进行选取。

　　　A_e——磁心的有效截面积。

（4）计算变压器的二次绕组匝数

在计算好一次绕组匝数后，根据最低电压输入和输出电压值计算出变压器的电压比，再根据电压比计算出二次绕组匝数。

（5）如果计算出来的二次绕组匝数不是整数，则可在保证匝数比的情况下，将一次、二次绕组匝数调整为整数值。注意，半桥变换器的变压器二次侧有两个对称的绕组。在绕制变压器时，应尽量使二次侧的两个绕组的绕制层数、排列型式一致。这样就不会引起不平衡的磁感应强度的偏移。

半桥变换器中变压器的导线选择方法、变压器的绕制结构请参见本书第三章。

思 考 题

1. 本章说要准确表达整流电压 V_S 的计算式有些难度，为什么？本节解决方法依据的是什么？可行否？

2. 准确来说，纹波电压计算相当复杂，本章按线路和与输出电压 V_o 的百分值选定，是否可行？你能推荐另一些方法吗？

3. 反激变换器是单端的，是何含义？当用了两个管子后就不是单端反激变换器了，说法对不对？反激变换器一定要气隙，为什么？

4. 正激变换器磁复位概念是什么？常用哪些方法，试比较。

5. 变压器励磁电流功率能输出、回收吗？或者说能重复（按 f_S 值）使用吗？

6. 反激变换器的反激电压常比匝比值算得的要高，为什么？为何要减少高压开关应力？

7. 反激变换器的变压器起什么作用？有了变压器能不能去除电感器？如何减小磁元件上的纹波电流？

第五章　高频开关变换器的软开关技术

传统硬开关变换器有以下缺点。

（1）在一定条件下，开关管在每个开关周期中的开关损耗是恒定的。变换器总的开关损耗与开关频率成正比，开关频率越高，总的开关损耗越大，变换器效率越低。开关损耗的存在限制了开关频率的提高，从而限制了变换器的小型化、轻量化。

（2）开关管作为硬开关工作时会产生较高的 di/dt 和 dv/dt，从而产生较大的电磁干扰。如果不改善开关管的开关条件，其开关轨迹可能会超出安全工作区，导致开关管损坏。为了减小变换器的体积和重量，必须实现高频化、提高开关频率，同时提高变换器的效率。这样就必须减小开关损耗。减小开关损耗的途径就是使开关管以软开关方式工作，因此软开关技术应运而生。

第一节　高频开关变换器的损耗

图 5-1 所示是由一个直流电源、电子开关、负载组成的串联电路，电子开关作周期开通、关闭。

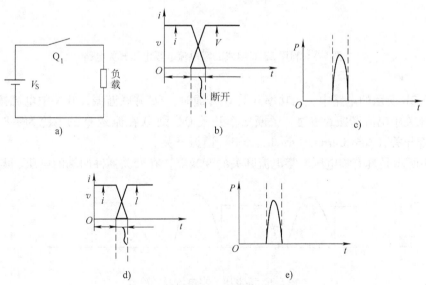

图 5-1　开关电路的损耗图

a）开关电路　b）断开时 Q_1 的电流、电压　c）断开时 Q_1 的功率损耗

d）接通时 Q_1 的电流、电压　e）接通时 Q_1 的功率损耗

从图 5-1b 中可以看出当开关 Q_1 断开时，流经 Q_1 的电流减小，Q_1 两端的电压升高，电流和电压会出现重叠的区域。此重叠区域即为开关的关断损耗（见图 5-1c）。

从图 5-1c 中可以看出当开关 Q_1 导通时，Q_1 两端的电压减小流经 Q_1 的电流增大，电流和电压也会出现重叠的区域。此重叠区域即为开关的开启损耗（见图5-1e）。

电路中的损耗分两个部分：

导通损耗：在开关全部导通时，由于导通电阻所产成的损耗。

开关损耗：在开关导通或关断过程中，由流经开关的电流的缓升（或缓降）和开关两端的电压的缓降（或缓升）而引起的损耗。

由于 Q_1 的导通电阻很小，因而导通损耗很小。则电路主要表现为开、关期间的损耗，即开关损耗。

开关功率变换器的工作频率越高，则开关变换器所用的磁性元件和滤波元器件的体积均会变小，这有助于开关变换器的轻型化和小型化。但在单位时间内，开关频率越高即开关损耗也会越大，这就严重阻碍了开关变换器工作频率的提高。

第二节　零电流、零电压开关

利用电感与电容构成的谐振零电流、零电压开关

在图5-2a所示的电路中，当功率开关 Q 断开时，LC 串联谐振，电容 C 上的电压按正弦规律变化。如果在电容 C 两端的电压谐振过零时，开通功率开关 Q，则 Q 在两端电压为零时开通，因而为零电压开关（Zero Voltage Switch，ZVS）谐振开关。

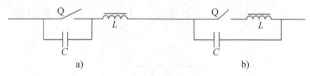

a)　　　　　　　　　　　b)

图5-2　利用 L、C 组成的零电流，零电压开关电路

a) ZVS　b) ZCS

由图5-2b所示的电路中，当功率开关 Q 开通时，LC 并联谐振，开关中电流按正弦规律变化。当开关中电流谐振到零时，关断功率开关 Q，则 Q 在流经 Q 的电流为零时开通，因而为零电流开关（Zero Current Switch，ZCS）谐振开关。

图5-3所示是具有零电压、零电流开关的变换器，在开关器件两端的电压、电流波形。

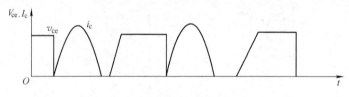

图5-3　零电压、零电流开关波形

第三节　能量不完全传递的反激变换器的谐振软开关

图5-4所示为反激准谐振软开关变换器电路，其工作原理如下。

（1）在传统的反激式开关变换器的变压器中再串联一个谐振电感 L_r，并在开关管的源极、漏极之间并联一谐振电容 C_r，这个谐振电容也包括功率开关器件结电容。但为分析方

便起见，将结电容合并入谐振电容一起计算。同时，假设变压器的电压比为 $n = \dfrac{N_p}{N_S}$。

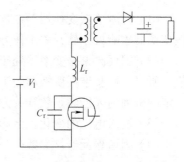

图 5-4　准谐振反激开关变换器

（2）开关管导通期间，电源输入电压加到变压器一次侧和谐振电感的串联电路两端。由于输出二极管的阻断作用，此时变压器二次侧无电流输出，变压器一次侧储存能量，且变压器一次电流线性增加，$I_p = \dfrac{V_1 t_{on}}{L_p + L_r}$。电容 C_r 的电压为零。

（3）在 t_0 时刻，开关管断开，由于电容 C_r 的充电作用，则 C_r（也即开关管两端的电压）有个缓升过程，开关管是零电压断开。

（4）在开关管断开后，变压器一次励磁电感产生反向电动势，变压器的二次侧由于输出二极管的导通而输出电流，此时变压器的一次侧受到变压器二次电压的钳位 $V_2 = nV_o$。

（5）开关管断开后的等效电路如图 5-5 所示。

（6）开关管断开后，由于谐振电感 L_r 的存在，L_r 和 C_r 产生谐振。首先电感 L_r 中的能量全部传入电容 C_r 中，电容 C_r 两端的电压开始呈正弦波状上升并达到电压最大值 $V_{C_{r(max)}}$，即

$$V_{C_{r(max)}} = (V_1 + V_2) + I_p Z_r$$

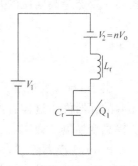

式中　Z_r——LC 谐振电路的特征阻抗，$Z_r = \sqrt{\dfrac{L_r}{C_r}}$；

　　　I_p——变压器在开关管关断时的一次电流。

（7）在 C_r 上的电压达到最大值后，电容 C_r 开始放电，并呈正弦波状降低。如果满足一定的条件，则电容 C_r 的电压会出现反偏电压。但由于开关 IGFET 中反并联二极管的作用，C_r 的电压会被钳位在零电压。若此时开通开关管，则开关管是零电压开通。

图 5-5　开关管断开后的等效电路

图 5-6 所示是开关管的电压波形。

从图 5-6 可以看到，要让开关管能在零电压时开通，则 C_r 的电压必须谐振到零，即

$$I_p Z_r = V_1 + V_2$$

式中　I_p——开关管关断时的变压器一次电流；

　　　V_2——开关管断开期间，二次电压对应到一次侧的电压，$V_2 = nV_o$。

其实，反激谐振变换器开关管两端的谐振电压曲线是一条以 $V_1 + V_2$ 为中心，以幅值为 $I_p Z_r$ 的上下对称的正弦波曲线。

由此，也建立了反激谐振变换器开关管处于软开关方式的必要条件，即

$$I_p \sqrt{\dfrac{L_r}{C_r}} > V_1 + nV_o$$

反激谐振变换器的特点如下。

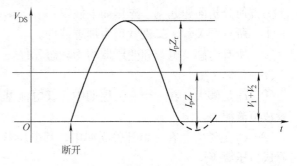

图 5-6　反激谐振变换器电压波形

（1）反激谐振变换器存在软开关和硬开关两种工作方式。只有满足一定条件后，反激谐振变换器才能处于软开关工作方式。

（2）因反激谐振变换器处于软开关方式的必要条件公式中有 I_p，即开关管断开时的电流值。所以，反激谐振变换器处于软开关工作方式时，对负载有一定的条件，只有输出负载在一定的范围内才能满足软开关方式的工作条件。

（3）输入电压的变化也会影响到变换器的软开关方式的工作条件。

（4）因谐振元器件参数是一定的，所以谐振频率只与电感 L_r 和电容 C_r 的参数有关，且谐振频率为 $f_r = \dfrac{1}{2\pi\sqrt{L_r C_1}}$。

当开关变换器在做输出误差调整时，只会调整开关管的开通时间，而开关管的断开时间则只能由谐振时间来决定。所以，反激谐振变换器调整工作的方式是固定开关管断开时间的频率调制方式。

（5）由于谐振的存在，会使开关管承受 $V_1 + V_2 + I_p Z_r$ 的电压，所以开关管的电压应力比较高，要选择高耐压的开关管。

第四节　Boost 变换器谐振软开关

由于 Boost 变换器只包含一个开关，所以要实现 Boost 变换器软开关往往要附加有源或无源的元器件。这样有可能会增加变换器的成本，但会降低了变换器的发热量和温升，同时会提高变换器的效率。

Boost 变换器除了有一个开关管外还有一个二极管。在输出电压较低的场合，就要用一个 MOSFET 来替换二极管（同步整流），从而获得比较高的效率。如果利用这个同步开关作为主开关的辅助管，可以创造软开关方式的工作条件，同时辅助开关管本身又能实现软开关。

谐振型 Boost 变换器软开关

图 5-7 所示为 Boost 变换器 ZVS 准谐振电路。该电路是在传统 Boost 变换器电路基础上增加了元件 L_r 和 C_r。通过 L_r 和 C_r 谐振为开关管 VT 零电压开通创造条件。谐振电压为电压半波模式，VD_1 为 IGFET 的寄生二极管。

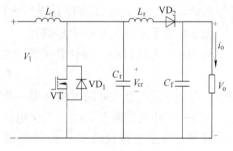

图 5-7　Boost 谐振电路

为方便分析问题起见，先作如下假设：

① 所有开关管、二极管均为理想器件。

② 所有电感、电容和变压器均为理想元件。

③ $L_f \gg L_r$。

④ L_f 足够大，在一个开关周期中，其电流基本保持不变为 I_1，从而 L_f 和输入电压 V_1 可看成恒流源 I_1。

⑤ C_f 足够大，在一个开关周期中，其电压基本保持不变，为 V_o，从而 C_f 和负载电阻可看成恒压源 V_o。

在一个开关周期 T_s 中，该变换器有四种开关状态。图 5-8 所示为 Boost 各开关状态的等

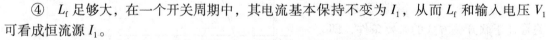

效电路。图 5-9 所示为其主要工作波形。

（1）开关状态 1，谐振电容充电阶段（$t_0 \sim t_1$）

在 t_0 时刻之前，VT 导通，输入电流 I_1 经过 VT 续流，谐振电容 C_r 上的电压为 0。VD_1 处于关断状态，此时由于谐振电容的电压 $V_{cr} < V_o$，二极管 VD_1 反偏，谐振电感 L_r 无电流。在 t_0 时刻，VT 关断，输入电流 I_1 对电容 C_r 充电，电容电压从 0 开始线性上升。由于 C_r 的电压是慢慢开始上升的，那么 VT 就是零电压关断。

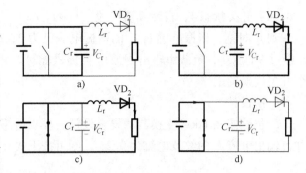

图 5-8　Boost 谐振电路各开关状态的等效电路
a) 谐振电容充电阶段（$t_0 \sim t_1$）　　b) 谐振阶段（$t_1 \sim t_3$）
c) 电感放电阶段（$t_3 \sim t_4$）　　d) 自然续流阶段（$t_4 \sim t_5$）

谐振电容 C_r 上的电压 $V_{C_r} = \dfrac{I_1 t}{C_r}$

谐振电容充电的持续时间是从 V_{C_r} 为 0 充电至 V_{C_r} 为 V_o，即

$$t = \frac{V_o C_r}{I_1}$$

$$t = t_1 - t_0$$

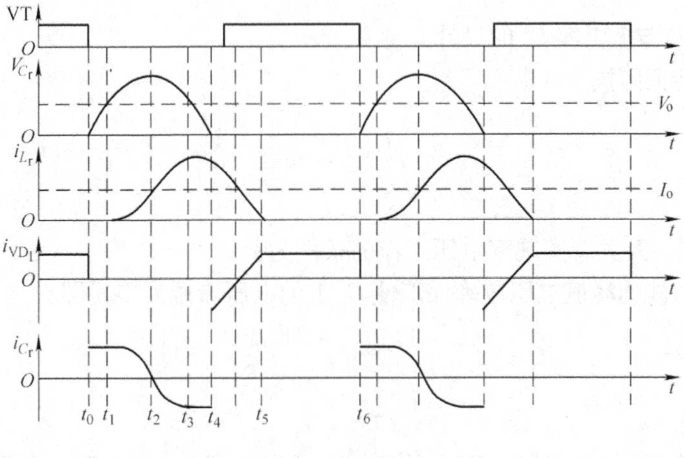

图 5-9　Boost 谐振电路的波形

（2）开关状态 2，谐振阶段（$t_1 \sim t_3$）

当谐振电容 C_r 的电压充电至 V_o 时，VD_2 开始导通，L_r 与 C_r 谐振工作，谐振电感电流 i_{L_r} 从 0 开始增加。经过 1/4 的谐振周期，到达 t_2 时刻，i_{L_r} 等于 I_o。此时，V_{C_r} 到达最大值 $V_{C_{r(\max)}}$。从 t_2 时刻开始起，C_r 开始放电，其电压开始下降，而谐振电感 L_r 中的电流继续增加。在 t_3 时刻，V_{C_r} 减小到 V_o。此时，谐振电感 L_r 中的电流 i_{L_r} 达到最大值。

（3）开关状态 3，电感放电阶段（$t_3 \sim t_4$）

谐振电感中的 i_{L_r} 继续，谐振电感开始放电，电感 L_r 中的电流 i_{L_r} 线性减小，而谐振电容 C_r 两端的电压继续降低。在 t_4 时刻，V_{C_r} 减小到 0。由于 VD_1 的钳位作用，C_r 两端电压为零。此时，为 VT 的导通创造了零电压开启条件。

（4）开关状态4，自然续流阶段（$t_4 \sim t_5 \sim t_6$）

到t_5时刻，谐振电感L_r中的谐振电流已为0，L_r和C_r的谐振电路停止工作，输入电流I_i经过VT流动，负载由输出滤波电容提供能量。之后，在t_6时刻，VT关断，则开始下一个开关周期的工作。

L_f的设计

L_f仍然按照Boost变换器的要求设计，要求电感电流在最大输出电流$I_{o(max)}$时保持连续，并且输出电流I_o的纹波电流为$0.2I_o$，则可按下式计算，即

$$L_f = \frac{V_{1(min)} t_{on(max)}}{0.2I_o}$$

在工程设计时为保证电流连续，一般输入电压V_i取最低输入电压$V_{i(min)}$，输出电压V_o可取最高输出电压$V_{o(max)}$，工作频率f_S可取最低工作频率$f_{S(min)}$，电流可取最大负载电流的20%作为Boost电感电流的变化值。

滤波电容C_f的设计

滤波电容C_f的电容量与输出电源的纹波电压ΔV有关，假定谐振电感L_r电流纹波分量全部流入滤波电容C_f，可用下式计算，即

$$C_f = \frac{\Delta Q}{\Delta V} = \frac{\int_0^t (i_{C_r} - I_o)\,dt}{\Delta V}$$

谐振电感L_r与谐振电容C_r的设计

谐振电路的特征阻抗为

$$Z_r = \sqrt{\frac{L_r}{C_r}} = \frac{V_{C_{r(max)}} - V_o}{I_i}$$

由图5-9可知，开关管实现零电压工作的条件为：

（1）谐振正弦波的峰值电压应确保能使C_r上的电压谐振为零，即

$$V_{C_{r(max)}} > 2V_o$$

化简可得

$$I_i Z_r > V_o$$

（2）在开关管VT关断期间，C_r上的电压必须谐振到0，则VT的关断时间必须大于或等于谐振周期的$1/2$。

可选t_{off}时间为谐振周期的$1/2$，则

$$t_{off} = \frac{T_r}{2} = \frac{1}{2f_r}$$

根据谐振周期计算式可得

$$t_{off} = \pi \sqrt{L_r C_r}$$

先确定Boost谐振电路开关管关断时间t_{off}，然后由上述两个条件可建立联立方程式，以求得谐振电感L_r与谐振电容C_r。

电路为定宽调频电路，即固定关断时间t_{off}，通过改变频率来改变占空比。

第五节　半桥谐振开关变换器

一、*RLC* 串联谐振基本知识

谐振是由 R、L、C 元件组成的电路在一定条件下发生的一种特殊现象。首先，分析 *RLC* 串联电路发生谐振的条件和谐振时电路的特性。图 5-10 所示 *RLC* 串联电路，在正弦电压 V 作用下，其复阻抗为

$$Z = R + \mathrm{j}\left(\omega L - \frac{1}{\omega C}\right) = R + \mathrm{j}(X_L - X_C) = R + \mathrm{j}X$$

式中电抗 $X = X_L - X_C$ 是角频率 ω 的函数，X 随 ω 变化的情况如图 5-11 所示。当 ω 从零开始向 ∞ 变化时，X 从 $-\infty$ 向 $+\infty$ 变化。在 $\omega < \omega_0$ 时、$X < 0$，电路为容性；在 $\omega > \omega_0$ 时，$X > 0$，电路为感性；在 $\omega = \omega_0$ 时有

$$X(\omega_0) = \omega_0 L - \frac{1}{\omega_0 C} = 0$$

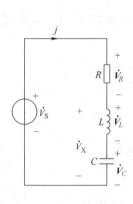

图 5-10　*RLC* 串联电路

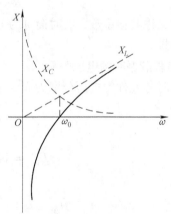

图 5-11　*LC* 串联阻抗特性图

1. 谐振频率

当电路阻抗 $Z(\omega_0) = R$ 为纯电阻。电压和电流同相，电路此时的工作状态称为谐振。由于这种谐振发生在 *RLC* 串联电路中，所以又称为串联谐振。串联电路发生谐振的条件下，求得谐振角频率 ω_0 为

$$\omega_0 = \frac{1}{\sqrt{LC}}$$

谐振频率为

$$f_0 = \frac{1}{2\pi\sqrt{LC}}$$

由此可知，串联电路的谐振频率是由电路自身参数 L、C 决定的，与外部条件无关，故又称电路的固有频率。当电源频率一定时，可以调节电路参数 L 或 C，使电路固有频率与电源频率一致而发生谐振。当电路参数一定时，可以改变电源频率使之与电路固有频率一致而发生谐振。

2. 串联谐振的品质因数

串联电路谐振时，其电抗 $X(\omega_0)=0$，所以电路的复阻抗

$$Z(\omega_0) = R$$

呈现为一个纯电阻，而且阻抗为最小值。谐振时，虽然电抗 $X = X_L - X_C = 0$，但感抗与容抗均不为零，只是两者相等。谐振时的感抗或容抗为串联谐振电路的特征阻抗，记为 Z_r，即

$$Z_r = \frac{1}{\omega_0 C}$$

$$Z_r = \omega_0 L = \frac{1}{\sqrt{LC}} L = \sqrt{\frac{L}{C}}$$

Z_r 的单位为欧姆，它是一个由电路参数 L、C 决定的量，与频率无关。

工程上常用特征阻抗与电阻的比值来表征谐振电路的性能，并称此比值为串联电路的品质因数，用 Q 表示，即

$$Q = \frac{Z_r}{R} = \frac{\omega_0 L}{R} = \frac{1}{\omega_0 C R} = \frac{1}{R}\sqrt{\frac{L}{C}}$$

品质因数又称共振系数，有时简称为 Q 值。它是由电路中的参数 R、L、C 共同决定的一个无量纲的量。

3. 串联谐振时的电压关系

谐振时各元件的电压分别为

$$\dot{U}_{R0} = R\dot{I}_0 = \dot{U}_S$$

$$\dot{U}_{L0} = j\omega_0 L\dot{I}_0 = j\omega_0 L\frac{\dot{U}_S}{R} = jQ\dot{U}_S$$

$$\dot{U}_{C0} = -j\frac{1}{\omega_0 C}\dot{I}_0 = -j\frac{1}{\omega_0 C}\frac{\dot{U}_S}{R} = -jQ\dot{U}_S$$

即谐振时电感电压和电容电压有效值相等，均为外施电压的 Q 倍。但电感电压超前外施电压 90°，电容电压落后外施电压 90°，总的电抗电压为 0。而电阻电压和外施电压相等且同相，外施电压全部加在电阻 R 上，电阻上的电压达到了最大值。

在电路 Q 值较高时，电感电压和电容电压的数值都将远大于外施电压的值，所以串联谐振又称电压谐振。

4. 串联谐振时的能量关系

现在分析谐振时的能量关系。设谐振时电路电流为

$$i = I_m \cos\omega_0 t$$

则电容电压为

$$v_C = \frac{I_m}{\omega_0 C}\cos\left(\omega_0 t - \frac{\pi}{2}\right) = V_{C_m}\sin\omega_0 t$$

电路中的电磁场总能量为

$$\omega = \omega_C + \omega_L = \frac{1}{2}Cv_C^2 + \frac{1}{2}Li^2 = \frac{1}{2}Cv_{C_m}^2\sin^2\omega_0 t + \frac{1}{2}LI_m^2\cos^2\omega_0 t$$

由于谐振时有

$$U_{Cm} = \frac{1}{\omega_0 C}I_0 = I_0 \sqrt{\frac{L}{C}}$$

这表明，串联谐振时电路中电场能量最大恒等于磁场能量的最大值、而电感和电容中储存的电磁能量总和是不随时间变化的常量，且等于电场或磁场能量的最大值。图 5-12 所示曲线反映了谐振时电、磁场能量的关系。当电场能量增加了某一数值时，磁场能量必减小同样的数值，反之亦然。这意味着在电容和电感之间，存在着电场能量和磁场能经相互转换的周期性振荡过程。电、磁场能量的交换只在电感和电容元件之间进行，和电路外部没有电磁能量的交换。电源只向电阻提供能量，故电路呈纯阻性。

因为

$$V_{Cm} = QV_S$$

所以

$$W = \frac{1}{2}CV_C^2 = \frac{1}{2}CQ^2V_S^2$$

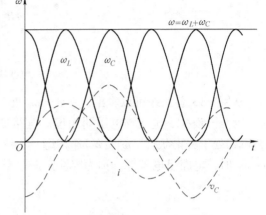

图 5-12　串联谐振时电压，电流，电，磁场的能量关系曲线

这就是说，在外加电压一定时，电磁场总能量与 Q^2 成正比，因此可用提高或降低 Q 值的办法来增强或削弱电路振荡的程度。由于

$$Q = \frac{\omega_0 L}{R} = \omega_0 \frac{\frac{1}{2}LI_m^2}{\frac{1}{2}RI_m^2} = 2\pi f_0 \frac{\frac{1}{2}LI_m^2}{RI_m^2} = 2\pi \frac{\frac{1}{2}LI_m^2}{RI_m^2 T_0}$$

式中　T_0——交流周期。

由上式可知 Q 值的物理意义，即 Q 等于谐振时电路中储存的电磁场总能量与电路消耗的平均功率之比乘以 ω_0，或 Q 等于谐振时电路中储存的电磁场总能量与电路在一个周期中所消耗的能量之比乘以 2π。电阻 R 越小，电路消耗的能量（或功率）越小，Q 值越大，振荡越激烈。

5. 串联谐振的谐振曲线

电路中的阻抗是随频率的变化而变化的。在输入信号的有效值保持不变情况下，电路的电压、电流的大小也会随频率的变化而变化。阻抗、电流或电压与频率之间的关系称为它们的频率特性。在串联谐振电路中，描绘电流、电压与频率关系的曲线称谐振曲线。先来看复阻抗的频率特性，有

$$Z = R + j\left(\omega L - \frac{1}{\omega C}\right) = R + j(X_L - X_C) = R + jX$$

复阻抗 Z 的频率特性为

$$z(\omega) = \sqrt{R^2 + X^2}$$

$$\varphi(\omega) = \arctan\frac{X(\omega)}{R}$$

电路中电流为

$$\dot{I} = \frac{\dot{V}_s}{Z} = \frac{\dot{V}_s}{R + j\left(\omega L - \frac{1}{\omega C}\right)}$$

即

$$I = \frac{V_s}{z} = \frac{V_s}{\sqrt{R^2 + \left(\omega L - \frac{1}{\omega C}\right)^2}}$$

$$\varphi = \arctan \frac{\omega L - \frac{1}{\omega C}}{R}$$

从图 5-13 各曲线可以看出，在 $\omega = \omega_0$ 处，$X = 0$，此时电路阻抗最小，为 $Z = R$；电流最大，为 $I_0 = V_s/R$，电流与电压同相位；电路处于谐振状态。$\omega \neq \omega_0$ 时，$Z > R$，$I < I_0$，$\Phi \neq 0$，电路处于失谐状态。ω 偏离 ω_0 越远，Z 越大，I 越小，Φ 越大，失谐越严重。其中，当 $\omega < \omega_0$ 时，电路呈电容性，称为容性失谐；当 $\omega > \omega_0$ 时，电路呈电感性，称为感性失谐。

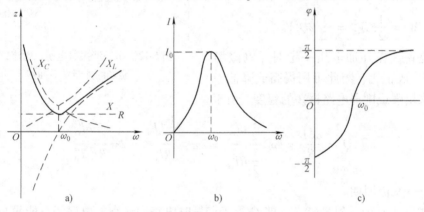

图 5-13　串联谐振曲线
a) 串联谐振阻抗曲线　b) 串联谐振电流曲线　c) 串联谐振相位曲线

从电流谐振曲线可以看出，在谐振频率及其附近，电路具有较大的电流，而当外施信号频率偏离谐振频率越远，电流就越小。换言之，串联谐振电路具有选择最接近于谐振频率附近的信号同时抑制其他信号的能力。电路所具有的这种性能称为电路的选择性。初步的观察可以看出，选择性的好坏与电流谐振曲线在谐振频率附近的尖锐程度有关，曲线越尖锐、陡峭，选样性越好。进一步的研究表明，电流谐振曲线的形状与电路品质因数 Q 值有直接相关。因为

$$I = \frac{V_s}{\sqrt{R^2 + \left(\omega L - \frac{1}{\omega C}\right)^2}} = \frac{V_s}{R\sqrt{1 + \left(\frac{\omega L}{R} - \frac{1}{\omega C R}\right)^2}}$$

$$= \frac{V_s/R}{\sqrt{1 + \left(\frac{\omega}{\omega_0}\frac{\omega_0 L}{R} - \frac{\omega_0}{\omega}\frac{1}{\omega_0 C R}\right)^2}} = \frac{I_0}{\sqrt{1 + Q^2\left(\frac{\omega}{\omega_0} - \frac{\omega_0}{\omega}\right)^2}}$$

$$\frac{I}{I_0} = \frac{I}{\sqrt{1 + Q^2\left(\dfrac{\omega}{\omega_0} - \dfrac{\omega_0}{\omega}\right)^2}}$$

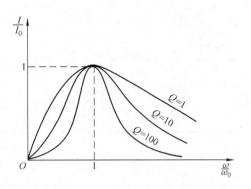

图 5-14 不同 Q 值的电流谐振曲线

以 I/I_0 为纵坐标，ω/ω_0 为横坐标，Q 为参变量，可以画出如图 5-14 所示的电流谐振曲线。从图中可以清楚地看出，Q 值越高，曲线越尖锐，当 ω/ω_0 稍偏离 1（即 ω 稍偏离 ω_0）时，I/I_0 就急剧地下降，表明电路对非谐振频率的信号具有较强的抑制能力，电路的选择性就越好。而 Q 值越低，在谐振频率附近，电流变化不大，曲线顶部越平缓，选择性就越差。由于 Q 值相同的任何 RLC 串联电路只有一条这样的曲线与之对应，故称这种曲线为不同 Q 值的谐振曲线。

二、半桥 LLC 串联谐振变换器

LLC 谐振转换器能使变换器的开关器件处于零电压开关状态，因而可以提高变换器整体效率。电路中的功率开关在其两端电压极低时导通。由于开关损耗和流经开关的电流与开关上的电压的乘积有关，而电压几乎为零，故导通损耗非常低。

只有在电流波形滞后于电压波形时，才会出现零电压开关。这种滞后由谐振电路产生。首先，利用半桥电路把直流输入电压转换为方波，再将方波馈入谐振电路。方波是由正弦基波和一系列高阶谐波组成。在初步分析中，可以把方波频率近似为基波频率，可忽略高阶谐波的影响。

谐振电路产生电压波形基本分量和输出电流波形之间所需的相位滞后，其波形非常接近于正弦曲线。谐振电路一般带有一个变压器，既用来调节输出电压，又用作基于安全或电路考虑的隔离同时也参与谐振电路的谐振。在此还需再在谐振电路网络中串联一个电感，由两个电感（L_r 及变压器的一次侧励磁电感 L_m）和一个电容 C_s 组成的一个串联谐振网络。然后，周期性输出的正弦波电压波形被整流滤波后，产生所需的输出直流电压。

1. LLC 谐振电路工作原理分析

LLC 串联谐振电路共分 8 个工作状态，每个工作状态的具体叙述如下（见图 5-15）。

（1）工作状态 1（$t_0 \sim t_1$）

VT_1 在 t_0 时刻之前，因 L_1、L_2、C_s 谐振电路所产生的谐振电流通过 VT_1 的反偏二极管流动，VT_1 的电压为反偏二极管钳位（此状态由前一个工作周期的最后一个工作状态所产生，在本周期结束时也会回到这个状态）。此时如果开关管 VT_1 开通，则 VT_1 为零电流导通，流经 VT_1 内反偏二极管 VD_1 的电流呈正弦波方式递减。直至 t_1 时刻，流经 VT_1 内反偏二极管 VD_1 的电流降为 0。

（2）工作状态 2（$t_1 \sim t_2$）

在 t_1 时刻，VD_1 中的电流降为 0 后，VD_1 关断。VT_1 正向导通，电流流经 VT_1、L_1、L_2、C_s，C_s 充电，整流输出二极管 VD_3 正向导通。L_2 的电流由 0 呈正弦波方式递增，而 L_2 及变压器两端的电压则由最大值呈正弦波方式衰减。至 t_2 时刻，当变压器输出电压低于输出电压时，输出整流二极管 VD_3 反偏，L_2 中电流达到最大值。

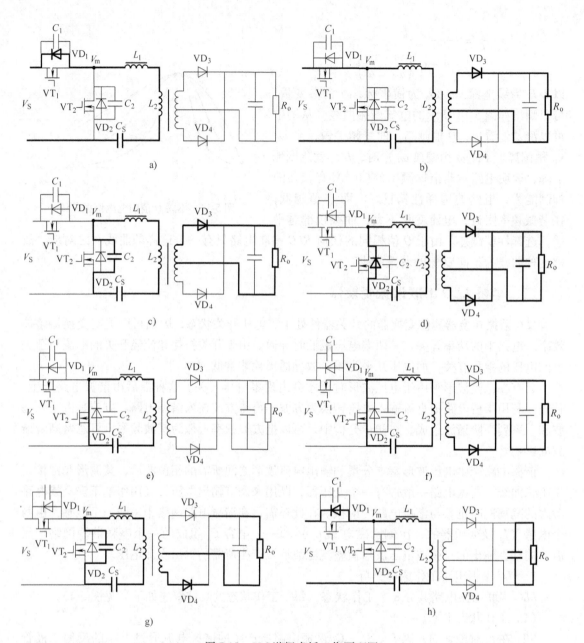

图 5-15 *LLC* 谐振半桥工作原理图

a) 工作状态 1 ($t_0 \sim t_1$)　　b) 工作状态 2 ($t_1 \sim t_2$)　　c) 工作状态 3 ($t_2 \sim t_3$)　　d) 工作状态 4 ($t_3 \sim t_4$)

e) 工作状态 5 ($t_4 \sim t_5$)　　f) 工作状态 6 ($t_5 \sim t_6$)　　g) 工作状态 7 ($t_6 \sim t_7$)　　h) 工作状态 8 ($t_7 \sim t_8$)

（3）工作状态 3 ($t_2 \sim t_3$)

在 t_3 时刻，VT_1 关闭，由于 V_m 电压等于 V_S，C_1 两端电压为 0，则 VT_1 为零电压关闭。

（4）工作状态 4 ($t_3 \sim t_4$)

在 t_3 时刻，VT_1 关闭后，由于电感电流不能突变，电流在谐振电路 L_1、L_2、C_S 及 VT_1、VT_2 的源极、漏极之间的结电容内继续流动。此时 V_m 电压下降，C_S 继续充电。

（5）工作状态 5 ($t_4 \sim t_5$)

在 t_4 时刻，由于 L_1、L_2、C_s 的谐振，VT_2 的反偏二极管 VD_2 导通，VT_2 两端的电压受

反偏二极管 VD_2 钳位，为零电压状态。此时 VT_2 开通，则 VT_2 为零电压开通。

（6）工作状态 6（$t_5 \sim t_6$）

谐振电流在 t_5 时刻过零后，即变成反向电流，C_s 通过 L_2、L_1、VT_2 放电，输出整流二极管 VD_4 正偏，为负载提供电流。

（7）工作状态 7（$t_6 \sim t_7$）

与工作状态 3 类似，只是谐振电流反向而已。VT_2 在 t_7 时刻关闭。此时 V_m 电压为 0，关闭时由于 VT_2 源极、漏极之间的结电容充电，V_m 点电压呈缓慢上升，VT_2 为零电压关闭。

（8）工作状态 8（$t_7 \sim t_8$）

在 t_7 时刻，VT_2 关闭后，谐振电路继续有电流流通，对 VT_2 的结电容充电直至 V_m 点的电压高于 V_S，则 VT_1 的反偏二极管 VT_1 导通。到达 t_8 时刻，VT_1 开通，进入下一个开关过程。

2. *LLC* 谐振半桥元器件参数分析

图 5-16 所示为 *LLC* 谐振半桥变换器电路，VT_1 和 VT_2 构成一个半桥结构，其驱动信号均是固定 50% 占空比的互补信号，串联谐振电感 L_1、串联谐振电容 C 和变压器一次励磁电感 L_2 构成 *LLC* 谐振网络。该谐振网络连接在半桥的中点和地之间，因此谐振电容 C 也起一个隔直的作用。在变压器二次侧，整流二极管 VD_1 和 VD_2 组成中间抽头的整流电路，整流二极管直接连接到输出电容 C_o 上。当谐

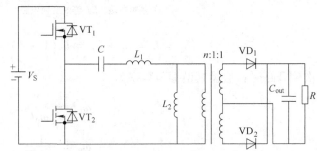

图 5-16 *LLC* 谐振半桥变换器电路原理图

振电路中的电流 i_p 大于变压器一次侧励磁电感 L_1 上的电流 i_{L_p} 时，一次侧向二次侧输送能量。当变压器一次侧的电感上的电流 i_{L_p} 与谐振回路电流 i_p 相等但方向相反时，一次侧不再对二次侧传输能量。由于有两个电感参与谐振，因而 *LLC* 不同于一般的 *LC* 串联谐振电路。它是一个多谐振电路。

首先，建立 *LLC* 串联谐振变换器的等效电路和数学模型。图 5-17 所示为 *LLC* 串联谐振网络等效电路和输入高频交流电压方波（T_S 为开关周期，ω 为开关角频率，ω_r 为谐振角频率）。

上述等效电路中 L_e、R_e 为等效谐振电感和负载电阻，即

$$L_e = L_1 + \frac{R^2 \omega_r L_2}{R^2 + \omega_r^2 L_2^2}$$

$$R_e = \frac{R \omega_r^2 L_2^2}{R^2 + \omega_r^2 L_2^2}$$

则，如果变压器二次侧呈开路状态，则等效电阻值很大，而等效电路中的电感为

$$L_e = L = L_1 + L_2$$

分析电路，定义两电感比值为

$$A = \frac{L_1}{L_2} \tag{5-1}$$

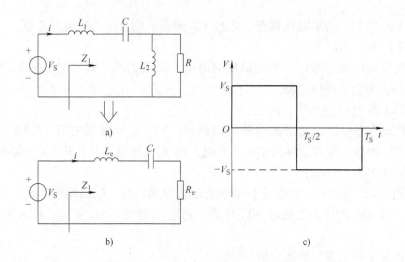

图 5-17　*LLC* 半桥谐振变换器等效电路

a) 基本电路　b) 等效变换电路　c) 输入方波

$$L_e = L = L_1 + L_2 = L_2(1 + A) = L_1\left(1 + \frac{1}{A}\right) \qquad (5\text{-}2)$$

二次侧开路时：假设其谐振角频率为

$$\omega_0 L = \frac{1}{\omega_0 C}$$

$$\omega_0 = \frac{1}{\sqrt{LC}}$$

此时特征阻抗有

$$Z_0 = \omega_0 L = \frac{1}{\omega_0 C} = \sqrt{\frac{L}{C}}$$

谐振角频率点的品质因数有

$$Q_L = \frac{R}{Z_0} = \frac{R}{\omega_0 L} = \omega_0 CR$$

由上式可得

$$C = \frac{Q_L}{\omega_0 R} \qquad (5\text{-}3)$$

因为 $L_2 = \dfrac{L}{1 + A}$，$L = \dfrac{R}{\omega_0 Q_L}$

可得

$$L_2 = \frac{R}{(1 + A)\omega_0 Q_L}$$

　　二次侧带载时，由串联等效电路定义等效电感为

$$L_e = L_1 + L_S$$

式中，L_S——L_2 等效变换时得到的电感。

　　由图 5-17b 所示等效电路得到谐振角频率为

98

$$\omega_{\rm r} = \frac{1}{\sqrt{L_{\rm e}C}} = \frac{1}{\sqrt{(L_1 + L_{\rm S})C}}$$

等效电路的品质因数为

$$Q_{\rm r} = \frac{\omega_{\rm r}(L_1 + L_{\rm s})}{R_{\rm e}} = \frac{1}{\omega_{\rm r}CR_{\rm e}}$$

式中　$R_{\rm e}$——带载时等效变换得到的电阻。

由图 5-17a 所示 LLC 谐振半桥的输入阻抗 $Z_{\rm i}$ 为

$$Z_{\rm i} = {\rm j}\omega AL_1 + \frac{1}{{\rm j}\omega C} + \frac{R{\rm j}\omega L_2}{R + {\rm j}\omega L_2}$$

$$= \frac{(-\omega^2 AL_2 CR - \omega^2 L_2 CR + R) + ({\rm j}\omega L_2 - {\rm j}\omega^3 AL_2^2 C)}{{\rm j}\omega CR - \omega^2 L_2 C}$$

由上式同除 $\omega^2 L_2 C$ 可得

$$Z_{\rm i} = \frac{\left(AR + R - \dfrac{R}{\omega^2 L_2 C}\right) + \left({\rm j}\omega AL_2 - {\rm j}\dfrac{1}{\omega C}\right)}{1 - {\rm j}\dfrac{R}{\omega L_2}}$$

将式（5-2）和式（5-3）代入上式后简化得

$$Z_{\rm i} = \frac{R\left\{(1+A)\left[1 - \left(\dfrac{\omega_0}{\omega}\right)^2\right] + {\rm j}\dfrac{1}{Q_L}\left(\dfrac{\omega}{\omega_0}\dfrac{A}{1+A} - \dfrac{\omega_0}{\omega}\right)\right\}}{1 - {\rm j}Q_L(1+A)\dfrac{\omega_0}{\omega}} \tag{5-4}$$

式（5-4）得到的是一个复数，可以将它转换成复数的表示形式。如果，将式（5-4）的分子、分母同乘以

$$1 + {\rm j}Q_L(1+A)\frac{\omega_0}{\omega}$$

则可将其分母变换成实数，式（5-4）就变成实部和虚部形式的复数
式（5-4）转换后其实部为 1
其虚部则为

$${\rm j}\frac{1}{Q_L}\left[\frac{\omega_0}{\omega}\left(\frac{A}{1+A} - \frac{\omega}{\omega_0}\right)\right] + {\rm j}Q_L\frac{\omega_0}{\omega}(1+A)^2\left[1 - \left(\frac{\omega_0}{\omega}\right)^2\right]$$

而其相位角则为

$$\varphi = \arctan\left\{\frac{1}{Q_L}\frac{\omega}{\omega_0}\left(\frac{A}{1+A} - \frac{\omega_0}{\omega}\right) + Q_L\left(\frac{\omega_0}{\omega}\right)(1+A)^2\left[1 - \left(\frac{\omega_0}{\omega}\right)^2\right]\right\} \tag{5-5}$$

假设谐振电路工作在谐振频率上，即 $\omega = \omega_0$
则

$$\varphi = \arctan\frac{1}{Q_L}\left(\frac{A}{1+A} - 1\right) = \arctan\frac{1}{Q_L}\left(\frac{-1}{1+A}\right) < 0$$

从上式得出以下结论：

　　$\omega = \omega_0$ 或 $\omega < \omega_0$ 时，LLC 谐振电路带负载时的负载特性为容性负载，电流超前电压。

　　再将 $R = Q_L Z_0$ 代入式（5-4）化简后可得：

$$\frac{Z_i}{Z_0} = Q_L \sqrt{\frac{(1+A)^2\left[1-\left(\frac{\omega_0}{\omega}\right)^2\right]^2 + \frac{1}{Q_L^2}\left(\frac{\omega}{\omega_0}\frac{A}{1+A} - \frac{\omega_0}{\omega}\right)^2}{1+\left[Q_C(1+A)\frac{\omega_0}{\omega}\right]^2}} \tag{5-6}$$

式中　Z_0——特征阻抗。

由式（5-5）和式（5-6），可画出如图 5-18 和图 5-19 的曲线。

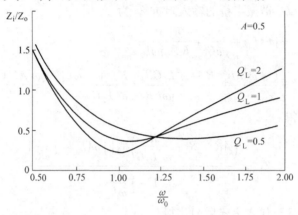

图 5-18　由式（5-6）计算得到的 Z_i/Z_0、A、Q_L 及 ω/ω_0 之间的关系曲线

由图 5-18 及图 5-19 的曲线可得出，LLC 谐振电路的负载不同，发生谐振的谐振频率是不一样的，不同的负载时对应不同的谐振频率点。因而要分析 LLC 谐振电路就必须得到串联 LLC 谐振电路的 Q_L 值和谐振频率点之间的关系。

先假定 LLC 谐振电路带载工作在谐振频率点时，其相位角 $\varphi = 0$，而且谐振时的工作角频率为 ω_r，定义 $\frac{\omega_r}{\omega_0} = K$

将上述定义式代入式（5-6）后得

$$\frac{1}{Q_L}K\left(\frac{A}{1+A} - \frac{1}{K}\right) + \frac{Q_L}{K}(1+A)^2\left(1 - \frac{1}{K^2}\right) = 0$$

$$K^2 = \frac{1 - Q_L^2(1+A)^2 \pm \sqrt{\left[Q_L^2(1+A)^2 - 1\right]^2 - 4AQ_L^2(1+A)}}{2A(1+A)}$$

因而

$$\frac{\omega_r}{\omega_0} = \sqrt{\frac{(1+A)\left\{1 - Q_L^2(1+A^2) \pm \sqrt{\left[Q_L^2(1+A)^2 - 1\right]^2 - 4A(1+A)Q_L^2}\right\}}{2A}} \tag{5-7}$$

上式中共有三个参变量 $\frac{\omega_r}{\omega_0}$、$Q_L$、$A$，因而要解这个方程，必须先确定一个的值，然后再分析另外两个参数之间的关系。

式（5-7）示出了 LLC 谐振电路在任何负载的情况下，其谐振角频率与 LLC 电路空载情况下的谐振角频率的关系。

由式（5-7）可知，当负载短路 $Q_L \to 0$ 时 $\frac{\omega_r}{\omega_0} \to \sqrt{\frac{1+A}{A}}$。同样，根据式（5-7）可得到如

图 5-20 所示曲线。

从图 5-20 所示曲线可以看出，Q_L 越大则 LLC 谐振电路的谐振频率就越接近于先定义的 LLC 谐振电路空载时的谐振频率 ω_0（即两电感串联时的谐振频率）。

上述的分析，主要是要分析 LLC 谐振电路的谐振频率，谐振电路的 Q 值以及两个电感的比值之间的关系。谐振的目的就是要使谐振相位角为 0，这样谐振电路处于纯电阻性负载状态，能输出最大能量，而如果工作频率升高则电路呈感性工作状态，谐振电路的输出电流滞后电压，能让开关管工作于软开关状态。

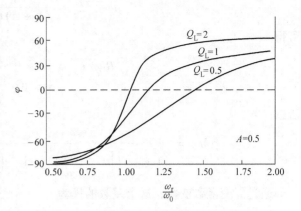

图 5-19　由式（5-5）计算得到的相角和 Q_L、A、ω/ω_0 之间的关系曲线

在选择 LLC 谐振电路的 A 值、Q_L 值时，可参考图 5-19，根据谐振频率点的变化范围来选择合理的 A、Q_L。当然，选择 A、Q_L 值的同时，要考虑电路的增益。

3. LLC 谐振电路的电压传输函数

从等效电路分析，上、下半桥中点电压为

$$V_m = \begin{cases} V_S & 0 < \omega t \leqslant \pi \\ 0 & \pi < \omega t \leqslant 2\pi \end{cases}$$

式中，V_S——LLC 变换器直流输入电压。

串联谐振电路中的谐振电流为正弦波，而加到 LLC 谐振电路两端的电压为方波，而能量传递则依靠正弦基波。串联谐振电路两端的电压转化为交流基波电压则为

$$V_{ac} = V_m \sin\omega t$$

式中　$V_m = \dfrac{2}{\pi}V_S$，为正弦交流基波电压峰值。

LLC 谐振电路两端电压的有效值为

$$V_{rms} = \frac{V_m}{\sqrt{2}} = \frac{\sqrt{2}}{\pi}V_S$$

定义交流有效值电压和直流电压的增益为

$$M_{V_S} = \frac{V_{rms}}{V_S} = \frac{\sqrt{2}}{\pi}$$

交流电压传递函数则为

$$M_{V_r} = \frac{V_{R(rms)}}{V_{rms}} = \frac{R \mathbin{/\!/} L_2}{Z_i}$$

解上述方程，已知

$$R \mathbin{/\!/} L_2 = \frac{R}{1 + \dfrac{R}{\mathrm{j}\omega L_2}}$$

代入

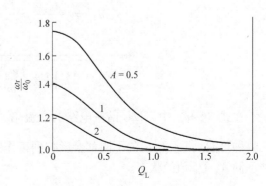

图 5-20　由式（5-7）计算得出的 $\dfrac{\omega_r}{\omega_0}$ 和 Q_L、A 之间的关系曲线

$$L_2 = \frac{R}{(1 + A)\, Q_L \omega_0}$$

可得

$$R \,/\!/\, L_2 = \frac{R}{1 - \mathrm{j} Q_L \dfrac{\omega_0}{\omega}(1 + A)}$$

所以

$$M_{ac} = \frac{1}{(1 + A)\left\{\left[1 - \left(\dfrac{\omega_0}{\omega}\right)^2\right] + \mathrm{j}\,\dfrac{1}{Q_L}\left(\dfrac{\omega}{\omega_0}\,\dfrac{A}{1 + A} - \dfrac{\omega_0}{\omega}\right)\right\}} = M_{V_r}\mathrm{e}^{\mathrm{j}\varphi} \tag{5-8}$$

通过复变函数变换，这个复数的模为

$$M_{V_r} = \frac{1}{\sqrt{(1 + A)^2\left[1 - \left(\dfrac{\omega_0}{\omega}\right)^2\right]^2 + \dfrac{1}{Q_L^2}\left(\dfrac{\omega}{\omega_0}\,\dfrac{A}{1 + A} - \dfrac{\omega_0}{\omega}\right)^2}} \tag{5-9}$$

$$\varphi = -\arctan\left\{\frac{\dfrac{1}{Q_L}\left(\dfrac{\omega}{\omega_0}\,\dfrac{A}{1 + A} - \dfrac{\omega_0}{\omega}\right)}{(1 + A)\left[1 - \left(\dfrac{\omega_0}{\omega}\right)^2\right]}\right\} \tag{5-10}$$

由式（5-8）可知，$M_{ac} = 1$ 的必要条件为虚部等于 0，实部等于 1。则有

$$1 - \left(\frac{\omega_0}{\omega_r}\right)^2 = \frac{1}{1 + A}$$

$$\left(\frac{\omega_0}{\omega_r}\right)^2 = \frac{A}{1 + A}$$

因而在 $\dfrac{\omega_r}{\omega_0} = \sqrt{1 + \dfrac{1}{A}}$ 时，$\omega_r = \omega_0 \sqrt{1 + \dfrac{1}{A}} = \sqrt{\dfrac{1}{LC}}\sqrt{\dfrac{L}{L_1}} = \dfrac{1}{\sqrt{L_1 C}}$

即

$$X_{L_1} + X_C = 0, M_{V_r} = 1$$

如果要求出直流电压变为交流电压有效值的增益，则可以得到如下结果：

$$M_{V_i} = \frac{V_{R(\mathrm{rms})}}{V_S} = \frac{V_{R(\mathrm{rms})}}{V_{\mathrm{rms}}}\,\frac{V_{\mathrm{rms}}}{V_S} = M_{V_r} M_{V_s}$$

$$M_{V_i} = \frac{\sqrt{2}}{\pi\sqrt{(1 + A)^2\left[1 - \left(\dfrac{\omega_0}{\omega}\right)^2\right]^2 + \left[\dfrac{1}{Q_L}\left(\dfrac{\omega}{\omega_0}\,\dfrac{A}{A + 1} - \dfrac{\omega_0}{\omega}\right)\right]^2}}$$

在式（5-9）中，LLC 谐振电路的交流增益与 A、Q_L、$\dfrac{\omega}{\omega_0}$ 有关，因而注定它的解应是有无数种可能。A、Q_L 值的不同都会影响到工作频率和谐振频率，下面通过文字与图来分析各种不同 A、Q_L 值的状态。

先固定 A 的数值，分析增益和 Q_L、$\dfrac{\omega}{\omega_0}$ 的关系，如图 5-21 所示。

从图中得出如下结果：

（1）A 值越小，M_{V_r} 受 ω 的影响较小。

（2）A 值越小，相同的 Q_L 值下，则电路增益的变化较小。

（3）以零开关为条件，则 $\frac{\omega}{\omega_0}$ 应该比较大，从图中可以看出：

1）Q_L 值越大，则 M_{V_r} 也越大；

2）ω 变高，则 M_{V_r} 变小；

3）以 $A = 0.5$ 时的曲线为例，$\frac{\omega}{\omega_0} = 1.5$ 时，M_{V_r} 几乎不受 Q_L 值的影响。

（4）只有当 $\frac{\omega}{\omega_0} > 1$ 的情况下，才有可能取得零电压的软开关条件。而在 $\frac{\omega}{\omega_0} < 1$ 的情况下，有可能会获得零电流的开关条件，但由于谐振电路处于容性负载状态，软开关工作条件不是很稳定。

1）A 的影响　对于一个输入、输出和功率一定的变换器而言，电压比 n 固定，从图 5-21 可看到在某 Q_L 下，不同的 A 值所带来的影响。随着 A 值的减小，最大增益在减小，在输入电压较低时也许达不到所要求的输出电压。但随着 A 值的增大，为保证得到所需的输出电压使得变换器的工作频率范围变窄，这不利于系统的反馈控制，输出电压的稳定度降低。但 A 越大则变压器一次侧电感越小，而变压器一次侧电感两端电压值一定，由于电感值的减小其电流峰值增大。而一次侧开关管流过的即为励磁电感的峰值电流，会存在较大的损耗。但若此一次侧电流过小则会影响到零电压开通。故 A 值的选择应择中考虑开关频率的范围、零电压开通及较小的关断电流的要求。

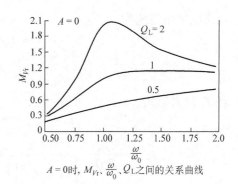

$A = 0$ 时，M_{V_r}、$\frac{\omega}{\omega_0}$、Q_L 之间的关系曲线

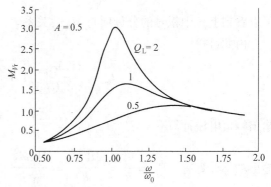

$A = 0.5$ 时，M_{V_r}、$\frac{\omega}{\omega_0}$、Q_L 之间的关系曲线

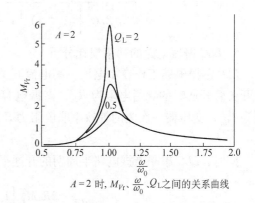

$A = 2$ 时，M_{V_r}、$\frac{\omega}{\omega_0}$、Q_L 之间的关系曲线

图 5-21　由式（5-9）计算得到的关系曲线

2）Q_L 的影响　在确定了变压器电压比 n 和 A 值的情况下，Q_L 值的大小直接关系到直流增益是否足够大。对于特定的输入电压范围，Q_L 值越小所对应的增益变化比较平缓，工作频率的变化范围可扩大，比较容易得到稳定的输出电压。这样也有助于磁性元件及反馈电路的工作。但对于确定了的两个电感的电感量，对于一定的谐振频率，则 Q_L 越小、C 越大，谐振腔的特征阻抗变小，使得变换器的短路特性变差，在负载较重的时候尽量选择较小的 C 以达到要求的输出电压。

4. 流经谐振电容 C 的谐振电流计算

定义电容中电流为

$$i = I_m \sin(\omega t - \varphi)$$

$$I_m = \frac{V_m}{Z_i} = \frac{2V_S}{\pi Z_i}$$

将 Z_i 代入上式

$$I_m = \frac{2V_S}{nZ_0 Q_L} \sqrt{\frac{1 + \left[Q_L\left(\frac{\omega_Z}{\omega}\right)(1 + A)\right]^2}{(1 + A)^2 \left[1 - \left(\frac{\omega_0}{\omega}\right)\right]^2 + \frac{1}{Q_L^2}\left(\frac{\omega}{\omega_0}\frac{A}{1 + A} - \frac{\omega_0}{\omega}\right)^2}}$$

可以看到上式中根号的分母项与 M_{V_r} 的关系。

由此可得

$$I_m = \frac{2V_S M_{V_r}}{\pi Z_0 Q_L} \sqrt{1 + \left[Q_L\left(\frac{\omega_0}{\omega}\right)(1 + A)\right]^2}$$

输出峰值电流计算有

$$I_{om(peak)} = \frac{\sqrt{2}V_R}{R} = \frac{\sqrt{2}M_{V_i}V_S}{R} = \frac{2M_{V_r}V_S}{\pi R}$$

输出功率计算有

$$P_R = \frac{V_R^2}{R} = \frac{M_{V_i}^2 V_S^2}{R} = \frac{2V_S^2 M_{V_r}^2}{\pi^2 R}$$

$$= \frac{2V_S^2}{\pi^2 Z_0 Q_L \left\{(1 + A)^2 \left[1 - \left(\frac{\omega_0}{\omega}\right)^2\right]^2 + \left[\frac{1}{Q_L}\left(\frac{\omega}{\omega_0}\frac{A}{A + 1} - \frac{\omega_0}{\omega}\right)\right]^2\right\}}$$

5. *LLC* 谐振电路的功率损耗分析

LLC 谐振电路工作在零电压、零电流开关工作状态，因而其只存在开通时的开通损耗，令开关管开通时的导通电阻为 R_{ds}，谐振电容的等效串联电阻为 R_{cr}，电感 L_1 的等效串联电阻为 R_{L_1}，变压器一次侧的等效串联电阻为 R_{LS}，则谐振串联电路的电阻为

$$R_S = R_{ds} + R_{cr} + R_{L_1} + R_{LS}$$

同时，*LLC* 串联谐振电路半周期的开通损耗为

$$P_r = \frac{R_S I_M^2}{2} = \frac{2R_S M_{V_r}^2 \left\{1 + \left[Q_L\left(\frac{\omega}{\omega_0}\right)(1 + A)\right]^2\right\} V_S^2}{\pi^2 Z_0^2 Q_L^2}$$

LLC 串联谐振电路的效率分析。

$$\eta_L = \frac{P_R}{P_R + P_r} = \frac{1}{1 + \frac{P_r}{P_R}}$$

$$\frac{P_r}{P_R} = \frac{2R_s V_S^2 M_{V_r}^2 \left\{1 + \left[Q_L\left(\frac{\omega_0}{\omega}\right)(1 + A)\right]^2\right\}}{\pi^2 Z_0^2 Q_L^2} \frac{R}{M_{V_i}^2 V_S^2}$$

由

$$R = Z_0 Q_L$$

104

可进一步化简为
$$\eta_L = \cfrac{1}{1 + \cfrac{R_S}{R}\left\{1 + \left[Q_L\left(\cfrac{\omega_0}{\omega}\right)(1+A)\right]^2\right\}}$$
(5-11)

对上式求极大值时，为得到最大的输出效率必须满足下面条件：

$$Q_L = \frac{K}{1+A} = \frac{\dfrac{\omega}{\omega_0}}{1+A}$$

$$\frac{\omega}{\omega_0} = K$$

图 5-22 和图 5-23 所示曲线为根据式（5-11）计算得到的效率曲线。图中曲线假定 $R_s = 2\Omega$，谐振变换器的输出功率为 100W，此时并未将整流输出的损耗计算在内。

由图 5-22 和图 5-23 可以看到，当 A 和 Q_L 越小时，LLC 谐振变换器的效率越高。当工作频率和谐振频率的比值越高时，效率也会比较高。

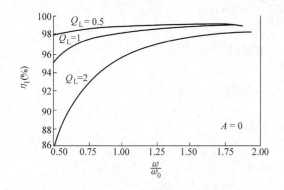

图 5-22　$A=0$ 时的效率曲线　　　　　图 5-23　$A=0.5$ 时的效率曲线

但在 A、Q_L 都较小的条件下，LLC 谐振电路的频率响应会变得比较慢，即电路的增益调节会变慢，输出电压的调整率会变差。

6. 实际设计举例

规格要求：　　　　　　　　输出 $V_o = 24\text{V}$，$I_o = 10\text{A}$

　　　　　　输入 $V_i = 220\text{V}$，$V_{i(\max)} = 260\text{V}$，$f_s = 150\text{kHz}$（$f_s$ 为控制最高工作频率）

LLC 谐振电路的设计参数很多，因而只能采用工程经验数据。首先设定一个设计参数，一般首先设定两个电感的电感量的比值，经验设计数据一般取电感的比值为 $1/3.5 \sim 1/7$。

（1）本例中，选电感的比值　　　　$A = 1/5 = 0.2$

当然，也可以选择其他数值，请读者选择其他数值进行计算比较。

（2）计算变压器匝数比

$$n = \frac{n_p}{n_s} \geqslant \frac{V_{i(\max)}d}{V_o + V_{VD}} = \frac{260 \times 0.5}{24 + 0.6} = 5.28$$

式中，d 为占空比，在 LLC 中 $d = 0.5$。

本例中选取整流输出二极管的压降为 $V_{VD} = 0.6\text{V}$，因而变压器的输出电压为 $V_o + 0.6\text{V}$。由于算出的变压器电压比为最小匝比，因而可以取整，取 $n = 6$。

（3）计算等效负载阻抗 R

$$R = \frac{8}{\pi^2} n^2 \frac{V_o + V_{VD}}{I_o} = 71.86\Omega$$

（4）确定谐振工作频率范围

因为在 *LLC* 谐振电路的增益为 1 时，电路的增益变化是比较稳定的。因而先确定在输入电压最高时，其增益为 1，在增益 $M_{V_r} = 1$ 时的必要条件为

$$\frac{f_s}{f_o} = \sqrt{1 + \frac{1}{A}} = \sqrt{6} = 2.45$$

所以谐振频率

$$f_o = \frac{150\text{kHz}}{2.45} = 61.2\text{kHz}$$

（5）进一步计算有两种方法

1）以最高效率为设计原则，最高效率时有

$$Q_L = \frac{\dfrac{f_s}{f_o}}{1 + A} = \frac{2.45}{1.2} = 2.04$$

谐振电容值为

$$C = \frac{Q_L}{\omega_o R} = 0.074\mu\text{F}$$

电感值为

$$L = \frac{R}{\omega_o Q_L} = 91.6\mu\text{H}$$

串联谐振电感值为

$$L_1 = \frac{1}{6}L = 15.28\mu\text{H}$$

变压器励磁电感值为

$$L_2 = \frac{5}{6}L = 76.4\mu\text{H}$$

可以看出，Q_L 值越大则 M_{V_r} 的变化也越大，而调节 M_{V_r} 变化的频率范围也较窄，这就不便于实行变频控制。M_{V_r} 变化太大也不利于小信号控制，输出纹波会加大，系统会变得不稳定，但却可以得到比较高的输出效率，因而 Q_L 的取舍是比较重要的。

2）算法 2（以 $Q_L = 1$ 为设计原则）

令 $Q_L = 1$，谐振电容值为

$$C = \frac{Q_L}{\omega_o R} = 0.036\mu\text{F}$$

电感值为

$$L = \frac{R}{\omega_o Q_L} = 187\mu\text{H}$$

串联谐振电感值为

$$L_1 = \frac{1}{6}L = 31.2\mu\text{H}$$

变压器励磁电感值为

$$L_2 = \frac{5}{6}L = 155.8\mu\text{H}$$

（6）谐振电路中峰值电流的计算

以电路中谐振时流过的正弦波电流峰值为谐振电路的峰值电流，因而有

$$I_{m} = \frac{V_{m}}{Z} = \frac{ZV_{S}}{\pi Z} = \frac{ZV_{S}M_{V_{r}}}{\pi ZQ_{L}}\sqrt{1+\left(Q_{L}\times\frac{\omega_{o}}{\omega}\times\ (1+A)\right)^{2}}$$

经计算得 $$I_{m} = 2.56A$$

从上面的分析可以看出，不同的设计人员的爱好不同，设计经验不同，设计出来的参数均会不同。这些不同的设计参数可能都能可靠的工作，即使是最优化的设计，*LLC* 谐振电路的优化参数也是不尽相同的，因为 *LLC* 谐振电路是高阶电路，它的解是多样性的。总的来说，*LLC* 谐振电路参数的设计并非具有一个固定模式，重要的是要根据设计所须的要求作出恰当的取舍，牺牲一些性能，得到另外一些功能。

第六节　有源钳位软开关技术

单端正激变换器电路以其结构简单、工作可靠、成本低廉而被广泛应用于独立的隔离式中小功率开关变换器的设计中。当今，节能和环保已成为全球对耗能设备的基本要求。所以，供电单元的效率和电磁兼容性在计算机、通信、工业控制、仪器仪表、医疗设备等领域自然成为两项重要指标。而传统的单端正激变换器，由于其变压器是工作在 I 象限，并且是硬开关工作模式，决定了该电路存在一些固有的缺陷：开关器件的开关损耗大；开关器件电压应力高，且 dv/dt 和 di/dt 大，引起的电磁干扰问题较难处理。

为了解决这些问题，于是发明了有源钳位正激变换器电路，改变了单端正激变换器的运行特性，使变压器工作在 I、Ⅲ 象限，提高了磁性元件的利用率。并且能够实现零电压软开关工作模式，从而减少开关器件和变压器的功耗，降低了 dv/dt 和 di/dt，减少了电磁干扰。因此，有源钳位正激变换器电路迅速获得了广泛的应用。

然而，有源钳位正激变换器并非完美无缺，零电压软开关特性的实现有一定的条件。因而，在工业应用中，对该电路进行优化设计显得尤为重要。

以下介绍有源钳位正激变换器的工作原理。

如图 5-24 所示，有源钳位正激变换器电路与传统的单端正激变换器电路基本相同，只是增加了辅助开关 VT_2（带反并二极管）和储能电容 C_S，以及谐振电容 C_1、C_2，且去除了传统正激变换器的磁恢复电路。VT_1 和 VT_2 工作在互补导通状态。为了防止 VT_1 和 VT_2 共态导通，两开关的驱动信号间留有一定的死区时间。下面就其硬开关工作模式和零电压软开关工作模式分别进行讨论。为了方便分析，假设：

1）储能电容 C_S 之电容量足够大，以至于其上的电压 V_m 可视为常数；

2）输出滤波电感 L_o 足够大，以至于其中的电流恒定，可看作恒流源；

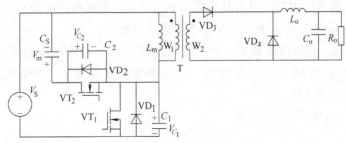

图 5-24　有源钳位正激变换器电路原理图

3）变压器可等效成一个励磁电感 L_m 和一个电压比为 n 的理想变压器并联，并且一次侧漏感可忽略不计；

4）所有半导体器件为理想器件。

1. 有源钳位正激变换器的工作状态

有源钳位正激变换器工作状态可分为 6 个，工作波形如图 5-25 所示。6 个工作状态区间如图 5-26 所示。

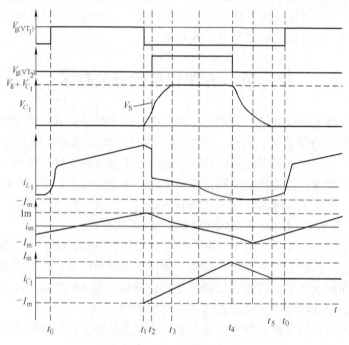

图 5-25　有源钳位正激变换器电压电流波形

（1）$t_0 \sim t_1$ 期间，VT_1 导通，辅助开关 VT_2 断开。变压器一次侧受到输入电压 V_s 的作用，励磁电流线性增加，二次侧整流二极管导通并向负载输出功率，变压器一次电流也线性增加，且一次电流为二次侧折算到一次侧的电流和励磁电流之和，即

$$I_p = \frac{I_o}{n} + I_m$$

式中　I_m——变压器励磁电流 $I_m = \dfrac{V_s}{L_m} t_{on}$。

t_1 时刻，VT_1 断开。在 VT_1 导通时，$V_{C_1} = 0$，当 VT_1 关断时，由于 C_1 的充电作用，VT_1 两端的电压会缓升最终为 V_{C_2}。所以，VT_1 为零电压关断。

（2）$t_1 \sim t_2$ 期间，负载折算到变压器一次侧的电流 I_o / n 和励磁电流 I_m 给电容 C_1 充电，电压 V_{C_1} 迅速上升。t_2 时刻，V_{C_1} 上升到 V_s，变压器输出电压为零，负载电流从整流二极管 VD_3 转移到续流二极管 VD_4。

因 $I_o / n \gg I_m$，此时 C_1 的电压为

$$V_{C_1} = \frac{I_o}{nC_1}(t_2 - t_1)$$

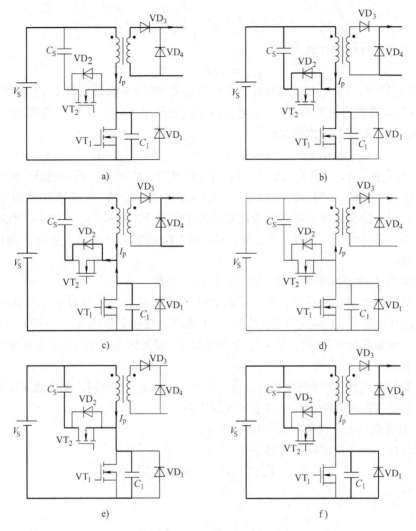

图 5-26 各工作状态等效电路

a) $t_0 \sim t_1$ b) $t_1 \sim t_2$ c) $t_2 \sim t_3$

d) $t_3 \sim t_4$ e) $t_4 \sim t_5$ f) $t_5 \sim t_6$

（3）$t_2 \sim t_3$ 期间，只有励磁电流 I_m 通过 L_m、C_1 继续谐振，二次绕组无电压输出，负载电流处于续流状态，并在 t_3 时刻 V_{C_1} 达到 $(V_S + V_m)$。VT_2 的反并二极管 VD_2 导通，励磁电流给电容 C_S 充电并线性减小。此时，可触发 VT_2，由于受到 VT_2 反并二极管 VD_2 的电压钳位作用，VT_2 为零电压开启。VT_2 导通后，励磁电流继续对电容 C_S 反向充电，C_S 上的电压变为下正上负。

$$V_{C_S}(t) = V_S + I_{m(+)}Z_m \sin\omega_m(t - t_2)$$

（4）$t_3 \sim t_4$ 期间，变压器一次侧励磁电流逐渐下降到零。此时，变压器一次绕组受到电容 C_S 的反向电压 V_m 的作用，变压器一次绕组中流经反向电流。此时，电容 C_S 上的反向电压 $V_{C_S} = V_{C_1}$，而 $V_{C_2} = 0$。若在 t_4 时刻，断开 VT_2，则 VT_2 为零电压关闭。此时励磁电流的变化为

$$i_m(t) = I_m(t_3) - \frac{V_{C_S}}{L_m}(t - t_3)$$

励磁电流下降到零所须的时间为

$$t_{3\sim 4} = L_m I_m(t_3)/V_m$$

（5）$t_4 \sim t_5$ 期间，VT_1、VT_2 均断开，此时电容 C_1 继续与励磁电感 L_m 发生谐振，励磁电感 L_m 中流经反向电流并使电容 C_1 上的电压按下式的规律下降。在 t_5 时刻使电容 C_1 的电压 V_{C_1} 下降到 0，变压器磁心完成磁复位。

$$V_{C_S}(t) = V_s + V_m \cos\omega_m(t - t_5) - Z_m I_p(t_3)\sin\omega_m(t - t_5)$$

（6）$t_5 \sim t_0'$ 期间，V_{C_1} 受反并二极管 VD_1 的钳位维持在零电压，励磁电感中的反向电流减小至 0。此时，触发 VT_1，则 VT_1 为零电压、零电流开关，新的一个开关工作周期重新开始。

很明显，有源钳位正激变换器的变压器磁心工作在 Ⅰ、Ⅲ 象限，变换器工作的有效占空比可超过 50%。由于电容 C_1、C_2 的存在，VT_1 和 VT_2 均能自然零电压关断，而且 VT_2 能实现零电压导通。

2. 有源钳位正激变换器软开关与硬开关的模式分析

从上面的分析可明显地看出，当变压器励磁电感 L_m 比较大，励磁电流很小时，在 $t_2 \sim t_3$ 期间励磁电流在电容 C_S 上形成的谐振电压 V_m 不够高。在接下来的 $t_3 \sim t_4$ 期间，电压 V_m 与励磁电感谐振，谐振能量却无法使电容 C_1 上的电压 V_{C_1} 谐振到 0，因而无法实现主功率开关管 VT_1 的零电压开通。

从 VT_2 断开到电压 V_{C_1} 谐振到 0 的过程，即 $t_4 \sim t_5$ 和 $t_5 \sim t_0'$ 期间，要实现 VT_1 零电压软开通，其导通驱动延迟时间必须大于以上两区间之和。

3. 钳位电容电压及开关管承受的电压应力

根据磁心伏·秒平衡原则，可得下式

$$V_m(1 - D)T_S = V_s D T_S$$

因为 $V_o = \dfrac{V_s D}{n}$

所以

$$V_m = \frac{D}{1 - D}V_s = \frac{nV_o}{1 - D}$$

式中　V_S——输入直流电压；

　　　V_o——输出电压；

　　　D——主开关导通占空比；

　　　T_S——开关周期；

　　　n——变压器电压比。

因此，VT_1 和 VT_2 承受的最大电压应力均为

$$V_{DS_1} = V_m + V_S$$

$$V_{DS_2} = \frac{V_S}{1 - D} = \frac{nV_o}{(1 - D)}$$

上式说明，当变压器电压比愈小时，对于输入电压和输出电压一定的变换器，开关管电压应力 V_{DS} 愈小。所以，有源钳位正激变换器的一个显著优点是可以降低开关管电压应力，

110

从而可选用额定电压较低、通态电阻较小的功率开关管。另外，当变压器电压比 n 确定后，开关管电压应力仅与占空比有关，如图 5-27 所示。显然，当占空比为 0.5 时，开关管承受的电压应力最小。当输入电压变化时，如果设计的占空比在以 0.5 为中心的对称范围内，则可使开关管承受的电压应力基本保持恒定。

4. 钳位电容 C_s 的选择

上述分析是以钳位电容很大，其上电压不变为前提的。但在实际应用中，钳位电容上的电压是有充放电过程的，在 $t_3 \sim t_4$ 期间电容充电，在 $t_4 \sim t_5$ 期间电容放电。这样会在钳位电容上形成一个波动电压 ΔV_m。

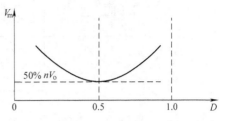

图 5-27　开关管上电压和占空比的关系

为使有源钳位正激变换器能可靠有效地工作在软开关状态，则 ΔV_m 的值不能太大。一般工程应用中选取

$$C_s \gg \frac{2T_S}{L_m}$$

5. 有源钳位正激变换器的优缺点

有源钳位变换器的变压器磁心工作在 B-H 曲线的 I、III 象限，是正、负对称磁化的，磁心的利用率得到提高，不需要磁复位电路，占空比可大于 50%。

辅助开关管总是工作在软开关状态，损耗小。

励磁能量和漏感能量能返回到输入电源端，提高变换器的整体效率。

但主开关管的软开关工作状态有一定条件限制，不能在整个负载范围内实现软开关工作。

第七节　全桥移相软开关技术

高频开关变换技术出现了谐振软开关技术后，开关变换器得到了前所未有的发展。但由于其通常采用调频控制方式，使得软开关的范围和条件变得比较窄，且其磁性元件的优化设计复杂，使得谐振变换技术受到很大的限制。因此，在 20 世纪 80 年代初人们又发明了移相控制和谐振变换器相结合的技术，开关频率固定，仅调节开关之间的相角，就可以实现稳压输出。这样就很好地解决了单纯谐振变换器调频控制的缺点。

一、电路原理和各工作模态分析

图 5-28 所示为移相控制全桥 ZVS-PWM 谐振变换器电路。V_s 为输入直流电压。VT_1、VT_2、VT_3 和 VT_4 为四个参数相同的功率 IGFET。VD_1、VD_2、VD_3、VD_4 和 C_1、C_2、C_3、C_4 为相应的 IGFET 的体内反偏二极管和输出结电容。输出结电容和输出变压器的漏电感 L_r 作为谐振元器件，使 4 个开关管依次在零电压下导通，实现恒频软开关。VT_1 和 VT_3 构成超前臂，VT_2 和 VT_4 构成滞后臂。为了防止桥臂直通短路，VT_1 和 VT_3，VT_2 和 VT_4 之间人为地加入了死区时间 Δt。它是根据开通延时和关断不延时原则来设置同一桥臂死区时间的。VT_1 和 VT_4，VT_2 和 VT_3 之间的驱动信号存在移相角，通过调节移相角的大小，可调节输出电压的大小，实现稳压控制。L_f 和 C_f 构成倒 L 型低通滤波电路。

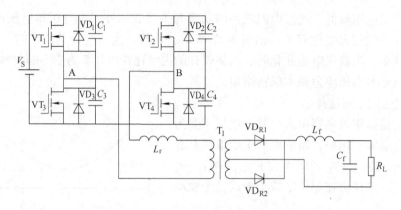

图 5-28　全桥移相电路原理图

全桥移相零电压开关变换器的一个工作周期可分为 12 种工作状态，在分析全桥移相电路之前，先假设：

1）所有开关管、二极管均为理想器件；

2）所有电感、电容均为理想元件，不存在串联寄生参数；

3）所有开关管的结电容均相等，即 $C_1 = C_2 = C_3 = C_4 = C$；

4）输出电感 $L_f \gg L_r$，L_r 为原边谐振电感。

图 5-29 所示为全桥移相变换器的电压、电流波形。

（1）工作状态 1（$t_0 \sim t_1$）

VT_1、VT_4 导通，一次侧电流正半周功率输出。在 $t_0 \sim t_1$ 期间，维持 VT_1 和 VT_4 导通，VT_2 和 VT_3 截止。电容 C_2 和 C_3 充电，其上电压为 V_S。变压器一次电压为 V_S，功率由变压器一次侧传送到负载。一次侧的电流流经 VT_1、L_r、变压器一次绕组到 VT_4，最后返回到电源的负端。在功率输出过程中，软开关移相控制全桥电路的工作状态和普通 PWM 硬开关电路相同。

（2）工作状态 2（$t_1 \sim t_2$）

加到 VT_1 上的驱动脉冲变为低电平，VT_1 由导通变为截止，电容 C_1 充电，C_3 放电。电容 C_1 的充电时间，给 VT_1 的关断提供了零电压关断的条件。t_1 时刻，VT_1 关断后，由于 C_1、C_3 放电的延时作用和电感 L_f 的续流作用，一次电流保持不变，继续朝原先的方向流通，但此时一次电流呈递减

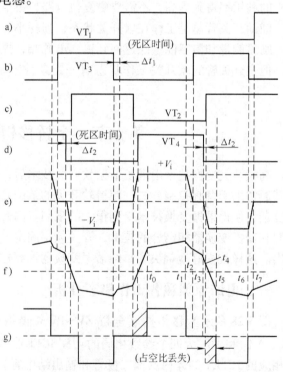

图 5-29　全桥移相变换器的电压、电流波形
a）超前臂上管栅压 V_g（VT_1）　b）超前臂下管栅压 V_g（VT_3）
c）滞后臂上管栅压 V_g（VT_2）　d）滞后臂下管栅压 V_g（VT_4）
e）全桥双臂间电压 V_{AB}　f）变压器一次电流 I_p
g）变压器二次电压 V_S

状。C_1 和 C_3 上的电压为

$$V_{C_1} = \frac{I_{p(t_1)}}{2C} t$$

$$V_{C_3} = V_S - \frac{I_{p(t_1)}}{2C} t$$

此过程直到 C_3 上的电压为 0，此时谐振电感电流继续流动并通过 VD_3。VT_3 的电压因体内二极管 VD_3 导通而钳位电压为零，为 VT_3 提供零电压开通的条件。电容 C_3 的电压从 V_S 降到 0 的时间为

$$t_2 - t_1 = \frac{2V_S C}{I_{p(t_1)}}$$

（3）工作状态 3（$t_2 \sim t_3$）

在 t_2 时刻 VT_3 零电压开通后，变压器的电流并没有反向流通而是继续向原方向流动。此时，VT_3 并未流过电流，电流是经过 VT_3 的体内二极管 VD_3 继续流动，为防止 VT_1 和 VT_3 直通短路，在关闭 VT_1 之后须插入一段死区时间 t_{dead}，然后再开通 VT_3。由于二次侧续流电感中的电流会有一定的下降，因而变换器的一次电流也会有下降，下降的值为

$$I_{p(t_1)} - I_{p(t_3)} = \frac{I_{L_{f(t_1)}} - I_{L_{f(t_3)}}}{n}$$

（4）工作状态 4（$t_3 \sim t_4$）

在 t_3 时刻，关闭 VT_4，此时电容 C_4 从 0 开始充电，电容 C_2 从 V_S 电压值开始放电。而 C_4 的充电、C_2 的放电则为 VT_4 提供了零电压关闭的条件，VT_4 为零电压关闭。

但此时谐振电感 L_r 的电流要继续流动，则此谐振电感电流和 C_2 的放电能量则转向 C_4 的充电能量。

这是一个谐振过程，由 L_r、C_2、C_4 产生谐振，谐振电流即流过变压器的电流，以及 C_2、C_4 的电压为

$$I_p = I_{p(t_3)} \cos\omega t$$
$$V_{C_4}(t) = Z_r I_{p(t_3)} \sin\omega t$$
$$V_{C_2}(t) = V_S - V_{C_4}$$

式中　$Z_r = \sqrt{\dfrac{L_r}{2C}}$；

　　　$\omega = \dfrac{1}{\sqrt{2L_r C}}$。

到 t_4 时刻，电容 C_4 上的电压为 V_S 时，VT_2 的体内反偏二极管导通为 VT_2 提供零电压开通的条件。

（5）工作状态 5（$t_4 \sim t_5$）

在 t_4 时刻，VT_2 零电压开通。此时，VT_2 中并不能立即有正向电流流通，电感电流会继续经由二极管 VD_2 内流动，但此电流会迅速减小到 0。

（6）工作状态 6（$t_5 \sim t_6$）

在 t_5 时刻，一次电流减小到 0。此时，变压器一次侧承受反向输入电压 V_S，变压器一次侧则产生反向电流，此反向电流由于受谐振电感 L_r 的作用，由 0 开始逐渐增大。但此时变压器一次电

流比较小，还未达到 L_f 中的电流，所以此时变压器一次侧未能提供能量给二次绕组。

（7）工作状态 7 （$t_6 \sim t_7$）

当变压器一次电流增加到 $\dfrac{I_{L_f}}{n}$ 时，变压器的一次电流受到输出电感 L_f 的控制，变压器一次侧开始输出能量给二次侧。输出电感受到正向电压的作用脱离续流状态，进入电流增加的正向工作状态。此时，变压器一次电流增加。一次电流为

$$I_p = \frac{I_{L_f}}{n} = \frac{\left(\dfrac{V_s}{n} - V_o\right)\Delta t}{nL_f}$$

（8）工作状态 8 （$t_7 \sim t_8$）

在 t_7 时刻之后，变换器完成了正半周期到负半周期的软开关转换过程，然后进入一个周期的负半周期工作。之后，又从负半周期向下一个周期的正半周期转换，其转换工作状态与正半周期向负半周期转换的一样。

二、全桥移相电路零电压开关形成条件

1. 由 VT_1、VT_3 所构成的超前臂形成零电压开关的条件分析

在超前臂的关闭过程中，因开关管两端的电压为 0，关闭时是依靠开关管结电容的充电而获得开关管关闭的软开关条件的。因而，超前臂关闭时，一定会是软开关状态。当然对于一定开关速率的开关管必须选择合适的结电容，如果结电容不足以使超前臂零电压关闭的话，则可采用开关管并联一适当的电容来使开关处于零电压软开关。但并联电容也不能太大，否则会增大开关管开通时的冲击电流。

在超前臂开通过程中，二次侧输出电感中的电流处于比较大的位置，此电流会续流并流过变压器的二次绕组。此时，变压器一次绕组也会有电流，此电流为

$$I_p = \frac{I_{L_f}}{n}$$

由于 $L_f \gg L_r$，因而超前臂可认为是近似于恒流，而此时电感（L_f 和 L_r）中的能量足够将超前臂的开关管的结电容充电至 V_s（对上桥臂）或放电至 0（对下桥臂），使开关管的体内反偏二极管导通，将开关管钳位在零电压开通状态。

2. 由 VT_2、VT_4 构成的滞后臂形成零电压软开关的条件分析

在滞后臂的关闭过程中，也是靠开关管的结电容充电来获得零电压关闭条件，具体分析也和超前臂一样，很容易工作在零电压关闭状态。

但对于滞后臂的开通，是由电感 L_r 和结电容产生谐振迫使滞后臂开关管形成软开关条件的。因而，它具有一定的条件，要形成零电压开通条件则必须是电感 L_r 中的能量能使开关管的结电容谐振到零电压，即

$$L_r I_{p(t_2)}^2 \gg C V_s^2 + C_b V_s^2$$

式中　L_r——谐振电感的电感量；

　$I_{p(t_2)}$——t_2 时刻电感中的电流；

　C——谐振电容；

　C_b——变压器绕组的电容；

V_s——直流输入电压。

三、二次侧占空比丢失现象

在全桥移相电路中，存在变压器电流换向（从正向变成反向或从反向变成正向）的过程。在这段时间内，虽然变压器一次侧有电压，但变压器一次电流小于二次侧在一次侧的反射电流，不能向二次侧提供输出能量。这样二次侧就丢失了输出能量的部分时间，这部分丢失的时间和工作半周期的时间的比值即为占空比丢失，即

$$D_S = \frac{2L_r\left(I_{p(t_3)} + \dfrac{I_{L_f}}{n}\right)}{V_S T_S}$$

式中，$I_{p(t_3)}$ 为 t_3 时刻变压器一次侧电流。

从上式可以看出，影响占空比丢失的最大因素是全桥移相电路中的谐振电感 L_r。当 L_r 越大时，则占空比丢失越严重。同样，在重载输出时，由于一次、二次电流变大，也会使 D_S 增大。如果输入电压 V_S 变高，则 D_S 也会变小。

如果减小 L_r，虽然会降低占空比丢失，但会使滞后臂难以达到零电压开通状态。

全桥移相变换器的优点：

1）开关管在 ZVS 条件下运行，开关损耗小，可实现高频化工作；

2）控制简单，可采用固定频率控制，简化了磁性元件的设计；

3）无需吸收电路；

4）电流、电压应力小，类似 PWM 变换器。

全桥移相变换器的缺点：

1）轻载时，滞后桥臂开关管的 ZVS 条件较难满足；

2）一次侧有较大的电流，导通损耗增大；

3）输出整流二极管工作在硬开关状态，损耗较大。

第八节　能量完全传递的反激变换器的谐振软开关

图 5-30 所示为能量完全传递的反激准谐振软开关变换器电路。其工作原理如下：

（1）在传统的反激式开关变换器的变压器中，在开关管的源漏极之间并联一谐振电容 C_r。这个谐振电容也包括功率开关器件结电容。这是为分析方便起见，将结电容合并入谐振电容一起计算。同时，假设变压器的一、二次侧的匝数比为 n，并忽略变压器一、二次侧的漏感。

（2）开关管导通期间，电源输入电压加到变压器的一次侧，由于输出二极管的阻断作用，此时变压器二次侧无电流输出，变压器一次侧储存能量，且变压器一次侧的电流线性增加，有

$$I_p = \frac{V_S \times DT_S}{L_p}$$

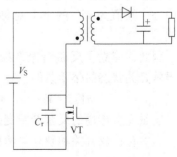

图 5-30　能量完全传递的准谐振
反激开关变换器电路

115

而电容 C_r 上的电压为零。

（3）在 t_0 时刻，开关管断开，由于电容 C_r 的充电作用，则 C_r 上的电压（也即开关管两端的电压）有个缓升过程，开关管是零电压断开。

（4）在开关管断开后，变压器产生反偏电压，变压器的二次侧由于输出二极管的导通而输出电流。此时，变压器的一次电压受到变压器二次电压的钳位作用 $V_2 = V_o n$。

（5）开关管断开后的等效电路如图 5-31 所示。

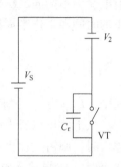

（6）开关管断开后，在 t_1 时刻，电容 C_r 两端的电压开始呈正弦波状上升并达到电压最大值 V_{crmax}，有

$$V_{crmax} = (V_S + V_2) = V_S + nV_o$$

（7）t_2 时刻，二次侧二极管继续导通到变压器中的能量全部传递到二次侧负载电路中。此时变压器已不再有能量储存，二次侧的二极管自然关断，而变压器一次电压已不再受二次电压的反射电压的钳位，变压器一次电压为零，而谐振电容 C_r 的电压则仍然为 $V_S + nV_o$。

图 5-31　开关管断开
后的等效电路

这时，C_r 通过变压器一次侧的励磁电感对输入电压 V_S 进行放电，变压器一次侧的励磁电感中流过反向电流，即

$$I_{pf} = nV_o \sqrt{\frac{C_r}{L_p}}$$

（8）t_3 时刻，当 C_r 两端的电压放电到 V_S 时，电容 C_r 已不再具有对输入电压 V_S 的放电能力，而此时变压器一次侧的励磁电感 L_p 中有反向电流 I_{pf} 流过，励磁电感继续放电，C_r 两端的电压继续降低。此时，C_r 两端的电压，即开关管两端的电压为

$$V_{ds} = V_S - V_S \sin\omega t$$

$$\omega = \sqrt{L_p C_r}$$

的开关管的电压波形如图 5-32 所示。

从图 5-32 可以看到，要让开关管能在零电压时开通，则 C_r 的电压必须谐振到零，即

$$nV_o = V_S$$

其实，能量完全传递的反激谐振变换器开关管两端的谐振电压曲线是一条以 V_S 为中心，幅值为 nV_o 的上下对称的正弦波曲线。

因此，建立了反激谐振变换器开关管处于软开关状态的必要条件：

$$nV_o > V_S$$

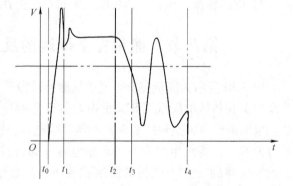

图 5-32　能量完全传递的反
激谐振变换器电压波形

能量完全传递的反激谐振变换器的特点：

（1）存在软开关和硬开关两种工作模式，只有满足一定条件后，才能处于软开关工作模式。

（2）输出电压的变化也会影响到变换器的软开关条件。

（3）因谐振元件参数是一定的，所以谐振频率只与励磁电感 L_p 和电容 C_r 的参数有关，且谐振频率为

$$f_s = \frac{1}{2\pi \sqrt{L_p C_r}}$$

在负载恒定、开关变换器进行输出误差调整时，只会调整开关管的开通时间，而开关管的断开时间则只能由谐振时间来决定。所以，恒定负载下反激谐振变换器的调整工作方式是固定开关管断开时间的频率调制方式。

（4）开关管两端的谐振电压为 $V_S + nV_o$，完全满足零电压开关的条件为 $V_{ds} = 2V_S$，因此开关管的电压应力比能量不完全反激谐振变换器要低，可选择耐压较低的开关管。

习　题

1. 图 5-33 所示的反激谐振电源，输入电压 $V_S = 30\text{V}$，输出电压 $V_o = 45\text{V}$，输出功率 $P_o = 60\text{W}$，变换器工作频率为 500kHz，变压器变比为 $n = 2$，$C_o \gg C_S$，求：

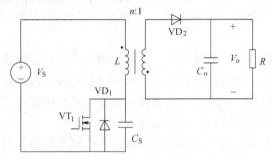

图 5-33　习题 1

1）计算符合要求的变压器原边电感 L，电容 C_S 的数值。

2）计算变压器原边的峰值电流。

2. 图 5-34 所示的 LC 网络，求负载电阻 R 上的电压 $V(t)$ 和输入电压 $V_S(t)$ 的传递函数。

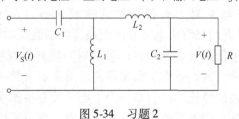

图 5-34　习题 2

第六章 有源功率因数、同步整流、变换器并联技术

高频开关变换器的输入端一般是连接到交流输电网上，而现在的输配电设备一般是50/60Hz交流输配电，所有的负载都是纯电阻时，加在负载上的电压、电流是同相位的正弦波，同时不存在任何谐波时，可在负载上得最高效率。

在有电抗和电阻组合的负载中，即使流过负载的电流也是正弦波，电压、电流也会出现相位差。感性负载时，负载电流滞后电压；容性负载时，电流超前电压。

因为，负载的功率是负载两端的电压与流过负载的电流在时间轴上的积分，所以在负载电压、电流的相位差期间，电能并未对负载做功，负载并未得到能量。可是在输配电端却必须配备足够的能量给用电设备，这样就造成了输配电设备的浪费，并增大输配电设备的损耗。

如果在用电设备两端加上正弦波电压，但由于用电设备是非线性负载，那么用电设备的电流就不是严格的正弦波，有谐波电流。供电系统中有谐波电流，就会引起额外的配电变压器、配电电路的损耗。而且，其中的奇次谐波还会在三相四线配电系统中引起中线的补偿电流较大的问题。造成中线严重发热，增大引发火灾危险。

对于感性负载所引起的电流、电压之间相位差的问题比较容易解决，可采用并联电容的方式来补偿相位角，使整个负载电流和电压能同相。这方法叫电容补偿法，本书不去详细论述。

现在为提高电网的使用效率，许多国家均制定了电网谐波的标准值，规定不准将超过谐波标准值的非线性用电设备接入输配电网络。

为解决谐波的问题，就发明了有源功率因数校正器（Active Power Factor Corrector，APFC）技术，以此技术可以用来解决高频开关变换器的谐波及功率因数问题。

为响应节能减排、创造低碳社会的号召，目前对高频开关变换器的效率要求越来越高。为满足不断提高的效率要求，人们也作了很多研究。对重点引起损耗的电路、元器件作了很多损耗分析和测试。发现输出整流二极管是一个引起开关变换器损耗的重要器件，因而发明了同步整流技术。对于低压、大电流输出的开关变换器，应用同步整流技术之后，可使开关变换器的整体效率提升3%~5%左右。

因功率开关器件的发展受到材料、加工方法、生产工艺的影响，目前的耐压能力、电流能力均受到限制，无法将输出功率做得很大。为制造高功率、大容量的开关变换器设备，可采用多台高频开关变换器并联使用来提高设备的功率功率。这就促进了开关变换器的并联均流技术的发展。

第一节 有源功率因数校正

对非正弦波做傅里叶分析时，发现非正弦波是由一系列幅值、相位、频率不同的正弦波

组成的，而这一系列的正弦波频率都是基波频率的倍数，所以称之为谐波。

高频开关变换器的输入一般均采用整流电路加电容滤波的方法，因而电流会在供电电压的峰值附近很小的导通角内流通。图 6-1a 所示为典型的开关变换器输入整流滤波电路，在电容和整流电路组合负载上产生的交流电波形如图 6-1b 所示。可以看到，不连续、对称的非正弦波电流具有大量的奇次谐波分量。

由于功率传输只能在基波频率上发生，因而开关变换器的输入整流滤波电路中含有大量不能传递功率的谐波，使得变换器整体的电源使用率很低。其实，真正意义上讲高频开关变换器的输入端存在的是电流的谐波失真，但也可以用近似的功率因数来代替。

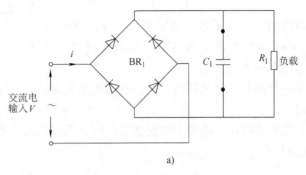

a)

谐波的存在会降低设备供电电路的利用率，这与变换器的效率并非一个概念。例如，一个有效电流为 12A 的供电网络，如果开关变换器的功率因数只能达到 0.65，假定开关变换器的效率为 85%，则在 12A 的电流下，变换器最大能输出 1458W 的功率。如果，加上了功率因数校正装置，同时降低了变换器的整体效率为 80%，而功率因数却得以提高至 98%。

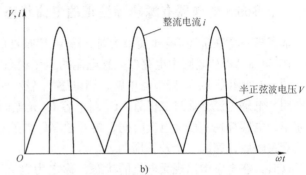

b)

图 6-1　开关变换器的输入整流滤波电路及波形
a）典型的开关变换器输入整流滤波电路
b）负载上的交流电流、电压波形

那么，这个供电网络则能够提供 2069W 的输出功率。

因此，提高功率因数节省的是发电、输配电的功率，和开关变换器的整体效率无关。

从原理上讲，电流流入任何一种负载（可以是容性、感性），只要其电流的波形是正弦波并同加载的电压正弦波形同相，则此时这种负载可认为是阻性负载，并且功率因数近似为1。同时电流或电压波形已为正弦波，即只存在基波而无谐波分量。

一、Boost 变换器有源功率因数校正原理

图 6-2 所示是 Boost 变换器有源功率校正电路原理图。

因为高频开关变换器的开关频率远高于工频整流后的正弦波脉动频率，所以在一个高频开关周期内，可以认为加载到电感 L_1 上的电压是恒定的。

在采用 Boost 变换器电路时，假定开关脉冲在一周期内的 $t_{on} = t_{off} = \dfrac{T_S}{2}$，则电感 L_1 中的

电流 $\Delta i_{L_1} = \dfrac{V\, t_{\text{on}}}{L_1}$，$V$ 在一个工频周期内有 $V = V_m \sin\omega t$，因此在一个工频周期内流过电感 L_1 的电流为

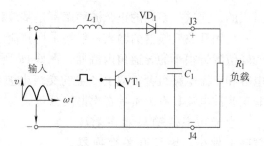

图 6-2　Boost 变换器有源功率校正电路

$$I_m \sin\omega t = \frac{V_m t_{\text{on}} \sin\omega t}{L_1}$$

由此可以得出工频周期内的电感电流也呈正弦波，即 Boost 电路改善了原先输入整流滤波电路的功率因数和谐波。

但在一个高频开关周期内，电感的电流是三角波，只是三角波的峰值电流的包络线为正弦波而已。

当在变换器的输入端加上低通滤波器后，在交流输入端得到的电流将是正弦波电流且与电压波形同相。

二、Boost 变换器有源功率校正的电流状态

本书第一章在讲述 Boost 变换器时，Boost 变换器的电感电流存在不连续、临界、连续之分。在 Boost APFC 电路中也存在电感电流的工作状态问题。

图 6-2 所示是 Boost 变换器电路，当电感 L_1 较小时，在开关管关断期间，由于电流的续流作用，电感电流会通过二极管 VD_1 对电容 C_1 充电同时提供负载电流。在电感电流全部释放完毕，电感存在一段无电流时间，再开通 VT_1，在 t_{on} 时段内电感电流从 0 开始线性增加，开关管关闭后，完成一个开关周期。

这时，在电感中出现无电流的状态，称之为电流断续（不连续）工作状态。断续工作状态的电感电流波形如图 6-3a 所示。

如果增大电感的电感量，当电感的续流电流正好在开关管开通时为 0，随着开关管导通后立即线性增加，到最大值后，开关管关闭，完成一个周期。这个状态就称之为临界工作状态。电流波形如图 6-3b 所示。

再增加电感量，此时在开关管开通时，电感继续存在有电流，电感电流从一个值（而不是从 0）开始线性增加，这个状态就称为电流连续工作状态。电流波形如图 6-3c 所示。

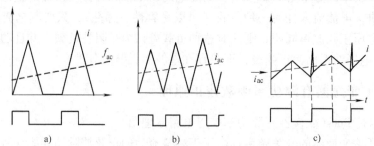

图 6-3　Boost APFC 电路的工作状态和电流波形

a）断续工作状态　b）临界工作状态　c）连续工作状态

当 Boost APFC 电路工作在电流断续状态时，有以下特点：

1）开关管峰值电流大，增加了开关管的电流应力；

120

2）因电感电流有滞后的现象，因而开关工作频率的上限有限制；

3）输出二极管的反向恢复要求低，对二极管的反向恢复时间要求不高；

4）开关管在开通时，二极管截止在零电流、零电压状态，开关损耗小；

5）输入、输出的纹波电流大，须采用大容量的滤波电容。

当电路工作在电流连续工作状态时，具有以下特点：

1）开关管的峰值电流低，同时降低了开关管的电流应力；

2）对二极管的反向恢复时间要求很严格，必须采用超高速的二极管；

3）所有开关器件均工作在硬开关状态，开关损耗大；

4）纹波电流小。

由于输入电压变化范围大（呈正弦波状），因而 Boost APFC 电路在整个工频周期内经历了电压从零到最大峰值再到零的一个过程。在 L 电感一定的情况下，Boost APFC 电路电感电流的工作模式会随着正弦波电压的过零点而从断续逐步过渡到临界再到连续。因而，在分析 Boost APFC 电路时各个工作状态均要仔细分析判断。

三、APFC 的控制方式

APFC 的目的就是要使开关变换器的输入电流波形呈正弦波且与电压正弦波同相，因而一切控制的手段均会围绕这一目的而设置。

为保证输出功率恒定，同时满足输入电流呈正弦波且与电压正弦波同相，就应该随着输入电压的变化去调整输入电流的有效值。这时，就必须引入一些控制量，其中有 3 个量是必须检测的：

（1）参考电压，是输入半正弦波电压，是一个和实际输入的电压同相成比例的参考电压，它规定了输入电流的相位和电流的正弦波波形。

（2）输出误差电压，是一个关系到输出功率的量，它表征了输出功率的变化和大小。

（3）输入电流反馈，即电感电流反馈，是一个需要调整的量，即控制量。随着输入电压、输出负载的变化而调整此输入电流的值以满足确定的输出功率。当然，还有一个很重要的是要让此输入电流呈正弦波。

在这 3 个控制量的综合作用下，有很多种控制方法来控制 APFC 电路电感电流。因直接电流控制是检测整流器的输入电流作为反馈和被控量，所以具有系统动态响应快、限流容易、电流控制精准度高等优点。在高频开关变换器中均采用直接电流控制法。

直接电流控制法又可分为峰值电流控制、滞环电流控制、平均电流控制，单周控制等方式。

1. 峰值电流控制

峰值电流控制的输入电流波形如图 6-4 所示。开关管在恒定的时钟周期导通，当输入电流上升到基准电流

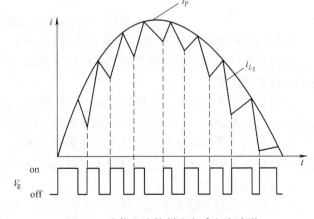

图 6-4　峰值电流控制法电感电流波形

时，开关管关断。采样电流来自开关电流或电感电流。峰值电流控制的优点是实现容易，但其缺点较多：

1）电流峰值和平均值之间存在误差，无法满足电流波形失真很小的要求；

2）电流峰值对噪声敏感；

3）占空比 > 0.5 时，系统产生次谐波振荡，需要在比较器输入端加斜坡补偿器以消除次谐波振荡；

4）由于开关管的电流应力很大，需要电流容量较大的开关管，因而此峰值电流控制只适合在小功率电源中使用。

故在 APFC 电路中，这种控制方法不是太理想。

2. 滞环电流控制

滞环电流控制的输入电流波形如图 6-5 所示，开关导通时电感电流上升，上升到上限阈值时，滞环比较器输出低电平，开关管关断，电感电流下降。下降到下限阈值时，滞环比较器输出高电平，开关管导通，电感电流上升。如此周而复始地工作，其中取样电流来自电感电流。

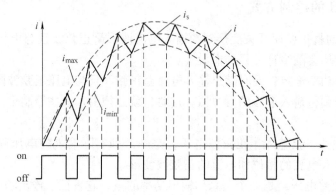

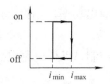

图 6-5　滞环电流控制输入波形

滞环电流控制比峰值电流控制多了滞环比较环节，它将电流控制与 PWM 调制合为一体，结构简单、实现容易，且具有很强的快速动态响应能力。其缺点是开关频率不固定，电感器设计比较困难。

从图 6-5 中可以看出，电感电流在上、下两条正弦曲线之间变化，而真正的电流平均值应为中间的一条曲线，因而电流滞环宽度决定了电感中的纹波电流的大小。

目前，关于滞环电流控制改进方案的研究还很多，目的在于实现恒频控制。将其他控制方法与滞环电流控制相结合是高频开关变换器电流控制策略的发展方向之一。

3. 平均电流控制

平均电流控制的输入电流波形如图 6-6 所示。平均电流控制将电感电流信号与锯齿波信号相加。当两信号之和超过基准电流时，开关管关断；当其和小于基准电流时，开关管导通。取样电流来自实际输入电流而不是开关电流。由于电流环有较高的增益带宽、跟踪误差小、瞬态特性较好，THD（＜5%）和 EMI 小，对噪声不敏感，开关频率固定，适用于大功率应用场合，是目前 APFC 电路中应用最多的一种控制方式。其缺点是参考电流与实际电流的误差随着占空比的变化而变化，能够引起低次电流谐波。

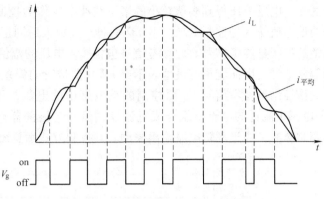

图 6-6　平均电流控制法的电感电流波形

4. 单周控制

单周控制是一种非线性控制，同时具有调制和控制的双重性，其原理结构如图 6-7 所示。单周控制通过复位开关、积分器、触发电路、比较器达到跟踪指令信号的目的。

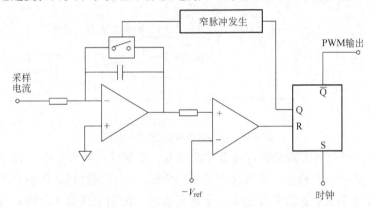

图 6-7　单周控制原理图

这种方法的基本思想是通过控制开关占空比，在每个周期内强迫开关变量的平均值与控制参考量相等或成一定比例，从而在一个周期内自动消除稳态、瞬态误差，前一周期的误差不会带到下一周期。单周控制能优化系统响应、减小畸变和抑制电源干扰，具有反应快、开关频率恒定、易于实现、抗干扰、控制电路简单等优点，是一种很有前途的控制方法。其缺点是需要快速复位的积分电路，单周控制在高频开关变换器中已经得到深入研究，作为一种调制方式，该技术在 APFC 方面也有了广泛的应用。

目前，在 APFC 电路的应用中比较流行的是采用平均电流控制法和单周控制法。本书就这两种方法作详细介绍。

四、平均电流控制的 APFC 电路

平均电流控制的升压变换器是根据输入电压和输出电压的命令信号对电感电流（开关变换器的输入电流）进行整形后，形成每个高频开关周期内的电感平均电流控制信号，由此控制信号去进行 PWM 脉冲调制并产生驱动信号来驱动开关管的开通和截止。

最先要处理的信号是输入电压和输出电压的误差，因而在此用了一个乘法器。将半正弦

波的输入电压分压得到幅值较小的半正弦波电压作为控制 IC 的交流输入,再将其同输出电压的偏差值输入到控制 IC 的 FB/SD 引脚,经放大后同正弦波参考电压相乘得到一个要进行调整的控制量参考信号。此参考信号包含输入电压的幅值和相位信号,同时也包含输出电压的偏差信号。因而能很客观地表示出 PWM 要进行的偏差调制。

该控制量参考信号 V_m 要控制的是电感中的电流,该参考信号与工频直流环节的电流(即电感中流过的电流)组合成电流控制信号与振荡器产生的三角波信号比较,输出 PWM 的调制脉冲,通过逻辑电路输出驱动。其控制方式示意图如图 6-8 所示。

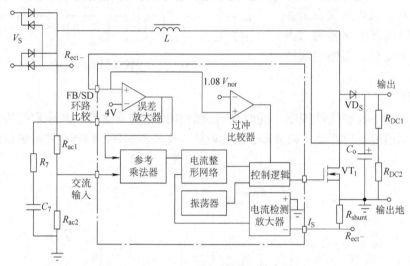

图 6-8 平均电流控制方式示意图

在图 6-8 中,误差放大器必须有极低频的极点,要保证在频率低至 10Hz 时的环路带宽。此信号作为乘法器的一个输入,而乘法器的另一个输入连接到经过分压的直流半正弦波的输入线电压上。经过乘法运算后就能得到一个带有输入、输出电压偏差及输入电压相位的参考半正弦波信号。

此参考信号输入电流波形整形网络,以使电感电流能具有正确的波形和幅值,并使整个变换器得到较好的输入电流波形和功率因数,同时也保证输出电压的稳定。

电流整形网络的主要功能是使电感电流的平均值能跟随乘法器产生的参考信号。此时,电感电流可通过采样开关管中的电流来获得。

在平均电流控制中,会要求用一个乘法器来产生输入电压、输出电压的幅值和相位的参考信号。但在设计模拟乘法器时比较困难,得出的乘法结果会有 ±10% ~ ±20% 的误差。同时,电路中的所有参数的累积误差会给总体的反馈电路设计带来困难。因而,目前好多公司均致力于开发精确度更高、反应速度更快、累积误差小的平均电流控制的控制电路。

五、单周积分控制的 APFC 电路

单周期控制是近年来由 Keyue Smedley M 提出的新型控制技术,其控制思想是通过控制开关的占空比,使每个高频开关周期中开关电流的平均值严格等于或正比于控制量。它是一种有效的非线性控制技术,特点是开关电流在一个高频开关周期中精确地跟随基准值,提供很快的动态响应和很好的限制输入扰动,控制方法简单可靠。

图 6-9 给出了单周期控制 Boost APFC 电路原理框图。图中，A 为电压反馈误差放大器参数。

在 Boost APFC 电路中，要实现功率因数校正须满足式下式

$$V_S = I_S R_e$$

式中　R_e——变换器在输入端的等效电阻。

假定在任何一个高频开关周期之内，R_e 可以等效为一个纯电阻，则电流、电压同相，功率因数为 1。在一个高频开关周期内 Boost 变换器的输入电压和输出电压的关系可表示为

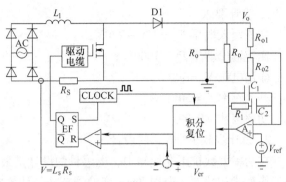

图 6-9　单周积分控制 Boost APFC 电路原理框图

$$V_o = \frac{V_S}{1 - D}$$

$$V_o = \frac{I_S R_e}{1 - D}$$

因为输入电流的采样电压为　　　　　$$V = I_S R_S$$

所以可得　　　　　　　　　　　　$$\frac{V_S}{R_e} = \frac{V}{R_S}$$

进一步化简为　　　　　　　　　　$$V = \frac{R_S}{R_e} V_S$$

$$V = \frac{R_S}{R_e} (1 - D) V_o = \frac{R_S}{R_e} V_o - \frac{R_S}{R_e} D V_o$$

假定输出滤波电容 C_o 足够大，电容电压 V_o 可以看作是一个电压源，C_o 两端的电压不会变化。在一个高频开关周期之内，可将 V_S 看作是恒压源。由上式可知，R_e 为变换器的等效电阻，设为纯线性电阻；R_S 则为不会有变化的采样电阻，而输入电流 I_{in} 总是跟随输入电压 V_{in}，但会随着输出误差电压而做一些变化。这样，变换器的输入端阻抗就可以等效为一个电阻，实现了功率因数校正。

令　　　　　　　　　　　　　　　$$V_m = \frac{R_S}{R_e} V_o$$

则 V_m 可以看成为输出电压 V_o 的电压采样值。而电流采样的电压值和输出电压的采样值之间就有如下关系式：

$$I_S R_S = V_m - V_m D$$

式中　D——一个开关变量，表征的是开关的时间，因而可用时间的积分式来表达，有

$$D = \frac{1}{T_S} \int_0^{T_S} D(t) \, dt$$

将积分式代入后可得

$$V_m - I_S R_S = V_m \frac{1}{T_S} \int_0^{T_S} D(t) \, dt$$

上式表明，当输出电压的采样值减去输入电流的采样电压值与输出电压的采样值在开关

周期内的积分相等时即可完成变换器的等效输入阻抗为纯电阻。

采用单周控制的设计方法

1. 设计要求

交流输入电压 $V_{in} = 120 \sim 240V$；

额定输出功率 $P_o = 1000W$；

输出电压 $V_o = 400V$；

开关频率 $f_S = 50kHz$；

功率因数 $\geqslant 0.99$。

2. 设计步骤1　电感的设计

在功率因数校正变换器中，电感量的设计是最重要的，电感量的大小直接关系到变换器的工作模式和性能。根据 Boost 变换器拓扑的计算电感值的公式即

$$L = \frac{V_S D}{f_S \Delta i_L}$$

式中　V_S——最低输入电压的峰值，约为（120×1.4）$V = 168V$；

$\quad\quad D$——在输入电压最低时出现的最大占空比，$D = (V_o - V)/V_o = 0.58$；

$\quad\quad f_S$——开关频率，取 50kHz；

$\quad\quad \Delta i_L$——在输入电压最低时的电感电流的增量，值的选取决定了 Boost 变换器中电感的工作模式，是按电感电流连续或断续来选取的，一般取电感电流值的 20%，此例中为 2.36A。

经计算取 $L = 0.83mH$。

计算好电感量之后，就根据本书第三章扼流圈的设计方法选择磁心尺寸，计算绕组导线规格，同时也根据具体的磁心尺寸，绕组匝数来设计绕组绕制方法和气隙尺寸。

3. 设计步骤2　输出电容的选取

直流侧输出电容具有两个功能：

（1）滤除因器件高频开关动作造成的直流电压纹波；

（2）当负载发生变化时，在整流器的惯性环节延迟时间内将直流电压的波动维持在限定范围内。

当开关频率比较高时，只需要较小的电容就能满足要求。另外，电容大小也与负载的大小、输出纹波电压等因数有关。

这个电容必须考虑能够承受 100Hz 的半正弦波电流和高频开关电流，而且由于流经二极管的电流并不连续，在开关管导通期间，并无电流对电容充电。因而，加在电容上的电流波形是高频开关频率的方波，幅值也随工频半正弦波的幅值变动。所以，此电容必须要采用低串联电感和低串联电阻的电容，而且也必须能够保证在工频半正弦波下的工频纹波值不能太大。

具体选择的办法可参见本书第四章的有关内容。但必须指出的是，要考虑电容的高频特性，最好的解决方案是采用多个电容并联的方式，以降低等效串联电感和等效串联电阻。

本例选择 2 个 $470\mu f/450V$ 的电解电容并联使用。

4. 设计步骤3　功率器件的选取

根据开关管中须流过的最大峰值电流，开关管上所承受的最高电压及二极管中流经的最

大峰值电流，二极管所须承受的最大反向电压来确定开关器件的参数。

功率管采用 APT5010LFLL，其耐压为 500V，最大正向通态电流为 46A。续流二极管选用 RURG7560 超快恢复二极管，其耐压为 600V，正向额定电流为 75A，反向恢复时间约为 70ns。

六、单周电流比例采样差分控制的 APFC

峰值电流控制的 APFC 电路由于控制简单、易于实现，因而在小功率的应用范围内非常普遍。

图 6-10 给出了峰值电流比例采样差分控制的 Boost APFC 电路原理框图。图中，A 为电压反馈误差放大器参数。

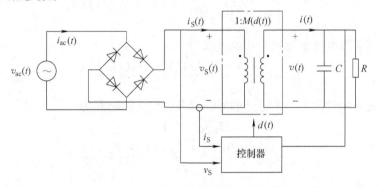

图 6-10　单周电流比例采样差分控制的 Boost APFC 电路原理框图

在 Boost APFC 电路中，用等效输入电阻 R_e 等效整个电路可得到如图 6-11 所示的等效电路。

用等效替代阻抗 R_e 表示系统消耗的能量，而等效阻抗 R_e 的变化是依赖于输出端的负载变化的，此时对输入端的交流输入功率则可表示为

$$P_{av} = \frac{V_{avrms}^2}{R_e}$$

式中　R_e——变换器在输入端的等效电阻是一个纯电阻性的等效电阻。

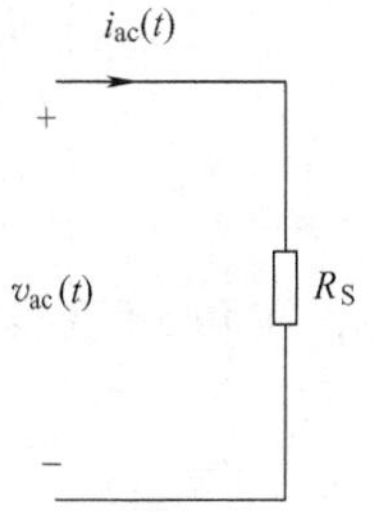

图 6-11　用等效电阻 R_e 表示系统等效电路

假定在任何一个高频开关周期之内，电感工作在电流临界状态，则高频开关工作周期内电感电流的平均值为

$$I_L = \frac{1}{2}\frac{V_S(t)d(t)T_SD}{L}$$

而在工频周期内的电流平均值为

$$I_L = \frac{V_S(t)}{R_e}$$

考虑理想情况下，输入功率应等于输出功率，而高频周期的电感平均电流也应等于工频周期内的平均电感电流，则有

$$\frac{V_S(t)}{R_e} = \frac{1}{2}\frac{V_S(t)d(t)T_SD}{L}$$

由上式，可求得
$$d(t) = \frac{2L}{R_e D T_S}$$

因工作在电感电流临界状态时有
$$\frac{V_o}{V_S(t)} = \frac{1}{1 - d(t)}$$

因而
$$d(t) = 1 - \frac{V_S(t)}{V_o}$$

将上两式可以得到等效负载 R_e 的计算式为
$$R_e = \frac{2L}{\left(1 - \dfrac{V_S(t)}{V_o}\right) D T_S} = \frac{2L V_o}{(V_o - V_S(t)) D T_S}$$

此时高频周期内电感电流的平均值可改写为
$$I_L = \frac{V_S(t)}{R_e} = \frac{V_S(t)(V_o - V_S(t)) D T_S}{2L V_o}$$

而一个开关周期包含有开关管开的时间和开关管关的时间为
$$T_S = T_{on} + T_{off}$$

则
$$I_L = \frac{V_S(t) D (T_{on} + T_{off})(V_o - V_S(t))}{2L V_o}$$

上式可改写为
$$I_L = \frac{D}{2V_o}\left(\frac{V_S(t) T_{on}}{L} + \frac{V_o T_{off}}{L} - \frac{V_o T_{off}}{L} + \frac{V_S(t) T_{off}}{L}\right)(V_o - V_S(t))$$
$$= \frac{D}{2V_o}\left(\frac{V_S(t) T_{on}}{L} + \frac{V_o T_{off}}{L} - \frac{(V_o - V_S(t)) T_{off}}{L}\right)(V_o - V_S(t))$$

因为，在 Boost 变换器电路中的电感伏秒平衡有
$$\Delta i_L = \frac{V_S(t) T_{on}}{L} = \frac{V_L T_{off}}{L} = \frac{(V_o - V_S(t)) T_{off}}{L}$$

因此，电感中的电流又可以简化为
$$I_L = \frac{D}{2V_o} \frac{V_o T_{off}}{L}(V_o - V_S(t)) = \frac{T_{off}}{2L} D V_o - \frac{T_{off}}{2L} D V_S(t)$$

上式表明，电感中的电流按上述公式变化的话，则 Boost 变换器拓扑的输入等效电阻则是纯电阻，Boost 变换器拓扑的输入电流与输入电压一样，无高次电流谐波。

在上式中，设计完成后的电感不会产生变化，当高频开关周期中保证 T_{off} 时间不变时，只要控制每个稳态工作周期的输出电压和输入电压的比例差值，即可使电感电流和输入电压的波形一致。

在采用电感电流临界的单周比例采样差分控制的 Boost APFC 电路的设计中，电感电流的增量为
$$\Delta i_L = \frac{V_S(t) D T_S}{L} = \frac{(V_o - V_S(t))(1 - D) T_S}{L}$$

当输入电压最低时，开关工作占空比最大，设 $D = 0.5$，而输出电流为 I_o 时，电感电流临界的输出二极管的峰值电流为

$$I_{Lpeak} = \frac{2I_o}{D} = 4I_o$$

在输入电压最低时的电感量，即此 APFC 电路的最小电感量为

$$L = \frac{V_{rms}DT_S}{I_{Lpeak}} = \frac{0.125V_{rms}}{4I_o f_S}$$

又有

$$V_o = \frac{V_{rms}}{1-D}$$

输出电流为

$$I_o = \frac{P_o}{V_o} = \frac{P_o (1-D)}{V_{rms}} \frac{P_o}{2V_{Srms}}$$

式中 P_o——输出功率；

      V_o——输出电压。

      V_{rms}——输入电压。

比例采样差分控制的控制框图如图 6-12 所示。

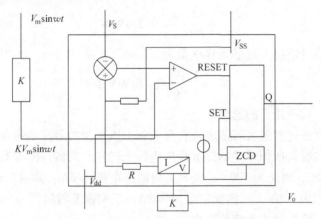

图 6-12   比例采样差分控制的控制框图

采用比例采样差分控制的设计方法

1. 设计要求

交流输入电压 $V_{in} = 120 \sim 240V_{rms}$；

额定输出功率 $P_o = 100W$；

输出电压 $V_o = 380V$；

开关频率 $f_S = 50kHz$；

功率因数 ≥ 0.98。

2. 设计步骤 1   电感的设计

在功率因数校正变换器中，电感量的设计是最重要的，电感量的大小直接关系到变换器的工作模式和性能。根据输出功率大小计算输出电流，有

$$I_o = \frac{P_o}{2V_{Srms}} = \frac{100}{2 \times 120}A = 0.417A$$

式中 V_{Srms}——最低输入电压有效值，为 120V。

因开关频率为 50kHz，因而其工作周期为 $T_S = 20\mu s$

为避免二次谐波的产生，开关工作时的占空比应 $D \leqslant 0.5$，此时 $T_{off} = 10\mu s$ 当占空比 $D =$

0.5 时，电感的平均电流为 0.417A，则电感的峰值电流则为

$$I_{Lpeak} = 4I_o = 1.668\text{A}$$

此时，电感量的计算则为

$$L = \frac{V_S T_{on}}{I_{Lpeak}} = \frac{120 \times 10}{1.668}\mu\text{H} = 719\mu\text{H}$$

计算好电感量之后，就根据本书第三章设计扼流圈的方法选择磁心尺寸，计算绕组导线规格，同时也根据具体的磁心尺寸，绕组匝数来设计绕组绕制方法和气隙尺寸。

3. 设计步骤 2　输入电流采样电阻的计算选取

对于电感量为 $719\mu\text{H}$，$T_{off} = 10\mu\text{s}$ 的状态，有

$$V_o - V_S(t) = \frac{4LI_o}{T_{off}} = \frac{4 \times 719 \times 0.417}{10}\text{V} = 119.9\text{V}$$

显然这样的比较电压很高，会造成电流采样电阻上的功耗很大。为减小电流采样电阻的功耗，可以将输入、输出电压的采样同比例降低 100 倍，此时比较电压为

$$\frac{V_o - V_S(t)}{100} = 1.199\text{V}$$

根据此比较电压，设计电感电流的采样电阻为

$$R_S = \frac{1.199}{1.668}\Omega = 0.719\Omega$$

4. 设计步骤 3　功率器件的选取

根据开关管中须流过的最大峰值电流，开关管上所承受的最高电压及二极管中流过的最大峰值电流，以及二极管所须承受的最大反向电压来确定开关器件的参数

功率管采用 6N50，耐压为 500V，最大正向通态电流为 6A。续流二极管选用 FR307 超快恢复二极管，耐压为 700V，正向额定电流为 3A，反向恢复时间约为 100ns。

5. 设计步骤 4　输出滤波电容的选取

直流侧输出电容的选取，在考虑高频纹波电压的同时必须考虑能够承受 100Hz 的正弦波电流；而且由于流过二极管的电流并不连续，在开关管导通期间，并无电流对电容充电，因而加在电容上的电流波形是高频开关频率的方波，幅值也随工频半正弦波的幅值变动。因此，此电容必须要采用低串联电感和低串联电阻的电容，而且也必须能够保证在工频半正弦波下的工频纹波值不能太大。

在整个工频周期内输出滤波电容两端的高频纹波电压为 10% 的输出电压 V_o，则其电容量为

$$C = \frac{I_o T_g}{\Delta V_o} = \frac{0.417 \times 10\text{ms}}{0.1 \times 2V_{Srms}} = 173\mu\text{F}$$

式中　T_g——全波整流后的工频周期。

可选择 $180\mu\text{H}/400\text{V}$ 的电解电容。

第二节　同步整流技术

对于开关变换器，在变压器二次侧必然要有一个整流环节，以便比较好的进行直流输出。

作为输出电路的主要开关器件，通常用的是二极管（利用单向导电特性）。它可以理解为一个开关，只要有足够的正向电压它就开通，而不需要另外的控制电路。但其导通压降较高，快恢复二极管或超快恢复二极管的导通压降可达 1.0～1.2V，即使采用低压降的肖特基二极管也要大约 0.6V 的压降。这个压降会产生功耗，并且整流二极管是一种固定压降的器件。例如，二极管的压降为 0.7V，其整流输出为 12V 时，它的前端要等效有 12.7V 电压，损耗占 $0.7/12.7 \approx 5.5\%$。而当其 3.3V 整流时，损耗为 $0.7/(3.3+0.7) \approx 17.5\%$。可见此类器件在低电压大电流的工作环境下，损耗是非常大的。这就导致开关变换器整体效率的降低，损耗会导致二极管发热进而整个开关变换器的温度上升，会造成系统运行的不稳定及影响开关变换器的使用寿命。

为了有效地解决因输出二极管的管压降而造成的损耗问题，发明了同步整流技术以降低输出电路的压降，提高开关变换器的整体效率。

目前，使用的同步整流有自驱动方式的同步整流、辅助绕组控制方式的同步整流、控制 IC 方式的同步整流。近年来还出现了软开关同步整流方式，这样做的意义在于能减少 IGFET 的体二极管的导通时间并消除体二极管的反向恢复时间期间造成的损耗。它首先应用在推挽、全桥电路中，随之又应用在正激电路中。软开关方式的同步整流，由于其处理的多为大电流、低电压的情况，所以对效率的提升比一次侧软开关处理的高电压、小电流的情况更为有效。为了更精确地控制二次侧同步整流，已有几种 PWM 控制 IC，同步整流控制信号来自 IC 内部，用外部元件调节同步整流信号的延迟时间，从而能更准确地做到同步整流的软开关控制。

功率半导体工艺技术的进步使 IGFET 的通态电阻已达到低于 5mΩ 的水平，甚至可将 IGFET 的体内二极管做成快恢复的二极管，这样开关变换器采用同步整流技术后，效率得到了很大的提高。

同步整流技术是现代高频开关变换技术进步的标志之一。凡是高效率的开关变换器中均采用了同步整流技术。现在同步整流技术不仅用于 5V、3.3V、2.5V 这些低输出电压领域，甚至在 12V、15V、19V 至 24V 输出时都在使用同步整流技术。

一、同步整流原理

同步整流技术是用通态电阻（几 mΩ 到十几 mΩ）极低的 IGFET 替代输出二极管的一种技术。在用功率 IGFET 替代输出二极管时，要求栅极电压必须与变压器二次电压的相位保持同步才能完成整流功能，故称之为同步整流。它在电路中也是作为一开关器件，但与开关二极管不同的是必须要在其栅极有一定电压才能允许电流通过。但这种复杂的控制却得到了极小的电流损耗。

在实际应用中，如果选择的 IGFET 的通态电阻为 10mΩ，则在通过 20～30A 电流时才有 0.2～0.3V 的压降损耗。在采用 IGFET 做同步整流时，IGFET 的压降和恒定压降的肖特基管不同，电流越小压降越低。这个特性对于改善轻载时的效率尤为有效。

同步整流技术是为了减少输出二极管的导通损耗，提高变换器效率。不管采用那种同步整流技术，都是通过使用低通态电阻的 IGFET 替代输出侧的二极管，以最大限度地降低输出损耗。

IGFET 的主要损耗如下：

1）IGFET 开关损耗，开关损耗的来源主要为寄生电容充放电所造成的损耗 P_c；

2）IGFET 的导通损耗 P_t

$$P_t = I_o^2 R_{DS}$$

式中　I_o——输出负载电流；

　　R_{DS}——通态电阻，$R_{DS} = R_{CH} + R_D$。其中 R_{CH} 为 IGFET 的导通沟道和表面电荷积累层形
成的电阻，R_D 是由 IGFET 的 JFET 区和高阻外延层形成的电阻。

寄生电容造成的开关损耗与频率相关，在低频率时较小。IGFET 的损耗主要由导通损耗
决定。因此，可利用 IGFET 的自动均流特性将多个 IGFET 并联，以降低 IGFET 的通态电阻。

同步整流技术按其驱动信号类型可分为电压驱动和电流驱动。而电压驱动的同步整流电
路按驱动方式又可分为自驱动和外驱动两种。

二、自驱动同步整流技术

自驱动电压型同步整流技术是由变换器中的变压器二次电压直接驱动相应的 IGFET，如
图 6-13 所示。这是一种传统的同步整流技术，其优点是不需要附加的驱动电路，结构简单。
缺点是两个 IGFET 不能在整个周期内代替二极管，使得负载电流会流过寄生二极管，造成
了较大的损耗，限制了效率的提高。

图 6-13 所示为自驱动同步整流电路，当变
压器一次侧流过正向电流时，变压器二次侧出
现上正下负的电压。用此电压作为 VT_2 的驱动
电压，使 VT_2 导通，而 VT_1 的栅极因受到变压
器的反偏电压的作用而截止。此时，变压器二
次侧通过电感 L、VT_2 为负载提供能量。当变压
器的一次侧流过反向电流时，变压器的二次侧
出现上负下正的电压。同样，此电压为 VT_1 提
供了驱动电压，使 VT_1 导通，而 VT_2 的栅极受

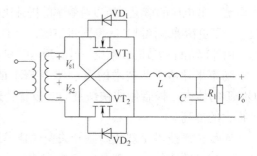

图 6-13　自驱动同步整流电路

到反偏电压截止。此时，变压器二次侧通过电感 L、VT_1 为负载提供能量。

在使用自驱动同步整流时，变压器二次绕组的电压须大于一定值以能够可靠驱动
IGFET,对于过高的输出电压则必须在 IGFET 的驱动端加上驱动保护电路以防栅极电压过高
损坏 IGFET。

在反激、正激、推挽、桥式电路变换器中均可采用自驱动同步整流电路。图 6-14 所示
为自驱动同步整流电路在反激、正激、推挽变换器中的应用。

三、辅助绕组驱动同步整流技术

这是自驱动同步整流电路的改进方法。为了防止在输入电压很高时引起变压器二次绕组
电压过高，使得同步整流的 IGFET 栅极上的电压过高损坏 IGFET 的现象发生，在变压器二
次绕组中增加了驱动绕组。这样就可以有效地调节驱动同步整流的 IGFET 的栅压，使它在
IGFET 栅压的合理区域，从而保护了 IGFET，提高了电源的可靠性。同时，也将本来只能使
用在低输出电压场合的同步整流电路应用到高输出电压场合。其工作原理如图6-15所示。

从图 6-15a 可以看到，为了驱动输出同步整流 IGFET，在变压器的二次绕组上加绕了一
个辅助绕组。此绕组上产生的电压就是同步整流 IGFET 的驱动电压。

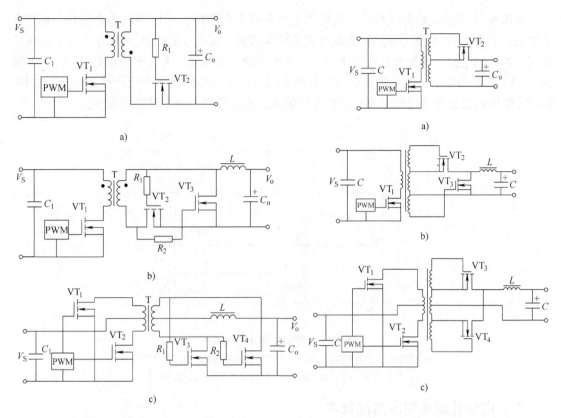

图 6-14　自驱动同步整流电路的应用

a）反激自驱动同步整流电路

b）正激自驱动同步整流电路

c）推挽变换器自驱动同步整流电路

图 6-15　辅助绕组驱动同步整流电路的应用

a）反激辅助绕组驱动同步整流

b）正激辅助绕组驱动同步整流

c）推挽辅助绕组驱动同步整流

四、有源钳位同步整流技术

针对自驱动、辅助绕组驱动同步整流器的不足，在开关变换器一次侧采用有源钳位同步整流技术便应运而生，电路如图 6-16 所示。电容 C_a 以及辅助开关管 VT_3 组成了有源钳位电路。有源钳位开关变换器的两个整流 IGFET 轮流导通，减少了同步整流时负载电流流过寄生二极管所造成的损耗。

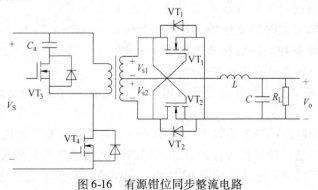

图 6-16　有源钳位同步整流电路

从图 6-17 所示波形可以看出，在整个主开关管关断期间，变压器磁心会复位。而磁复位时是依靠电容 C_a 和变压器的励磁电感完成开关管的零电流、零电压开关的。由于电容 C_a 和变压器励磁电感在谐振时会在变压器的二次侧形成一个电压，而此电压正好可作为同步整流 IGFET 的驱动电压。这个同步整流的驱动电压会和变压器的输出电压严格地同步。这样，IGFET 的体内二极管流过的电流时间就变得很短，也就降低了同步整流的损耗。

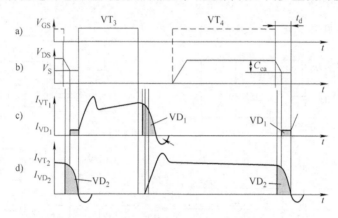

图 6-17　有源钳位同步整流波形

a）为开关管的驱动波形　b）为主开关管的漏源极之间的电压波形

c）整流管 VT_1 处的电流波形　d）整流管 VT_2 处的电流波形

五、电压外驱动同步整流技术

电压外驱动同步整流技术中 IGFET 的驱动信号需从附加的外驱动电路获得。为了实现驱动同步，附加驱动电路须由变换器主开关管的驱动信号控制，电路如图 6-18 所示。为了尽量缩短负载电流流过寄生二极管的时间，要使二次侧中的两 IGFET 能在一周期内均衡地轮流导通。即两个 IGFET 的驱动信号的占空比为 50% 的互补驱动波形。外驱动电路可以提供精确的时序，以达到上述要求。但为了避免两 IGFET 同时导通而引起的二次侧短路，应留有一定的死区时间。虽然外驱动同步整流电路比起传统的自驱动同步整流电路的效率更高，但它却要求附加复杂的驱动电路，从而会带来驱动损耗。特别在开关频率较高时，驱动电路的复杂程度和成本都较高。因此外驱动同步整流技术并不适用于开关频率很高的变换器。

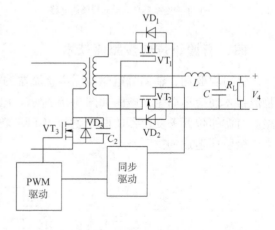

图 6-18　电压外驱动同步整流电路

为提高驱动同步整流 IGFET 的效果，现在设计了各种同步整流的控制驱动 IC。它可以将同步整流 IGFET 的栅压调校至最合适状态，同时也提高了开启关断时序的准确度。但其主要缺点在于 IGFET 的驱动脉冲由控制 IC 给出，同步整流 IGFET 的开通、关断时间会与一次侧主开关管有些时间差，因而会出现 IGFET 体内二极管先导通，IGFET 再开通的情况。

通常 IGFET 为硬开关。因而，这时对于采用同步整流的高频开关变换器的工作频率不能选的太高。太高后会引起同步整流管的开关损耗，反而会降低开关变换器的整体效率。

六、应用谐振技术的软开关同步整流技术

使用方波电压驱动 IGFET 时，由于 IGFET 的寄生电容充放电造成的损耗与频率成正比。因此在高频情况下，如 $f_s > 1\text{MHz}$，这一损耗将成为主要的损耗。使用传统的自驱动同步整流技术，寄生电容引起的损耗将会很大。而使用谐振技术，使同步整流 IGFET 两端的电压呈正弦波方式，则可以大大减少整流 IGFET 的开关损耗。采用谐振技术的软开关同步整流电路如图 6-19 所示。由于谐振电容 C_s 的加入，使得 VT_1 的寄生电容在整个周期内与 C_s 并联，VT_2 也是如此。于是，VT_1、VT_2 所有寄生电容均在一周期内与 C_s 并联，即寄生电容的能量被全部吸收进谐振电容 C_s。变压器二次侧会产生的一正弦波电压，而此正弦波电压使同步整流 IGFET 两端的电压也是正弦波，从而减少了同步整流器的损耗。

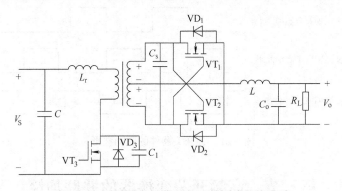

图 6-19　采用谐振技术的软开关同步整流电路

七、正激有源钳位电路的外驱动软开关同步整流技术

对正激有源钳位电路，还可以用外部驱动方式来实现同步整流 IGFET 的软开关。控制信号可以来自二次侧也可以来自一次侧，电路如图 6-20 所示，VT_2 为整流 IGFET，VT_3 为续流 IGFET。IC_2 控制同步整流，而 IC_1 为一次侧控制集成电路，将驱动信号传递至同步整流控制 IC_2 中，由 IC_2 通过信号变压器同步驱动脉冲送至同步整流驱动电路。驱动整流 IGFET 的同步脉冲延迟一点时间，这段时间内让整流 IGFET 的体二极管先行导通。而当驱动脉冲到达 IGFET 栅极时，其源极、漏极电压已达 1V，可以认为是零电压导通。当然 IGFET 体二极管导通时间越短越好。等到二次绕组反向后，关断整流 IGFET，从而消除体二极管反向恢复时间造成的损耗。续流 IGFET 的导通采用与整流 IGFET 相同的办法，即将驱动脉冲信号延迟，也令 IGFET 在源极、漏极电压在 1V 电压下导通。而关断则采用从续流 IGFET 源漏极采样的方法，当认为其电流已为 0 时，将续流 IGFET 关断，所以其为零电流关断。此外，为了减小续流 IGFET 的体二极管的导通时间，在整个续流时段内都给出驱动脉冲。采用这样的方法处理后，开关损耗就降低了，效率也有很大提高。特别是同步整流 IGFET 的体二极管，如果是快速恢复型的则效果更佳。美国凌特公司（Linear Technology Corporation，也有译为线性技术公司）的 LTC3900、美国美信公司的 MAX5058 及 MAX5059 都是最新的控制 IC 产品。图 6-21 所示为其各个开关器件的驱动波形，要注意其时间顺序。

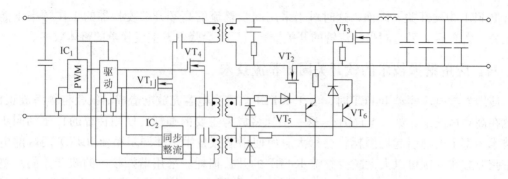

图 6-20　正激有源钳位电路的外驱动软开关同步整流电路

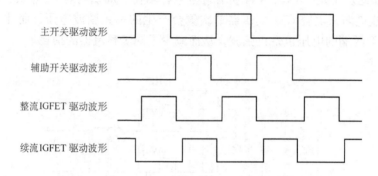

图 6-21　各开关器件的驱动波形

第三节　高频开关变换器的并联均流

大功率开关变换器有时需要多台并联使用，以满足负载功率和系统稳定供电的要求。目前，由于半导体功率器件、磁心材料等方面的原因，单个开关变换器的最大输出功率只有几千瓦。可在实际应用中，往往需用几十千瓦甚至几百千瓦以上的开关变换器为系统供电，因此要通过开关变换器的并联运行来实现。在并联系统中，每个变换器可处理较小的功率以降低应力，这样也就可以采用冗余技术来提高系统的可靠性。另外，开关变换器的并联运行是提高产品模块化、标准化，大容量化的一个有效方法，同时也是实现组合大功率电源系统的关键。

由于大功率负载需求的增加以及分布式电源系统的发展，开关变换器并联技术的重要性也日益突出。但是并联的开关变换器在模块间通常需要采用均流措施以实现并联的每个开关变换器均能在其安全的负载范围内运行，不出现过电流、过载的现象。这是实现大功率电源系统的关键，其目的在于保证每台电源应力和热应力的均匀分配，防止一台或多台模块运行在电流极限状态。因为并联运行的各个开关变换器的特性不一定完全相同，输出特性好、电压调整率小、带载能力强的变换器能承担更多的电流，而输出特性较差、电压调整率大、带载能力比较弱的变换器运行于轻载状态，其结果则加大了分担电流多的变换器的热应力，从而降低了可靠性。

现代电源系统的发展趋势是以分布式电源系统取代集中式电源系统。和集中式电源系统相比，分布式电源系统具有变换器输出功率的可扩展性强、设计易于标准化、维修简单的优点，图 6-22 所示便是有两级变换器并联的例子，首先有 m 台全桥变换器并联将 440V 电压降压成 DC48V，接着又有 n 台正激变换器并联将 DC48V 转化成 DC5V。

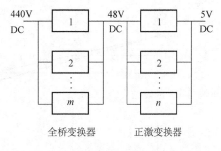

为了能使并联的每一个开关变换器能平均地输出应该输出的能量，便要采用并联均流技术。

图 6-22   分布式电源系统示意图

一、输出阻抗法并联均流技术

每个开关变换器均会存在一定的输出阻抗，表现为从变换器输出端向变换器内部所等效的阻抗，此阻抗又可称为变换器的内阻，内阻 R_o

$$= \frac{\Delta V_o}{\Delta I_o}$$

对输出电压源的变换器来说，内阻 R_o 应越小越好，越小则说明变换器的带载能力强。当变换器的内阻较大时，则在大负载或过载时其输出电压会下降，下降的幅度就取决于变换器的内阻。

因而，可以恰当地增加变换器的内阻来达到各台并联变换器均流的目的，其原理如下。

图 6-23 所示是一个变换器的输出特性，空载时输出电压为 $V_{o(max)}$，输出电流变化为 ΔI_o 时则输出电压则会下降 $\Delta U_o = R_o \Delta I_o$，其实 ΔI_o 也代表着变换器的负载调整率。

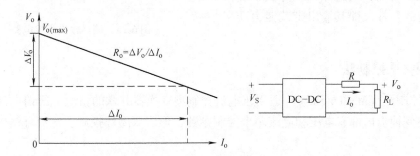

图 6-23   开关变换器的输出特性

由图 6-23 可以看出，当电流增加 ΔI_o 时，输出电压 $V_o = V_{o(max)} - R_o \Delta I_o$，对于两台并联的变换器则有

$$V_{o1} = V_{o(max)} - R_{o1} \Delta I_{o1}$$
$$V_{o2} = V_{o(max)} - R_{o2} \Delta I_{o2}$$

R_{o1}、R_{o2} 分别代表两台变换器的输出阻抗，设负载电阻为 R_L，则解得

$$I_{o1} [R_{o2} U_{o1} + (U_{o1} - U_{o2}) R_L]/R_X$$
$$I_{o2} [R_{o1} U_{o2} + (U_{o1} - U_{o2}) R_L]/R_X$$
$$R_X = R_{o1} R_{o2} + R_L (R_{o1} + R_{o2})$$

从图 6-24 看出，当负载电流 $I_L = I_{o1} + I_{o2}$ 时，负载电压为 V_o，按两个变换器的输出特性的不同，其调整率有偏差即输出特性曲线的斜率不同。此时，明显可以看出调整率好的那台变换器（斜率小）在输出相同的电压时会承担大的输出电流。为平均两台变换器的电流就必须将调整率好的那台变换器的输出阻抗调整到和另一台一样。

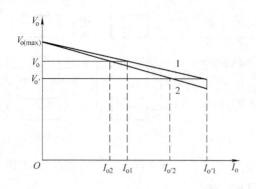
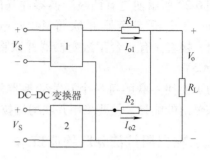

图 6-24　两台并联的变换器的输出特性

图 6-25 所示是一个调整输出阻抗的例子，R_s 是一个电流采样电阻，电流流过 R_s 则会在 R_s 上形成压降。此电流信号经放大器放大后与变换器输出电压的反馈 V_f 一起加到放大器的

输入端，与参考电压 V_r 比较后，其误差得到放大。这个放大后的误差信号就会去进行 PWM 调制以降低或增大变换器的输出电压。这样就近似地做到两个变换器输出电流的均流。

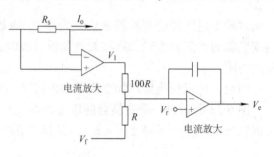

这种均流方法是利用改变变换器的输出阻抗来实现均流的，但这样也就降低了变换器输出的负载特性，即其输出带载能力会变差。

图 6-25　调整输出阻抗电路

二、主/从控制法

主/从控制法（Master/Slave）适用于电流控制型变换器并联的情况。所谓电流控制型变换器，即在变换器内部有电压和电流两个控制参数，形成双闭环控制。电流环是内环，电压环为外环。

主从控制法是在并联的变换器中人为地指定其中一个变换器为"主变换器"，而其余的变换器则跟随主变换器分配电流。图 6-26 所示为 n 个变换器并联的主从控制原理框图。

图中每个变换器均是双环控制。设变换器 1 为主变换器，按输出电压控制规律工作，其余的变换器按电流控制方式工作。V_r 为主变换器的基准参考电压，V_f 为输出反馈电压。经过误差放大

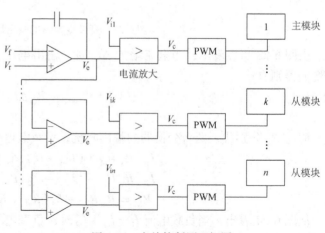

图 6-26　主从控制原理框图

器后得到误差电压 V_e。此误差电压作为主变换器的电流基准参考信号，与电流信号 V_{i1} 比较

后产生控制电压 V_c。此控制电压即可去调制 PWM 信号，产生一定的控制量。

而从变换器的电压误差放大器均接成电压跟随器的形式，各从变换器的电压误差信号均来自主变换器，所有变换器的电压误差信号均一样，各自与电流信号去比较输出控制电压，并分别去调制各自的 PWM 信号，产生各自的控制量，从而达到均流的目的。

主从法均流的主要缺点是

1）主从变换器之间要有连接线，系统较为复杂；

2）一旦主变换器失效，则整个电源系统不能工作；

3）容易受外界噪声干扰。

三、平均电流自动均流技术

这一方法要求并联的变换器的电流放大器的输出端通过一电阻 R 连接到一公共均流母线上。图 6-27 是按平均电流自动均流的控制原理图。

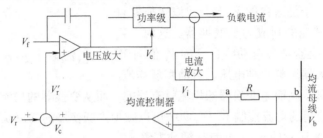

图 6-27　按平均电流自动均流控制原理图

图中，电压放大器输入为 V_r' 和反馈电压 V_f。V_r' 是基准电压 V_r 和均流控制电压 V_c 的综合，即在基准电压上加入了均流调整信号。它与 V_f 比较放大后产生控制电压 V_e，然后 V_e 去调制 PWM 产生驱动信号。V_i 为电流放大器的输出信号，与变换器的负载电流相关，V_b 为均流母线电压。

现在讨论两个变换器并联的状况，V_{i1}、V_{i2} 分别为变换器 1、2 的电流信号，都经过一阻值相同的电阻连接到母线上，因此当流入母线的电流为 0 时，可得下式

$$(V_{i1} - V_b)/R + (V_{i2} - V_b)/R = 0$$
$$V_b = (V_{i1} + V_{i2})/2$$

即母线电压 V_b 为 V_{i1}、V_{i2} 的平均值，也代表了两个变换器输出电流的平均值。

V_i 与 V_b 的电压差即代表均流误差，此误差值经过均流放大器后产生输出均流调整用的控制电压 V_c。

当 $V_i = V_b$ 时，电阻 R 上的电压为 0，则 $V_c = 0$，说明此时已均流，不需进行均流调整。

当 R 上出现电压，说明两变换器间电流分配不平均，同时平均电流放大器输出控制电压 V_c。这时，$V_r' = V_r \pm V_c$，相当于基准电压受到了不平均电流参量的调整。这样，V_r' 再和电压反馈信号一起比较放大输出控制电压信号去调整 PWM 输出，以保证输出均流的目的。

平均电流法可精确地实现均流，但在应用时也会出现如下问题：

1）当均流母线发生短路或接在母线上的任何一个变换器不能工作时，母线电压会下降，将使各变换器的输出电压降低；

2）当某变换器的电流上升到其极限值时该变换器的 V_i 会大幅度增加，也会使它的输出

电压自动调节到下限。

四、最大电流法自动均流技术

这是一种自动设定主/从变换器的方法。即在 n 个并联变换器中，输出电流最大的将自动成为主变换器。而其余的则成为从变换器。它们的电压误差依次被整定，以校正负载电流分配的不平均。

在图 6-28 中的 a、b 两点间的电阻用一个二极管代替（a 点接二极管的正极，b 点接二极管的负极）。这时，均流母线上的电压 V_b 反映的是个各并联变换器的 V_i 中的最大值。由于二极管的单向导电性，只有对电流最大的变换器，二极管才导通，a 点方能通过二极管和均流母线相连。设正常情况下，各变换器分配的电流是平均的。如果此时某一个变换器的电流突然增大，成为并联变换器中电流最大的一个，于是这台的 V_i 上升，该变换器自动成为主变换器，其他的则成为从变换器。这时，V_b = $V_{i(max)}$，而各从变换器则会自动将自己的 V_i 值与 V_b 比较，通过调整放大器调整基准电压，自动实现均流。但二极管有正向压降，因而主变换器的均流就有误差，而从变换器的均流则会很好。

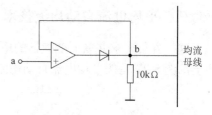

图 6-28　UC3907 IC 中的缓冲电路

美国 Unitrode 公司的均流控制 IC UC3907 可以减少主变换器的均流误差，用做缓冲器代替二极管。在图 6-28 所示的 a、b 两点接缓冲电路。

采用 UC3907 可调节并联变换器的输出电压并可实现各并联变换器的均流。UC3907 简化了并联系统的设计和调试。

五、热应力自动均流技术

热应力自动均流是按每个变换器的电流和温度实现自动均流的，图 6-29 所示是热应力法均流控制电路原理图。

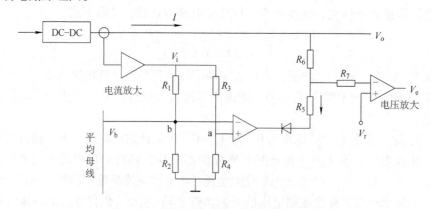

图 6-29　热应力自动均流控制电路原理图

每个变换器的负载电流经检测、放大后输出一个电压 V_i

$$V_i = KIT^a$$

式中　K，a——常数；

T——变换器的工作温度；

I——变换器的平均输出电流。

因此，每个变换器的电流和温度决定了并联变换器间的均流程度。电压 V_i 和变换器的电流成正比，加到一个电阻电桥的输入端，电桥输出 a、b 两点接到一个放大器的输入端，同时 b 点接均流母线，电阻 R_1、R_2 在这里起了加法电路和平均电路的作用。因此，母线电压 V_b 与 n 个模块平均电流成正比为

$$V_b = (V_{i1} + V_{i2} + \cdots + V_{in})/n$$

每个模块的 V_i 值，经过 R_3、R_4 分压电路，在相应的均流控制器的 a 点产生电压 V_a，这电压反映了该变换器的 iT_a 值。V_a 和 V_b 经过比较器比较，若 $V_a < V_b$，则 R_5 中的电流增大，电压放大器输出电压 V_e 也发生变化，该变换器输出电压上升，输出更多的电流，是 V_a 接近 V_b。当均流母线有故障时，电阻 R_5 限制了 V_a 偏离 V_b 的最大值，以保证系统的正常工作。

电源系统中各个并联变换器的位置不同，对流散热条件也不同，结果有的变换器的温度高，有的温度低，但按热应力自动均流则不必考虑并联变换器在电源机柜中的布置情况。

习　题

1. 对全桥整流电容滤波电路，滤波电容为 $68\mu\mathrm{F}/400\mathrm{V}$ 的电解电容，允许纹波电流为 0.6A，已知输入电压为 AC100 ～ 220V/50Hz，输出负载电阻为 $R_L = 450\Omega$，求：

(1) 计算在 AC100V/50Hz 输入时，经电容滤波后负载上的平均电压。

(2) 计算并说明在最低输入电压，最小输出负载电阻时，选择此电容值是否合适。

(3) 画出整流桥输出端的电压波形，流过整流桥的电流波形，并标明整流桥中整流二极管的电流导通角。

2. 已知 Boost 升压 PFC 电路（见图 6-30），输入电压为 AC90 ～ 240V/50Hz，输出负载为 380V/450Ω，采用比例采样差分控制法，开关工作频率设定为 40kHz，求：

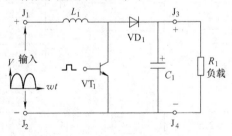

图 6-30　习题

1）设计并计算电路中电感 L 和电容 C。

2）画出最大负载，最高输入电压时，VT_1 的电压波形并标明峰值电压。

3）画出最大负载，最低输入电压时，电感 L 中的电流波形并标明峰值电流。

4）画出所采用的电感和电容的输出电压纹波波形。

5）计算并说明所选电容的合理性。

第七章　开关电源的闭环控制

开关电源是依靠调节开关管占空比 D，使输出电压在负载、输入电压变化时保持不变。这种调 D（即电压脉冲的宽窄）的方法称为脉宽调制法。还有一种调频法，是在谐振、准谐振变换器中应用。本章只涉及脉宽调制法。

本章将介绍几种脉宽调制法的集成芯片、隔离技术常用器件和方法、系统的架构、负反馈原理以及如何用状态空间平均法研究传递函数。在讨论稳定性的部分时，除了理论建模之外，还介绍实测传递函数幅频、相频响应特性的方法。在这个基础上，还将介绍误差放大器反馈网络参数的确定，以及小信号动态校正等内容。

第一节　开关电源系统的隔离技术

一、隔离技术

开关电源功率主电路往往与市电连接，但因为输出电路所接负载多是低压电器甚至便携式电器。为了保证人身和低压电器的安全，功率主电路与负载电路应该电气隔离，即两者不共地。这也常称为 OFFLine（离线）。图 7-1 所示为两个常见的隔离方案。图 7-1a 所示为主要通过 T_1、T_2 两个变压器、图 7-1b 所示为用一个变压器 T_1 和光耦合器进行隔离。

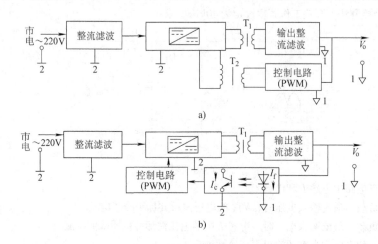

图 7-1　两种常见的隔离技术方案

a）通过两个变压器隔离　b）通过一个光耦合器和一个变压器隔离

其中光耦合器的光敏晶体管电流 I_c 与发光二极管电流 I_f 成正比。比例系数称为耦合转换系数 h。变压器一次侧与二次侧的绝缘、匝数比、耦合关系、波形畸变均要考虑。

光耦合隔离技术可以大大简化控制电路的设计（见图 7-2）。应用时，为了得到良好的输入、输出隔离，应注意以下几点：

（1）光耦合必须有一个符合地区与/或国际安全标准的击穿电压。

（2）光耦合器一般存在热平衡及漂移问题，在设计电路时要充分考虑或测定。

（3）尽可能选择 h 值高且稳定的光敏器件。

二、系统架构和负反馈

理想的控制电路，输入到输出是线性关系的。即从输入基准电压 V_{ref} 到开关电源输出电压是一个线性放大的系统。

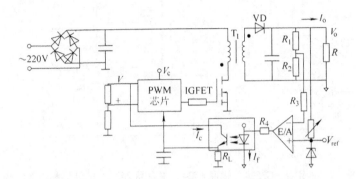

图 7-2   一个光耦合器和一个变压器实现隔离的电路

在图 7-2 中基准电压 V_{ref} 接到误差放大器（E/A）（设置在 PWM 芯片中）⊕端，开关电源输出电压 V_{o} 经 R_1、R_2 和 R_3 接至⊖端。在 E/A 输出端得到误差放大的电压，经限流电阻 R_4，形成的发光电流 I_{f}，经光耦合后 I_{c} 电流产生的 $I_{\text{c}}R_{\text{L}}$ 电压送至 PWM 控制芯片，产生功率开关管 VT 的脉冲方波。脉冲方波决定了占空比，也决定了变压器 T_1 二次侧 VD 整流电压 V_{o}。此系统是电压负反馈，当 AC 220V 和/或负载 I_{o} 变化时，经误差放大器控制占空比能使输出电压 V_{o} 不变，具有一定准确度。准确度与 E/A、V_{ref}、V_{c}、V、I_{c} 等的准确度相关，与设计更相关。

第二节   PWM 开关电源的集成电路芯片

许多集成电路已很完善，外面只需附加有限的几个元器件就可以实现 PWM 控制。

PWM 包括下面几个部分：固定频率振荡器（锯齿波），基准电源，误差放大器，脉宽调制器，电流、电压保护电路，逻辑电路，死区时间校正器，软启动电路、两路输出的晶体管电路等。

下面以 SG3524 系列产品为例进行说明。

一、SG3524 电压控制型芯片

1. 简介

这个系列代表性芯片的特点如下：

频率可调 100 ~ 450kHz/有超结温保护和过电流保护/$V_{\text{CC}} < 40V$/基准电压为 6V/输出基准电流为 50mA/输出电流（每一个）为 100mA/振荡器充电电流（⑥脚或⑦脚）为 5mA/总的静态电流 ≤10mA/内部功耗为 1W。

2. 外形、内部结构（见图7-3）和工作特性

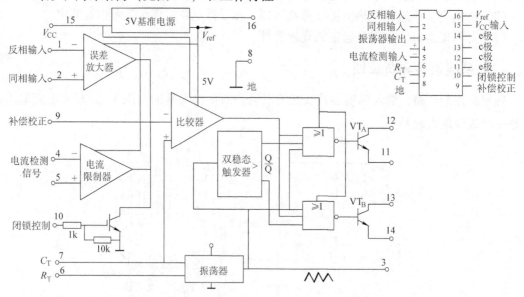

图7-3　通用品SG3524（军品1524、工业品2524）的外形和内部结构

3. 内部功能解释

（1）基准电源　基准电源输出为5V、50mA，有短路电流保护，它供芯片内部电路，同时又可作为基准电压V_{ref}（也称为主令电压）。

（2）振荡器　振荡器输出一组锯齿波，频率由外接电阻R_T电容C_T决定。电容两端有从0.6~3.5V斜向上变化的锯齿波，频率可达350kHz。常用在如下两处：

①　控制死区时间。振荡器输出脉冲送到两输出级的或非门作为封闭脉冲，以保证两组开关管不会同时导通，错位时间T_D与C_T值相关，如图7-4所示。

②　作为双稳态触发器的触发脉冲，控制两输出通道的开与关。

（3）误差放大器　由它保证闭环反馈系统的调节准确度。标称增益为80dB，由反馈或输出负载决定。放大器共模输入电压范围为1.8~3.4V。为使电源系统稳定，在⑨脚与①脚之间接RC网络，以补偿系统的幅频、相频响应特性。在⑨脚加入高电平（可取自V_{ref}）时，控制了本放大器的工作区时间。

如果作为开环系统工作，可在⑨脚加入主令控制电压。

（4）电流限制器　电流限制器输出与误差放大器的输出并联，控制脉冲的宽度。当电流限制器 ⊕ 与 ⊖ 端之间加

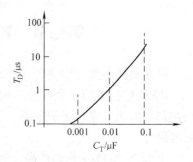

图7-4　控制死区时间

200mV的限流检测信号电压时，输出占空比下降到25%左右。检测电压再增加约5%，输出占空比为0，一般不要超过 −0.7~1.0V 的共模输入范围。

（5）闭锁控制端　利用外部电路使⑩脚为高电平时，可关闭误差放大器的输出，也可加入逐渐下降电压用于软启动设置阈值过电压保护等。

（6）比较器　C_T的锯齿波电压与误差放大器的输出电压经过比较器比较，C_T电压高于误差放大器的输出电压时，比较器输出高电平，或非门输出低电平，输出晶体管VT_A、VT_B

转为截止。

（7）触发器和或非门　经触发脉冲触发，双稳态触发器两输出端 Q 和 $\overline{Q}$ 分别交替输出高、低电平，以控制输出级或非门输入端。

（8）输出级　VT_A、VT_B 由两个中功率 NPN 管构成，每只管有抗饱和电路和过电流保护电路，每组可输出 100mA 脉冲作触发开关电源主开关管之用，组间是相互隔离的。

4. 芯片的工作过程

直流电源 V_{CC} 从⑮脚引入分为两路：一路加到或非门；另一路送到基准电压稳压器的输入端，产生稳定的 +5V 基准电压 V_{ref}，+5V 电压送到内部电路的元器件作为电源电压。

振荡器的输出分为两路：一路以时钟脉冲形式送至双稳态触发器及两个或非门；另一路⑦以锯齿波形式送至比较器的同相输入端，比较器的反相输入端接误差放大器的输出端。误差放大器实际上是个差分放大器，它有两个输入端，①脚为反相输入端、②脚为同相输入端。这两个输入端可根据应用需要进行连接。例如，一端可连到开关电源输出电压 V_o 的采样电路上（取样信号电压约为 2.5V），另一端连到⑯脚的分压电路上（应得到 2.5V 的电压）。误差放大器输出与锯齿波电压在比较器中进行比较，两者相等时，比较器的输出端电平变化，从而一个变化脉宽变为低电平，从而一个方波脉冲送到或非门的一个输入端。或非门另外两个输入端分别为双稳态触发器的 Q（或 $\overline{Q}$ 端）信号、振荡器锯齿波。最后，在晶体管 VT_A 和 VT_B 上分别出现脉冲宽度随 V_o 变化而变化的脉冲波，但两者相位相差 180°。也就是一串锯齿波与 V_o 误差值相比较，使开关晶体管 VT_A、VT_B 的控制脉冲占空比 D 被调制，从而提高 V_o 的精准度。

鉴于上述工作特点，SG3524 系列既可用于正激式、反激式开关变换器中，也可用于半桥式、桥式、推挽式开关变换器，以及步进电动机控制电路。视电路的不同，可只用一串脉冲波，也可同时用两串脉冲波。但只能构成一个电压闭环。

二、UC3846/3842 电流控制型芯片

1. 简介

一般脉宽调制器是按 V_o 反馈电压来调节脉宽的。但在电流 i_L 控制型芯片中（仍保持有电压反馈环），脉宽是按反馈电流来调节的，也就是增加一个电流内环直接按电感线圈峰值电流 i_L 大小的信号与误差放大器输出信号进行比较，从而调节占空比，使输出的电感峰值电流跟随误差电压变化而变化。由于结构上同时有电压环、电流环，因此无论开关变换器的电压调整率、负载调整率和瞬态响应性能都有提高。它是目前较理想的新型调制器，这种调制器芯片典型型号为 UC3846。

2. UC3846（16 引脚脉宽调制器）

振荡器的频率由 $R_T C_T$ 值设定。R_T 为 $1 \sim 500\text{k}\Omega$ C_T 约 100pF，C_T 增大可增大锯齿波下降时间，即增大死区时间。

（1）工作原理及框图

UC3846 的内部结构框图如图 7-5 所示。它专门设置了一个电流测定放大器，增益为 3。E/A 为误差放大器，输出经二极管 VD 和 0.5V 偏压后送至比较器反相输入端，比较器同相输入端为放大 3 倍后的电流测定信号。

（2）各环节功能

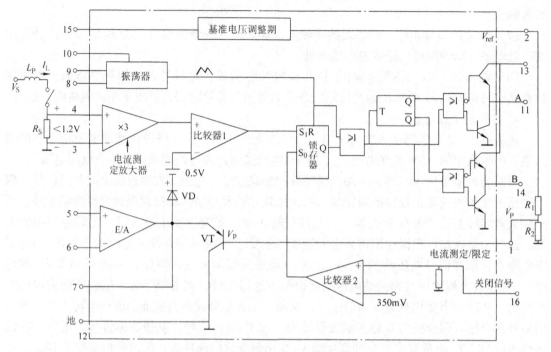

图 7-5　UC3846 的内部结构框图

比较器 1 后设一个锁存器。⑯脚的关闭信号与 350mV 电压在比较器 2 比较后，也送到锁存器 S_0。锁存器复位时钟脉冲是锯齿波。①脚电流测定/限定电平可用外电路 R_1R_2 限定，由它影响误差放大器（E/A）电压输出值。由于振荡器频率可达 1MHz，A、B 输出端的工作频率各可达 500kHz。

电流测定放大器输出由内电路限定在 3.5V，因此电流测定信号输入最大电压值为 $(3.5/3)$ V ≈ 1.2V 之内。据此可以选定电流测定环节参数。当用电阻测定电流时，所需电阻阻值 $R_s \approx \dfrac{1.2\text{V}}{I_{pk}}$，$I_{pk}$ 即电感电流的峰值。一般用在峰值电流控制模式。

如果电感电流有瞬间尖峰，则应加入小电容-电阻进行滤除，以便对每个尖峰进行监测，因此它是每周控制电流的芯片。

使用 R_s、R_1、R_2 元件对电流测定/限定调整工作原理如图 7-5 所示。基准电压 V_{ref} 经 R_1、R_2 到地，①脚 $V_p = R_2V_{ref}/$ $(R_1 + R_2)$。当 E/A 输出电压为 $V_p + 0.5$V（0.5V 为发射极-基极压降）时，晶体管 VT 导通。这样，①脚的 V_p 调定了限幅值。此限幅值的 1/3 即应为电流测定电阻 R_s 的电压值 I_LR_S，即

$$I_LR_S = (V_p + 0.5)\ /3$$

这些值送到比较器 1，当比较器⊕、⊖端相等时，输出为 0V 至 S_1 端，两路输出脉宽全部为 0。

3. UC3842（8 引脚脉宽调制器）

在要求不高，例如开关电源功率又较小时，常使用 UC3842。例如，它用于单端反激变换器（<100W），或用于正激变换器（100~1000W）。其优点是外接元器件少、电路简单、可靠性高、成本低。

（1）工作原理框图

图 7-6 所示为 UC3842 的内部结构框图。④脚接 C_T，④与⑧脚之间接 5kΩ，则 $f_S = 1.8/R_TC_T$。

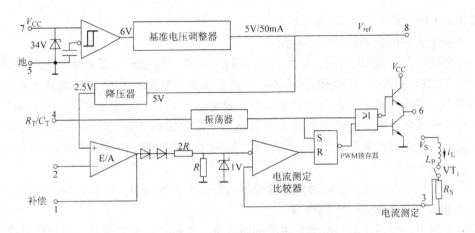

图 7-6 UC3842 的内部结构框图

芯片工作电源电压 V_{CC} 为 8~40V，基准电压为 5V，带载能力为 50mA。⑥脚为推挽晶体管输出端，有拉、灌电流的能力。可以使用 E/A 构成电压闭环，电感电流 i_L 在 R_S 上形成的压降作为电流测定的信号送入电流测定比较器，构成每周监控的电流闭环。使用简单和直接。

（2）优点

1）电压调整率（抗进线电压波动能力）很好。利用这种型号的调制器可达到较高的调整率指标，其原因是电压 V_S 波动能立即在电感电流变化上有反应变化。

2）负载调整率改善明显。因为误差放大器（E/A）可专门用于控制占空比，能适应负载变化造成的输出电压变化，负载调整率好。甩载时输出电压 V_o 的跳升明显减小。

3）误差放大器（E/A）补偿电路（①、②脚间 RC 电路）简化，频响特性好，稳定裕度大。由于电感电流是振荡的，整个电路可以当成一个误差电压控制的电流源，稳定裕度大，频率响应特性改善。

4）过电流限制特性好。从外接的 R_S 测得的电流峰值信号快速参与当前工作周波的占空比控制，因此能实现当前工作周波的电流限制。

5）过电压保护和欠电压锁定功能好。当工作电压 $V_{CC} > 34V$ 时，稳压管稳压使内部电路在小于 34V 下可靠工作。当欠电压时有锁定电路，其开启阈值电压为 16V，关闭阈值为 10V。在 $V_{CC} < 16V$ 时，空耗电流为 1mA。

UC3842 的输出级输出平均电流值为 ±200mA，最大峰值电流为 ±1A。使输出端关闭有两种方法：一是将③脚电压升到 1V 以上，二是将①脚降低到 1V 以下。上述两种方法都使电流测定比较器输出高电平，PWM 锁存器复位，从而关闭了输出端，直至下一个时钟脉冲将 PWM 锁存器置位为止。

（3）驱动电路

⑥脚经电阻后接栅极，驱动 IGFET、IGBT 均可。对 IGFET 来说，工作频率可高达 500kHz，对 IGBT 视具体管型作一定降低。

三、集成控制芯片的发展

上面介绍了电压控制模式和电流控制模式，构成一个电压反馈或同时有电流反馈闭环，来调整占空比 D。作为控制器，还有调 D 同时也可调 f_S 的，如 MM44603。应用时，可参考其他资料。下面讨论一下 IC 的发展趋式。

1. 专用芯片在特定的拓扑中的应用

要认真挑选 IC。例如，应用于 N 沟道 IGFET 芯片，能把磁心复位释放能量重新利用（直接送至负载）有些 IC 二次侧采用 IGFET 同步整流可降低反向恢复电流从而提高效率。IC 应用得当在零电压软开关有源钳位电路中，效率高达 93%，功率密度达 2.5W/cm³。

针对某些场合，如二次侧为低压大电流输出、漏感影响明显的电路，研究成功了特定 IC，可设定二次侧同步整流工作点，对开通、关断时间可运行中微调，因此效率得到进一步提高，达到 95%。

对全桥移相零电压软开关控制的漏感引起占空比丢失的问题，也有某些 IC 可以解决。

2. 重视实用技术使某一性能提高

实际应用中，控制技术与检测技术要同时并举。例如在同步整流时，用自适应控制、在线控制确定 IGFET 的开启和关闭时间，目的是去除小的谐振振荡和尖峰波等免除占空比波动或重叠。利用对称型控制技术，能准确地实现一次侧与二次侧的同步整流，或实现上、下桥臂软开关动作互不相关、彼此不影响等，从而把效率进一步提高。

电感电流连续与不连续工作状态是开关电源强非线性特性最强烈体现。它给设计和校正调试增添了最大困难。可以预见和设想使用全数字控制，设计一个专用 IC，应用在这个场合，把两个状态变化通过数字芯片连接成一个平台，是有充分需要和可能的。

3. 数字控制

模拟控制的高频开关变换器一直是市场的主流产品。随着数字化的推广，数字控制高频开关变换器也在推广。相关数字控制产品轻薄精巧。

数字技术，通过软件编程使高频开关变换器增加监察、记忆、遥控、通信、自诊断功能，开关电源应用场合更加扩大。在产品建档、性能管理、远程诊断都会带来降低维修费用。由于用软件替代了硬件，节省了材料，成本下降。用数字控制实现多开关变换器并联、串联的均流、均压、排序。在景观、照明、典礼时控制声、光一体化经常被采用。但是这要求开关变换器工程师同时也是软件工程师。

第三节　状态空间平均法的动态理论和参数

闭环控制分析要建立模型，要研究模型在各种正弦频率信号作用下输出的幅值和相位是怎样变化。建立模型的困难在于开关变换器是强非线性系统，同样原理的变换器工作在 t_{on}、t_{off} 中工作电路不一样；电路一样，电感电流有连续、不连续的工作状态，其实际工作电路也是不一样；滤波电容、电感有无寄生电阻又不一样；甚至负载变化也会不一样等。这些给如何建立标准统一的等效模型增加了不少困难。但从头了解原理，也就不难。

一、开关变换器小信号分析

1. 用电感电流连续状态空间平均法推得基本状态平均方程组

它是既有理论分析，又对工程设计有实用价值的方法，经 R. D. Middlebrook 等提出并不断完善，被认为是目前相对较好的分析法。后出现的平均电路法，也可获得相同结果，仿真中有应用，篇幅所限不作介绍。

在电感电流连续的 PWM 型变换器中，设晶体管导通占空比为 D，可用下列状态方程组来描述其导通、截止两种工作状态（如果是电感电流不连续则有三组方程，在此略去）。为了考虑动态中占空比是变动的，特用小写 d 来表示。

在 t_{on}（$0 \leq t \leq dT_s$）其间，有方程组

$$\dot{\boldsymbol{X}} = \boldsymbol{A}_1 \boldsymbol{X} + \boldsymbol{B}_1 V_S$$
$$\boldsymbol{Y} = \boldsymbol{C}_1^T \boldsymbol{X} \tag{7-1}$$

在 t_{off}（$dT_s \leq t \leq T_s$）其间，有方程组

$$\dot{\boldsymbol{X}} = \boldsymbol{A}_2 \boldsymbol{X} + \boldsymbol{B}_2 V_S$$
$$\boldsymbol{Y} = \boldsymbol{C}_2^T \boldsymbol{X} \tag{7-2}$$

式中 $\boldsymbol{X}$——状态变量，一般为电感电流 i_L、电容电压 V_C；

                          V_S——输入变量；

                          $\boldsymbol{Y}$——输出变量，一般为 V_o、电流 i_s 或其他；

$\boldsymbol{A}_1$、$\boldsymbol{A}_2$、$\boldsymbol{B}_1$、$\boldsymbol{B}_2$、$\boldsymbol{C}_1^T$、$\boldsymbol{C}_2^T$——相应的系数矩阵，与电路结构、参数有关。

有了上述方程式，可以利用边界条件求出任一次开关时的输出量。但是开关往往要动作几十甚至几百次才能完成一次调整过程，所以这样计算工作量太大，显得不实用。

如果把式（7-1）和式（7-2）两个状态相关系数矩阵作加权处理，将得到一组新方程。考虑到晶体管导通占空比为 d_1，二极管导通占空比为 d_2，按占空比为权影响这两组方程时，即可求得一组基本的状态变量按权平均的新方程组：

$$\dot{\boldsymbol{X}} = (d_1 \boldsymbol{A}_1 + d_2 \boldsymbol{A}_2) \boldsymbol{X} + (d_1 \boldsymbol{B}_1 + d_2 \boldsymbol{B}_2) V_S$$
$$\boldsymbol{Y} = (d_1 \boldsymbol{C}_1^T \boldsymbol{X}) + (d_2 \boldsymbol{C}_2^T \boldsymbol{X}) \tag{7-3}$$

式中 $d_2 = 1 - d_1$；

      $\boldsymbol{X}$——占空比的状态变量平均值。

2. 施加扰动

在稳态下对基本状态平均方程组施加扰动时，令瞬时值为稳态值加上扰动值之和

$$
\begin{aligned}
\text{各瞬值为} \quad v_S &= V_S + \hat{v}_S \\
d_1 &= D_1 + \hat{d}_1 \\
d_2 &= D_2 - \hat{d}_2 \\
x &= X + \hat{x} \\
y &= Y + \hat{y}
\end{aligned}
\right\} \tag{7-4}
$$

式中 $\hat{v}_S$、$\hat{d}_1$、$\hat{d}_2$、$\hat{x}$、$\hat{y}$——对应直流分量 V_S、D_1、D_2、X、Y 的扰动量。扰动量远小于直流分量。

将式（7-4）代入式（7-3）展开，并设定 T_s 内变化绝对值相同 $|\hat{d}_1| = |\hat{d}_2| = \hat{d}$，并把二阶微小信号 $\hat{d}\hat{x}$，$\hat{d}\hat{v}_S$ 忽略（即线性化），然后归化成两组方程，即

稳态方程
$$
\begin{cases}
\boldsymbol{AX} + \boldsymbol{B} V_S = 0 \\
\boldsymbol{Y} = \boldsymbol{C}^T \boldsymbol{X}
\end{cases} \tag{7-5}
$$

扰动方程
$$\begin{cases} \dfrac{\mathrm{d}\hat{x}}{\mathrm{d}t} = A\,\hat{x} + B\hat{v}_\mathrm{S} + \big[\,(A_1 - A_2)X + (B_1 - B_2)V_\mathrm{S}\,\big]\hat{d} \\ \hat{y} = C^\mathrm{T}\hat{x} + (C_1^\mathrm{T} - C_2^\mathrm{T})X\,\hat{d} \end{cases} \tag{7-6}$$

式中　$A = D_1 A_1 + D_2 A_2$；

　　　$B = D_1 B_1 + D_2 B_2$；

　　　$C^\mathrm{T} = D_1 C_1^\mathrm{T} + D_2 C_2^\mathrm{T}$。

式（7-6）即为动态低频小信号状态平均方程，是一个线性非时变方程。将它转至 s（s 是拉普拉斯算子）域时有

$$\begin{cases} s\,\hat{x}(s) = A\,\hat{x}(s) + B\hat{v}_\mathrm{S}(s) + \big[\,(A_1 - A_2)X + (B_1 - B_2)V_\mathrm{S}\,\big]\hat{d}(s) \\ \hat{y}(s) = C^\mathrm{T}\hat{x}(s) + (C_1^\mathrm{T} - C_2^\mathrm{T})X\,\hat{d}(s) \end{cases} \tag{7-7}$$

解式（7-7）得

$$\begin{cases} \hat{x}(s) = (sI - A)^{-1}B\hat{v}_\mathrm{S}(s) + (sI - A)^{-1}\big[\,(A_1 - A_2)X + (B_1 - B_2)V_\mathrm{S}\,\big]\hat{d}(s) \\ \hat{y}(s) = C^\mathrm{T}(sI - A)^{-1}B\hat{v}_\mathrm{S}(s) + \big\{ C^\mathrm{T}(sI - A)^{-1}\big[\,(A_1 - A_2)X \\ \qquad\qquad + (B_1 - B_2)V_\mathrm{S}\,\big] + (C_1^\mathrm{T} - C_2^\mathrm{T})X \big\}\hat{d}(s) \end{cases} \tag{7-8}$$

式中　I——单位矩阵。

由式（7-8）令某一（例如 $\hat{d}(s) = 0$）为 0 时，可得四个传递函数表达式

例如，其中两式为　　　$\dfrac{\hat{x}(s)}{\hat{v}_\mathrm{S}(s)}\Big|_{\hat{d}(s)=0} = (sI - A)^{-1}B$ $\tag{7-9}$

$$\dfrac{\hat{y}(s)}{\hat{d}(s)}\bigg|_{\hat{v}_\mathrm{S}(s)=0} = C^\mathrm{T}(sI - A)^{-1}\big[\,(A_1 - A_2)X + (B_1 - B_2)V_\mathrm{S}\,\big] + (C_1^\mathrm{T} - C_2^\mathrm{T})X$$

据此，依自动控制理论可以绘出 $\dfrac{\hat{x}(s)}{\hat{v}_\mathrm{S}(s)}\Big|_{\hat{d}(s)=0}$ 和 $\dfrac{\hat{y}(s)}{\hat{d}(s)}\Big|_{\hat{v}_\mathrm{S}(s)=0}$ 的伯德图，并且对系统进行校正。

另外，从式（7-5）可解得稳态值

$$\begin{aligned} X &= -A^{-1}BV_\mathrm{S} \\ Y &= -C^\mathrm{T}A^{-1}BV_\mathrm{S} \end{aligned} \tag{7-10}$$

式（7-9）和式（7-10）就是状态空间平均方程的小信号动态解和稳态解。它以解析式形式描述了低频小信号扰动下的特性。

如果，以 $V_\mathrm{S} + \hat{v}_\mathrm{S}$ 为电源电压，$V_\mathrm{o} + \hat{v}_\mathrm{o}$ 为输出电压，可以绘出状态空间平均法等效电路。用等效电路能更加结合开关电源的输出滤波器情况，处理方法也更加直观，下面介绍此方法。

3. 电流连续时的平均等效电路标准化模型

研究预定目标使 Buck、Boost、Buck-Boost 和 Cuk 四种基本变换器有统一的等效电路标准化电路模型。

四个变换器的标准化模型（即小信号方程及等效电路），其结构都是相同的。不同的是，电路中各元器件值及电路方程中所对应的常数值。

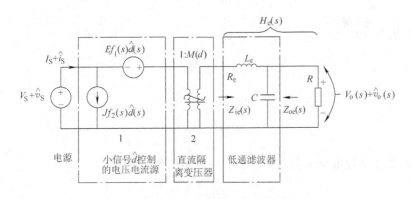

图 7-7 工作在连续状态下变换器的小信号标准化模型

注：图中的变压器图形符号是业内常用的代表理想（频带无限宽）直流隔离变压器电压比为 $1:M(\hat{d})$ 图形符号。

可用标准的常用模型线性电路理论来计算断续开关电路的小信号闭环参数值 $\hat{v}_s(d)$、$\hat{v}_o(d)$。为方便起见，图 7-7 中各元器件的参数以复频特性（即 s 的函数）或标量 $M(d)$ 的形式来表示。在推导公式时为了进一步简化方程式，以下均略去 s，如将 $\hat{i}_s(s)$ 写成 $\hat{i}_s$、$\hat{d}(s)$ 写成 $\hat{d}$。

可以看到，图 7-7 将电路分成三部分，每个部分表示了开关电源的固有特性。第 1 部分表示设定各种串联、并联的"源"与小信号 $\hat{d}$ 的控制特性；第 2 部分表示直流隔离变压器模型，其匝比设定为电压比即电压增益 $M(d)$，而且交流到直流全频率可以传递模型，为此在一、二次绕组上加上符号≃表示此模型是理想化的；第 3 部分表示开关电源所用的低通滤波器网络，其参数为 $H_e(s)$。

实际应用中，低通滤波网络 $H_e(s)$ 可能会变得很复杂。但是，可以用输入-输出电压传递函数 H_e、输入阻抗 Z_{ie} 及输出阻抗 Z_{oe} 来表示其特性。注意，变换器的负载电阻 R 应包括在 H_e 和 Z_{ie} 中。另外，通过图 7-7 所示的第 2 部分直流隔离变压器函数的转换，电源的阻抗也包含在 Z_{oe} 中。这样，在设计开关变换器电路时，所有变换器将有一个惟一确定的模型。这一点是十分有用的，其理由有如下三点：

1）适应越来越多应用计算机进行电路仿真的情况。使用图 7-7 所示的标准化模型所建立的统一模型时，只需要写一种结构模型计算分析程序即可。

2）通过计算可得各元器件值，并可以很方便地看出变换器在小信号特性方面的差别。

3）在给定滤波器纹波值后，很容易进行滤波器的设计优化，确定低通滤波器参数。

4. 确定标准化模型中元器件的参数。

对于图 7-7 所示的标准化模型，电路扰动分量方程式为

$$\hat{v}_o = (\hat{v}_s + Ef_1\hat{d})MH_e = MH_e\hat{v}_s + Ef_1MH_e\hat{d} = G_{V_s}\hat{v}_s + G_{V_d}\hat{d} \tag{7-11}$$

$$\hat{i}_S = Jf_2\hat{d} + (Ef_1\hat{d} + \hat{v}_s)\frac{M^2}{Z_{ie}} = \frac{M^2}{Z_{ie}}\hat{v}_s + \left(Jf_2 + \frac{M^2Ef_1}{Z_{ie}}\right)\hat{d} = G_{is}\hat{v}_s + G_{id}\hat{d} \tag{7-12}$$

式中　$G_{V_s} = MH_e$；

$G_{V_d} = Ef_1MH_e$；

$G_{is} = \dfrac{M^2}{Z_{ie}}$；

$$G_{id} = Jf_2 + \frac{Ef_1 M^2}{Z_{ie}}。$$

由此可知
$$Ef_1 = \frac{G_{vd}}{G_{vs}} \tag{7-13}$$

$$Jf_2 = G_{id} - EfG_{is} \tag{7-14}$$

$$H_e = \frac{G_{vs}}{M} \tag{7-15}$$

理想的开关变换器电压增益式在本书第一章中已确定，即
$$M = \frac{V_o}{V_S} \tag{7-16}$$

如果定义 $S = 0$ 时 f_1、f_2 为
$$f_1(0) = f_2(0) = 1 \tag{7-17}$$

那么，标准化模型中的 E 和 J 就可以确定了。

例1 求图7-8所示的理想降压-升压变换器各个参数。这里占空比用 D 表示。

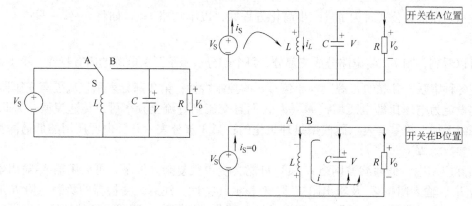

图7-8　降压-升压变换器在连续状态下的等效电路

把状态空间平均方法用到这两个网络，从直流分量来说，$V_S D_1 T_S = -V_o D_2 T_S$，所以有
$$M = \frac{V_o}{V_S} = -\frac{D_1 T_S}{D_2 T_S} = -\frac{D_1}{D_2} \tag{7-18}$$

上式清楚地表明了变换器的反向特性。这个开关电路平均小信号 $L\frac{\mathrm{d}i}{\mathrm{d}t}$、$C\frac{\mathrm{d}u}{\mathrm{d}t}$ 的回路方程式化简后得：

$$\frac{\mathrm{d}\hat{i}}{\mathrm{d}t} = \frac{D_2}{L}\hat{v}_S + \frac{D_1}{L}\hat{v}_S - \frac{V_o}{LD_1}\hat{d}$$

$$\frac{\mathrm{d}\hat{v}}{\mathrm{d}t} = -\frac{D_2}{C}\hat{i} - \frac{1}{RC}\hat{v} - \frac{V_o}{D_2 RC}\hat{d}$$

$$\hat{v}_o = \hat{v}$$

$$\hat{i}_S = \hat{i}D_1 - \frac{V_o}{RD_2}\hat{d}$$

现在，可把这些方程式转换成复频特性的形式。$\hat{v}_o$、$\hat{i}_S$ 为

$$\hat{V}_o = -\frac{D_1}{D_2}\left(\frac{1}{1+s\dfrac{L_e}{R}+s^2L_eC}\right)\hat{v}_S + \frac{V_o}{D_1D_2}\left(\frac{1-sL_e\dfrac{D_1}{R}}{1+s\dfrac{L_e}{R}+s^2L_eC}\right)\hat{d}$$

$$\hat{i}_S = \frac{D_1^2}{D_2^2R}\left[\frac{1+sRC}{1+s\dfrac{L_e}{R}+s^2L_eC}\right]\hat{v}_S - \frac{V_o}{D_2^2R}\left[\frac{1+D+sRC}{1+s\dfrac{L_e}{R}+s^2L_eC}\right]\hat{d}$$

式中

$$L_e = \frac{L}{D_1^2}$$

利用式（7-13）~式（7-18），可以求得电路元器件参数如下：

$$E = \frac{-V_o}{D_1^2}$$

$$f_1 = 1 - \frac{sL_eD_1}{R}$$

$$f_2 = 1$$

$$J = -\frac{V_o}{D_2^2R}$$

$$H_e = \frac{1}{1+s\dfrac{L_e}{R}+s^2L_eC}$$

例题演示完毕。请读者把上述参数填入表7-1空格中。

值得注意的是，传递函数 H_e 是 LC 低通滤波器中电感和电容的函数，负载电阻 R 影响着参数值 f_1、J、H_e 等。此式表明，L_e、C、R 均直接影响着稳定性。C 和 L 的影响（包括有无考虑寄生电阻）很大，稍后在画波德图时再作分析。

表 7-1　Buck-Boost、Buck、Boost 变换器元器件参数值（连续状态）

	M	E	J	L_e	C_e	f_1	f_2	H_e
Buck-Boost								
Buck	D_1	$\dfrac{V_o}{D_1^2}$	$\dfrac{V_o}{R}$	L	C	1	1	$\dfrac{1}{1+s\dfrac{L_e}{R}+s^2L_eC}$
Boost	$\dfrac{1}{D_2}$	V_o	$\dfrac{V_o}{D_2^2R}$	$\dfrac{L}{D_2^2}$	C	$1-\dfrac{sL_e}{R}$	1	$\dfrac{1}{1+s\dfrac{L_e}{R}+s^2L_eC}$

还有其他变换器（例如 Cuk）以及其他工作状态（例如 i_L 不连续）的参数值可参考其他文献（如参考文献 [1]）。

5. 小信号模型的使用

根据表 7-1Buck-Boost 标准模型和元器件参数值可以导出静态和动态特性及动态小信号传递函数特性。

（1）特性

① 静态特性如（7-18）式；

② 动态特性

列出动态输出与动态输入分量，当 $\hat{d}=0$ 时，其比值为

$$\left.\frac{\hat{v}_o}{\hat{v}_S}\right|_{\hat{d}=0} = -\frac{D_1}{D_2}H_e = -\frac{D_1}{D_2}\frac{1}{1+s\frac{L_e}{R}+s^2L_eC}$$

又有动态电压方程 $\left[\hat{v}_s - \frac{V_o}{D_1^2}\left(1-\frac{sL_eD_1}{R}\right)\hat{d}\right]\left(-\frac{D_1}{D_2}H_e\right)=\hat{v}_o$，当 $\hat{v}_S=0$ 时

则有

$$\left.\frac{\hat{v}_o}{\hat{d}}\right|_{\hat{v}_S=0} = -\frac{D_1}{D_2}H_e\left[-\frac{V_o}{D_1^2}\left(1-s\frac{L_e}{R}D_1\right)\right] = \frac{V_o}{D_1D_2}\frac{1-s\frac{L_e}{R}D_1}{1+s\frac{L_e}{R}+s^2L_eC}$$

由上两式可知，第一个传递函数有两个极点；第二个传递函数有一个零点，两个极点。

（2）开环输入阻抗 Z_{io}

$$Z_{io}=\left.\frac{\hat{v}_S}{\hat{i}_S}\right|_{\hat{d}=0}=\left(\frac{D_2}{D_1}\right)^2\frac{1+s\frac{L_e}{R}+s^2L_eC}{1+sRC}$$

（3）开环输出阻抗 Z_{oo}（见图7-9）

$$Z_{oo}=\left.\frac{\hat{v}_o}{\hat{i}_g}\right|_{\hat{d}=v_S=0}=\frac{1}{\frac{1}{R}+sC+\frac{1}{sL_e}}=\frac{sL_e}{1+s\frac{L_e}{R}+s^2L_eC}$$

Z_{oo} 有一个微分、两个极点。

输入阻抗在设计直流隔离变压器时有用，输出阻抗在计算纹波电压时有用。使用时可用线性电路理论和方法来计算非线性工作开关电路。也就是说有了主回路标准模型，并且求出参数值，推出传递函数之后，可仿照自动控制原理方法，在频域上进行系统判稳和校正。下面用例题再推进一步。

图7-9 求输出阻抗电路

例2 求图4-4所示的反激变换器状态变量 ϕ、V_o 方程组的静态特性 $\frac{V_o}{V_S}$、$\frac{\phi}{I_o}$ 和 $\left.\frac{\hat{v}_o}{\hat{v}_S}\right|_{\hat{d}=0}$

$\left.\frac{\hat{\phi}}{\hat{v}_S}\right|_{\hat{d}=0}$ 等小信号方程已知 $V_S=20V$、$V_o=10V$、$N_p=20$、$N_s=10$、$I_o=2A$、$C=500\mu F$

解：在 D_1T_S 时

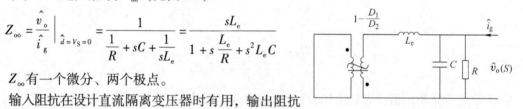

$$\frac{d\phi}{dt}=\frac{V_S}{N_p},\frac{dV_o}{dt}=-\frac{V_o}{CR},\left|\begin{array}{c}\dot{\Phi}\\\dot{V}_o\end{array}\right|=\left|\begin{array}{cc}0&0\\0&-\frac{1}{CR}\end{array}\right|\left|\begin{array}{c}\phi\\V_o\end{array}\right|+\left|\begin{array}{c}\frac{1}{N_p}\\0\end{array}\right|V_S$$

在 D_2T_S 时

$$\frac{d\phi}{dt}=-\frac{V_o}{N_s},\frac{dV_o}{dt}=-\frac{V_o}{CR}+\frac{N_s\phi}{CL_s},\left|\begin{array}{c}\dot{\phi}\\\dot{V}_o\end{array}\right|=\left|\begin{array}{cc}0&-\frac{1}{N_s}\\\frac{N_s}{CL_s}&-\frac{1}{CR}\end{array}\right|\left|\begin{array}{c}\phi\\V_o\end{array}\right|$$

按 D_1、D_2 为权的状态变量方程组为 $\begin{vmatrix} \dot{\phi} \\ \dot{V}_o \end{vmatrix} = \begin{vmatrix} 0 & -\dfrac{D_2}{N_s} \\ \dfrac{N_s D_2}{CL_S} & -\dfrac{1}{CR} \end{vmatrix} \begin{vmatrix} \phi \\ V_o \end{vmatrix} + \begin{vmatrix} \dfrac{D_1}{N_p} \\ 0 \end{vmatrix} V_S$

令 $\begin{vmatrix} \dot{\phi} \\ \dot{V}_o \end{vmatrix} = 0$ 得直流静态特性为

$$0 = -\frac{D_2}{N_s}V_o + \frac{D_1}{N_p}V_S, \quad 得\frac{V_o}{V_S} = \frac{N_s}{N_p}\frac{D_1}{D_2}; \qquad 0 = \frac{N_s D_2 \phi}{CL_S} - \frac{V_o}{CR}, \quad 得\phi = \frac{L_S}{D_2 N_s}I_o$$

对方程施加低频小信号拢动时,有

$$\begin{vmatrix} (\phi + \hat{\phi})^{\cdot} \\ (V_o + \hat{v}_o)^{\cdot} \end{vmatrix} = \begin{vmatrix} 0 & -\dfrac{D_2 - \hat{d}}{N_s} \\ \dfrac{N_s(D_2 - \hat{d})}{CL_S} & -\dfrac{1}{CR} \end{vmatrix} \begin{vmatrix} \phi + \hat{\phi} \\ V_o + \hat{v}_o \end{vmatrix} + \begin{vmatrix} \dfrac{D_1 - \hat{d}}{N_p} \\ 0 \end{vmatrix} |V_S + \hat{v}_S|$$

忽略稳态量,化简后得

$$\begin{vmatrix} \dot{\hat{\phi}} \\ \dot{\hat{v}}_o \end{vmatrix} = \begin{vmatrix} 0 & -\dfrac{D_2}{N_s} \\ \dfrac{N_s D_2}{CL_S} & -\dfrac{1}{CR} \end{vmatrix} \begin{vmatrix} \hat{\phi} \\ \hat{v}_o \end{vmatrix} + \begin{vmatrix} \dfrac{D_1}{N_p} \\ 0 \end{vmatrix} \hat{v}_S + \left[\begin{vmatrix} 0 & \dfrac{1}{N_s} \\ -\dfrac{N_s}{CL_S} & 0 \end{vmatrix} \begin{vmatrix} \phi \\ V_o \end{vmatrix} + \begin{vmatrix} \dfrac{1}{N_p} \\ 0 \end{vmatrix} V_S \right] \hat{d}$$

转变为拉氏方程为

$$\begin{cases} s\hat{\phi}(s) = -\dfrac{D_2}{N_s}\hat{v}_o(s) + \dfrac{D_1}{N_p}\hat{v}_S(s) + \left(\dfrac{V_o}{N_s} + \dfrac{V_S}{N_p}\right)\hat{d}(s) \\[3mm] s\hat{v}_o(s) = \dfrac{N_s D_2}{CL_S}\hat{\phi}(s) - \dfrac{1}{CR}\hat{v}_o(s) - \dfrac{N_s}{CL_S}\phi\,\hat{d}(s) \end{cases}$$

式中,V_o、ϕ、D_1、D_2 是直流工作点。

当 $\hat{d} = 0$ 时

$$\begin{cases} s\hat{\phi}(s) = -\dfrac{D_2}{N_s}\hat{v}_o(s) + \dfrac{D_1}{N_p}\hat{v}_S(s) \\[3mm] s\hat{v}_o(s) = \dfrac{N_s D_2}{CL_S}\hat{\phi}(s) - \dfrac{1}{CR}\hat{v}_o(s) \end{cases} \qquad 消去\,\hat{\phi}(s)\,后化简$$

$$\frac{\hat{v}_o(s)}{\hat{v}_S(s)} = \frac{N_s D_1 D_2}{\left(s^2 + \dfrac{S}{CR} + \dfrac{D_2^2}{CL_S}\right)CL_S N_p}$$

同理可求出 $\left.\dfrac{\hat{v}_o}{\hat{d}}\right|_{\hat{v}_S = 0}$, $\quad \left.\dfrac{\hat{\phi}}{\hat{v}_S}\right|_{\hat{d} = 0}$, $\quad \left.\dfrac{\hat{\phi}}{\hat{d}}\right|_{\hat{v}_S = 0}$。

进一步可求得幅频、相频与 $\omega(f)$ 的关系,进行判稳,这些都用上了自控原理。

第四节　开关电源系统稳定和校正

小信号平均法是把非线性系统线性化后，在平衡之后作微小拢动讨论它的稳定性的。在实际工作中，出现大拢动时，响应特性会有较大差别。原因是影响因素较多，如主回路开关非线性，控制调制器、E/A 的非线性和保护环节作用点（死区、饱和区）等。这些大信号作用是不能作为小拢动去研究的。研究这些问题，归纳为"大信号分析"，在此篇幅所限，不再介绍。

下面介绍以变换器为主体构建的开关电源系统的稳定条件，以及仪表如何使用和如何进行开关电源系统的稳定和校正。

一、开关电源系统的稳定条件

由上文可知，开关电源中的滤波器与可变负载电阻组成二阶带阻尼系数振荡系统，在占空比控制开关动作强非线性闭环后，系统的快速性、稳定性要满足工艺要求是不容易的。它的稳定条件有三个要点。

（1）图 7-7 所示模型表明，把负载 R 放到 $H_e(s)$ 中的 Z_{ie} 和 Z_{oe} 中，表 7-1 表明当 D_1、D_2、R、L_e、C 变换器元件参数值不同时，则数学模型不同，传递函数不同，零点、极点个数和位置都不同。

（2）不管有哪些不同，为了系统的稳定，在系统截止频率 f_c 点的开环增益幅频特性 $L(\omega)$ 应该用 $-20\text{dB}/10$ 倍频程穿越 0dB 线，并且保持 $-20\text{dB}/10$ 倍频程斜率有一定频段宽度 h，$h = f_2/f_1 \geqslant 10$。

（3）$-20\text{dB}/10$ 倍频程段对应的相频特性 $\varphi(\omega)$，在对应点 f_c 上变化不应强烈，而且相位裕度 $r(f_c) = \varphi(f_c) + 180° \geqslant 45°$，在 $\varphi(f_g) = -180°$ 处，$L(f_g)$ 称为增益裕度 GM $= -20\lg L(f_g) > 7\text{dB}$。

相关描述如图 7-10 所示。

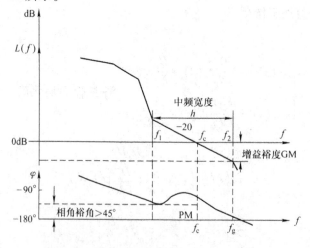

图 7-10　开关电源系统稳定的增益相位裕度

二、主要参数相关性

幅频特性和相频特性曲线与动态性能等相关性主要有下面四点：

（1）开环幅频曲线穿越 0dB 的频率 f_c（开环截止频率）越高，系统快速性越好。一般工程上认为，f_c 在 $20\% f_s$（f_s 为开关电源额定频率）为好。如果 f_c 太高了，高频易受干扰纹波电压会随着增加。

（2）相位裕量 PM 定义为 f_c 处对应的相角值与 $-180°$ 之差，即 $\gamma = 180° + \varphi\ (f_c)$。相位裕量一般应为 $40° \sim 50°$。

（3）增益裕量 GM 定义为 f_g 处（相角 $\varphi = -180°$）对应的增益值倒数。

（4）中频宽度 h 定义为 $-20\mathrm{dB}/10$ 倍频程对应的横轴线段长度，$h = \dfrac{f_2}{f_1}$。h 越大，系统稳定性越好。一般 $h = 8 \sim 10$ 的情况下，整体性能良好。

上述观点表明，开环特性曲线形状预示着闭环性能。如果闭环特性用 T 表示时，它与开环特性 L 的关系为 $T = \dfrac{L}{1 + L}$（在单位负反馈系统中）。但有现代仪器帮助下，用一个按钮动作可进行转换即能知道另一个特性。例如，已知 T 可求出 L，$L = \dfrac{T}{1 - T}$，调试中可充分使用这一快速性。

第五节　伯德图的测量设备及测量方法

不久之前，开关变换器技术开发人员利用状态空间平均法等仿真软件仿真，用来指导稳定和校正工作，取得许多成果。但随着仪表、算法和测试技术的发展，对于复杂系统，为了节省调试时间和加快研发工作，越来越多的工程人员，更愿意使用仪器设备测量各种器件、单元，并从单单元到多单元几乎开环的系统进行测试，最后达成闭环。

这些仪器包括三个功能：产生正弦频率信号；测量出信号输入端电压、相角；测量出系统（开环）输出端电压、相角。因此对应有三个部分：一定频宽的扫描信号发生器；输入端窄频带跟踪电压计；输出端也有类似电压计以测出幅值和幅角。仪器还有计算和打印幅频、相频曲线功能。按功能侧重点包括，波形分析仪、频率特性仪、网络分析仪或动态信号分析仪及相应套件、附件。一般还配有绘图器，可以快速、精确地完成开关电源的伯德图。可用仪表有美国安捷伦、HP 的网络/频谱分析仪，日本 NF 频率分析仪，以及国产的同类仪表。一般在几百赫至兆赫范围测量增益和相位。不同仪表有不同的特点，应针对要求功效作慎重考量和选择。利用仪表按下面三步作一般性分析。

一、从开环系统中的某点注入信号的方法

将 S 端发出正弦扫描测试信号耦合注入到信号通道（惟一的）中，如误差放大器反相端，系统输出端信号选在输出电压 V_o 的采样电阻上，如图 7-11 所示。也可限定 E/A 增益值，甚至把 Z_2 短接，E/A 输出端作为信号输入端。

系统接线如图 7-11 所示。图中，S 端发出正弦信号，CH2 端读取输入信号，CH1 端读

取输出信号，V_{ref}为偏置电压。

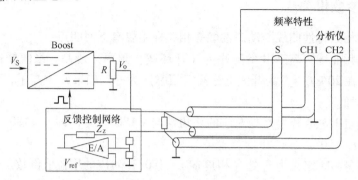

图 7-11　用频率分析仪表测环路增益示意图

在设计计算的 L_o、C_o 值下带 30% ~40% 负载开环试运行，这时特性很差，负反馈未加，系统容易饱和、振荡，存在漂移，甚至无法读数。调试时，仪表接入要注意阻抗是否匹配，不合适时要加入适配器或电压跟随器。

测量特性曲线，需要加上频率范围足够大的浮地正弦波信号，例如设置 0.1 ~100kHz 自动扫描。依靠频率分析仪自动记录测出幅频、相频数值并显示在半对数坐标屏幕上，稳定后打印，并分析决定加入怎样的反馈、参数的大小。

二、利用几 Hz 以上的开环伯德图测量方法作出"总开"曲线

如图 7-12 所示，准开环伯德图的测量采用网络分析仪 3590A，S 端信号用耦合附件注入。

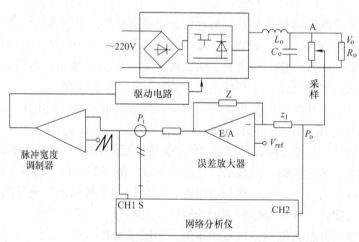

图 7-12　准开环伯德图测试方法

为了得到直流条件，使用频率较低的原始极点的过补偿 E/A，达到直流工作系统稳定和测量。但瞬态特态特性仍然很差。

S 端信号加到 P_i 端。环路的输出在 P_o 端，测得的环路伯德图包括功率变换器，滤波器的 L_o、C_o，采样电阻和脉冲宽度调制器等环节的传函。这条曲线俗称"已有"曲线，很明显它不包括 E/A 放大器。

如图 7-13 所示，在"已有"曲线（A ~ D）上方一定距离处，可粗略划出所需要的最优

传递函数特性曲线，即一条既包括预估 E/A 和"已有"两者 $L(f)$ 之和，又以 $-20\text{dB}/10$ 倍频程穿越 0dB 线的一条曲线，画出曲线如 JGMN 俗称"总开"曲线。

三、用差分方法确定补偿特性曲线

"总开"（最优特性）曲线和所测得的"已有"曲线之间的差异就是补偿特性曲线（即 E/A 特性曲线）。也就是说，"总开"曲线减去"已有"曲线等于"补偿"曲线，因此有差分方法确定"补偿"特性的说法。如图 7-13 所示的 WXYZ 就是"补偿"曲线。到此，明确了补偿特性后，可以转求"自动控制原理"参考资料，查得此"补偿"曲线，确定 E/A 的结构。在开关电源领域称它为Ⅱ型 E/A 曲线，这是为区别同样用得很多的Ⅲ型 E/A 曲线的一种说法而已。Ⅱ型 E/A 曲线参数计算参考下节。

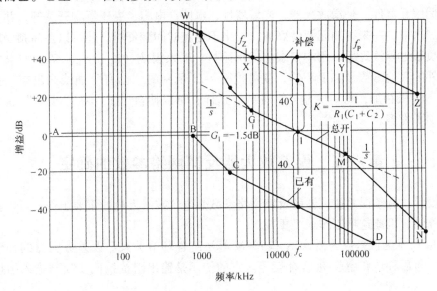

图 7-13　画出"已有"曲线和要求的"总开"曲线，求得"补偿"曲线示意图

一般来说，按此方法同样处理测得的相频特性曲线，当加上补偿相频特性后得到总相频特性曲线。从总开和总相频两条曲线对照图 7-10 的两条曲线得到 PM、GM 值，进行是否"稳定"的判断。但在本例中可以简化处理，即不作相频特性，理由是 h 值远大于上述第四节第二点的（4）对中频宽度 h 的要求值。

进行上述研发工作时，要注意如下 5 点：

（1）找出"已有"曲线中曲线发生陡降时相应频率处，设置"补偿"曲线有"零点"特性产生。相反，在"已有"曲线中发生陡升时的相应频率处，安排"补偿"曲线有"极点"特性产生。设置一个零点，相当于设置一个微分环节，可使幅频特性增加 $+20\text{dB}/\text{dec}$ 相频特性超前 $90°$；设置极点，相当于设置一个积分环节，可使幅频特性有 $-20\text{dB}/\text{dec}$ 和相频特性落后 $90°$ 的变化。

（2）如果"已有"曲线低频（几百 Hz 处）增益数值低，会出现较大的寄生在电源电压 V_o 的 100Hz 低频纹波（单相整流电源电压 V_S 上附加的），此寄生纹波应该抑制。这时，解决方法可以考虑引入一对零点（即在传递函数分子中含有两个相同 R、C 乘积因式），尽量提高低频的幅频增益值。

（3）在滤波电容 C 有 ESR 时可以用 Ⅱ 型误差放大器补偿，如果 C 没有 ESR 时，建议用 Ⅲ 型误差放大器。对于"已有"曲线状况不同，宜采用不同的"补偿"曲线。"补偿"曲线有二三十种的典型曲线类型，一般相关手册可查。使用"补偿"曲线后，务使"总开"曲线以比较缓和的斜率，如 $-20\mathrm{dB/dec}$ 变化穿过 0dB 线，相角裕量有 45° 以上。

（4）当输出正弦信号 S 端接在某一高电平的输入点上时，要加一个数百至数千欧的电阻，限制高电平产生的灌入电流冲击仪表（一般仪表灌电流 $<20\sim30\mathrm{mA}$）。有些场合在 S 端注入正弦电流回路上可串一个低电阻值电阻，该电阻产生压降，作为 S 端的信号电压。在三个信号（S、CH1、CH2）输入时，不能相互短路，不能阻抗失配。因此，有时要浮地；有时要有适当配套订购的附件；有时要自制耦合的测量用的变压器。

（5）有了分析仪，可以在设计开关电源的前后，测量各种开关电源伺服元器件的参数值。所谓伺服元器件，是指放大器、光敏器件、电感、电容、变压器和开关等，并要了解其寄生参数。这样，一来可知元器件好坏，二来不需花时间翻资料。还可以在高频变压器整流滤波模拟负载电阻接好后，用本仪表测输出阻抗、输入阻抗（Z_{ie}、Z_{oe}）等，如果再加上除放大器之外的其他参数（如 PWM），就可把图 7-13 所示的"已有"曲线画出来，找到合适的"补偿"曲线相加，得到"总开"曲线。这样，可以使自己工作在"预知"状态中，整体工作主动了许多。

第六节　误差放大器反馈网络参数的确定

精心设计、调整误差放大器的反馈网络参数是电气技术人员的重要工作，可以提高产品质量和可靠性，因此这项工作很受重视。

图 7-14 所示为误差放大器 E/A 和 PWM 等系统各环节关系。误差放大器的补偿作用分超前补偿、落后补偿和超前-落后补偿等。它的传函是输出阻抗拉氏变换与输入阻抗拉氏变换之比。

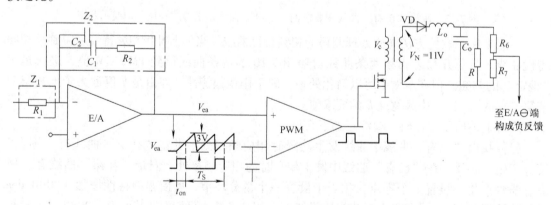

图 7-14　Ⅱ 型 E/A 等环节传函的推导用图

$$G_{E/A}(s) = \frac{Z_2(s)}{Z_1(s)} = \frac{\left(R_2 + \dfrac{1}{j\omega C_1}\right)\left(\dfrac{1}{j\omega C_2}\right)}{\left(R_2 + \dfrac{1}{j\omega C_1} + \dfrac{1}{j\omega C_2}\right)R_1}$$

化简时考虑实际情况 $C_2 \ll C_1$ 和 $K = \dfrac{R_2}{R_1\ (C_1 + C_2)}$ 可得

$$G_{E/A}(s) = \frac{K(1 + SR_2C_1)}{s(1 + SR_2C_2)}$$

这是具有一个零点 f_Z、一个极点 f_P、一个 K 值和 $\dfrac{1}{S}$ 积分的拉氏变换方程式。初始极点对应在 0dB 线上频率，也称为原始极点。在 Ⅱ 型误差放大器（见图 7-14 左图）中，由它开始画出特性曲线。具体方法如下：画"总开"曲线时，首先在 0dB 线上找到 $20\%f_S$（f_S 开关电源额定开关频率）的点作为"总开"线截止频率 f_c，画一条 -20dB/dec 斜线，这就是 $1/s$ 积分线，此线的左上段、右下段，与"已有"曲线及 Ⅱ 型 E/A"补偿"线相加得出"总开"曲线左、右等段。"总开"线即可确定，并且可视情况确定 E/A 零点和极点位置。

下面举一实例进一步作步骤说明。

例 3 设计一个正激变换器（输出 5V、$I_o = 1 \sim 10\text{A}$、$f_S = 100\text{kHz}$）的补偿网络元器件的特征值。已知滤波器参数 $L_o = 15\mu\text{H}$，$C_o = 2600\mu\text{F}$。

解： 滤波器 C_o 的 ESR 要靠资料或仪表验测得知，假设测得 $\text{ESR} = 25\text{m}\Omega$。

(1) L_oC_o 滤波器交接频率计算。

$$f_{LC} = \frac{1}{2\pi\ \sqrt{L_oC_o}} = \frac{1}{2\pi\ \sqrt{15 \times 10^{-6} \times 2600 \times 10^{-6}}}\text{Hz} = 806\text{Hz}$$

(2) 电容 C_o 的 ESR 构成的交接频率。

$$f_{\text{ESR}} = \frac{1}{2\pi\text{ESR}C} = \frac{1}{2\pi \times 25 \times 10^{-3} \times 2600 \times 10^{-6}}\text{Hz} = 2500\text{Hz}$$

(3) 下式可计算调制器至直流输出二极管 VD 的增益。式中，1V 为整流二极管的压降；V_{ea} 为锯齿波电压，等于 3V；V_N 为变压器二次电压，等于 11V；指定占空比为 0.5。

$$G_{\text{MN}} = (V_N - 1)\ \frac{t_{\text{on}}}{T_s}/V_{\text{ea}} = \frac{(11 - 1)\ \times 0.5}{3} = 1.67 \Rightarrow +4.5\text{dB}$$

(4) 采样分压电阻增益。

$$G_S = \frac{R_6}{R_6 + R_7} = \frac{10k}{(10 + 10)\ k} = 0.5 \Rightarrow -6\text{dB}$$

下面结合 Ⅱ 型放大器"补偿"曲线的特点，用作图方法确定两条曲线的位置。

(3)、(4) 项增益值之和为 $G_{\text{MN}} + G_S = (4.5 - 6)$ dB $= -1.5\text{dB}$。画出：第一段从 $f = 0\text{Hz}$ 至 $f_{LC} = 806\text{Hz}$ 段的水平线 AB（见图 7-13）；第二段从 $f_{LC} = 806\text{Hz}$ 至 $f_{\text{ESR}} = 2500\text{Hz}$，"已有"曲线于 -40dB/dec 转折至 C 点。随着频率升高到 ESR 零点频率 2500Hz（电容 C 的寄生电阻 ESR 所确定）的转折频率特性曲线上，因零点作用，电感与电容的电阻特性呈现；第三段从 -40dB/dec 转变为 -20dB/dec，直至比 f_S 高一倍的 200kHz 的 D 点。由上可知，806Hz 转折是 L_oC_o 的作用，对应 -40dB 变化。零点作用转折是 L_oC_o 特性随频率升高到 C 点 2500Hz 之后，容抗 $\dfrac{1}{\omega C}$ 下降，ESR 的阻抗上升，电路转变电感 - 电阻特性，因此增加了 $+20\text{dB}$。即从 C 点开始出现了 -20dB 到 D 点。

接着，如果把 Ⅱ 型放大器三段直线的折线初步放置在图形的右上角。注意，在 $f = f_c$ 系统穿越频率处，"已有"曲线距离 0 分贝横轴是 -40dB，因此补偿曲线中段中点对应 f_c 点，并应在离0dB线+40dB处，因此补偿曲线可确定下来。这样等于用"补偿"水平线段起到了把"已有"曲线-20dB/dec的斜线平移至"总开"曲线处的作用，使"总开"曲线是用-20dB/dec平缓穿越0dB线。"补偿"曲线起到系统稳定和校正作用。

紧接着，确定零、极点位置。当E/A处的R_1选定为1kΩ时，放大倍数按$R_2/R_1 = 40$dB，$R_2 = 100$kΩ确定了E/A比例环节的元件R_1、R_2值。

根据零点频率位置确定C_1值，

由 $$f_Z = \frac{1}{2\pi R_2 C_1}, \quad 得 \quad C_1 = \frac{1}{2\pi R_2 f_Z} = 0.0003\mu F$$

当$f < f_Z$时，"总开"曲线增益越来越高，有利于低频纹波的抑制。

又用极点位置确定C_2值，由 $$f_P = \frac{1}{2\pi R_2 C_2}, \quad 得 \quad C_2 = \frac{1}{2\pi R_2 f_P} = 0.02nF。$$

至此，确定了R_1、R_2、C_1、C_2，设计工作完成，对元件值大小在实际调试中调整，逐渐提高各项技术指标。最后，利用电子负载考验突加、突减负载时在各种工况下达到工艺要求，从而达到静、动态指标、完成校正工作。

习 题

1. 对图7-5所示的电流i_L控制型芯片，电流测定最大电压值是多少？超过此值有何作用效果？

当$i_o = 5$A，过载1.2倍要进行保护性关断，电阻R_S值是多少？

2. 一个Buck变换器输出$I_o = 12$A，$V_o = 12$V，$f_s = 25$kHz，输入电压$V_S = 30$V，i_L在连续状态，如指定1.1倍额定电流时L不会出现饱和，$I_{omin} = 20\% I_o$，纹波电压$\Delta V = 5\% V_o$求L_o、C_o、He和状态空间小信号平均电流标准模型参数值。

3. 设计一个Buck变换器的电感值。要求电感是临界电感值的1.1倍。工作条件是$V_S = 12$的电池，在9~13V可用；$V_o = 8$V，$I_o = 0.1~1$A，$f_s = 80$kHz。

4. 对于图7-15所示的采样电压反馈，除图中所示的方式外也可用调电位器的方法，还可以加一个小电容，如图所示，那么它们各有何区别？

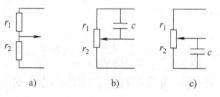

图7-15 习题4

思 考 题

1. 电压控制型芯片与电流控制型芯片有什么异同？

2. 控制中的"死时"是什么含义？

3. 何谓软起动？目的何在？常用手段方法是什么？

4. 测量幅频特性、相频特性时能否用方波、三角波、锯齿波等周期性波形？

5. 图7-14所示电路中的滤波电容C_o的ESR = 0，该如何确定校正参数？（提示：选用Ⅱ型放大器）

第八章 高频开关变换器的保护电路

由于高频开关变换器的输入端连接在交流输电网上，而交流输电网上并联的负载多种多样。交流输电网的长线输电结构就决定了交流输电网上肯定会存在空间电场和空间磁场感应而产生的电压、电流干扰。并且这些干扰的能量值也是无法预知的。再者，由于开关变换器内部的所有元器件均存在有最高耐压的问题，因而在开关变换器的设计过程中，必须充分考虑到如何使所有的元器件都工作在其安全电压值以下。同时，在设计过程还应该考虑开关变换器在任何场合的使用过程中不会引起任何灾难性（破坏输电网，引发火灾等）灾害。

第一节 输入浪涌电压

一、输入浪涌电压的形成及形式

输入浪涌电压主要产生于两个方面：

1）由空间杂散电场与杂散磁场（包括大气雷电、太阳磁暴等）在长线交流输电网上所感生的电压、电流；

2）由并联在输电网上的大量非线性负载在工作过程中给电网带来很多脉冲尖峰电压。

根据输电网所在位置的不同，这些在输电网上所形成的浪涌电压的能量也是不同的。因而，IEEE 在研究了大量交流输电网上的浪涌电压波形之后，归纳总结出几种波形类型及几个浪涌电压的等级。当然 IEEE 所给出的这些浪涌电压等级和波形只是提供给开关变换器设计人员作参考用，设计人员在具体设计时应根据实际的要求，即开关变换器使用的实际环境对浪涌电压及波形做某些修整。

在单个用户的室内配电场合，因远离配电接线端位置，其电压、电流应力最低。一般而言，浪涌电压为 6kV，电流应力比较低，小于 200A。称这个场合为 A 类场合。

在工业应用场合，大型机器设备的输入端，整个商住大楼的配电柜附近，浪涌电压为 6kV，但电流应力就很高，有时可达 3000A。这个场合就称为 B 类场合。

在室外的电力输电线系统，其浪涌电压、电流应力相当大。但此场合已是电力输配电系统需解决的问题，不在开关变换技术要解决的浪涌电压、电流的范畴之内，因而不对其进行讨论。

图 8-1 所示是表 8-1 中 A 类别中的波形参数。

图 8-2 所示是表 8-1 中 B 类别中的波形参数。

当然，上述分类只能作为实际设计时的参考，必须仔细分析实际使用场合的干扰源的强度、数量

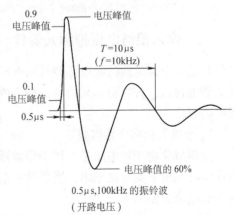

图 8-1 A 类波形参数

及干扰方式对上述波形、浪涌电压、电流的应力作出评估。然后根据 IEEE 给出的参考数据、波形进行修整，对浪涌电压幅值、脉冲连续时间、浪涌电流应力值做出符合实际需要的改变。

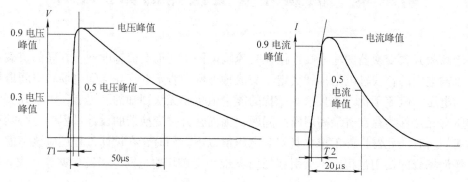

图 8-2　B 类波形参数

表 8-1　IEEE 浪涌电压保护的设计参考数据

IEEE587 标准位置类别	与 IEC664 相兼容的类别	脉冲		被试验品或负载电路的类型	存在于干扰抑制器[3]中的能量/J	
		波形	中等暴露程度的幅值		采用钳位电压为 500V（120V 的系统）	采用钳位电压为 1000V（240V 的系统）
A. 长分支电路和引出线	二类	0.5μs，100kHz	6kV	高阻抗[1]	—	—
			200A	低阻抗[2]	0.8	1:6
B. 主馈电路、短分支电路和负载中心	三类	1.2/50μs	6kV	高阻抗	—	—
		8/20μs	3kA	低阻抗	40	80
		0.5μs，100kHz	6kV	高阻抗	—	—
			500A	低阻抗	2	4

① 高阻抗的测试样品或负载电路中，电压表现为浪涌电压。在仿真测试中，采用测试发生器的开路电压值。

② 在低阻抗的测试样品或负载电路中，电流表现为浪涌的放电电流（而不是电力系统的短路电流）。

③ 有不同的钳位电压的其他抑制器会接收不同的能量水平。

二、输入浪涌电压抑制元器件

目前，浪涌电压的吸收元器件基本采用金属氧化物压敏电阻、瞬态吸收二极管、充气式电涌放电器这三种类型。采用这三种器件的组合应用，基本已能满足高频开关变换器的浪涌吸收的要求。

1. 金属氧化物压敏电阻

金属氧化物压敏电阻是一种半导体器件，又称作突波吸收器或 MOV 器件。它具体表现为在标称电压下具有高电阻，当器件两端电压超过其标称电压时，其电阻急剧减小，而流过器件的电流急剧增大

图 8-3 所示是金属氧化物压敏电阻的典型 V-I 工作曲线。从图中可以看到，在小于标称电压时，器件流过的电流很小，一旦电压超过标称电压则器件内部流过的电流很大，器件的

电阻很快减小。在图 8-3 中给出了在器件流过 500A 电流时，器件两端的电压已大于 1250V。因而金属氧化物压敏电阻具有较高的动态电阻，电压钳位的作用较弱。

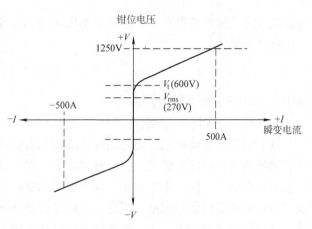

图 8-3　金属氧化物压敏电阻特性曲线

金属氧化物压敏电阻具有低成本和相当高的吸收瞬变浪涌能量的能力，但如在反复的过电压冲击下会逐渐老化和增大动态电阻，减弱其有效的电压钳位作用。另外，金属氧化物压敏电阻的动态电阻使其对大电流浪涌瞬变情况的电压钳位作用减小，在流过较小的电流时，其两端已存在有很高的电压。

因而在一些对浪涌保护比较严格的场合，金属氧化物压敏电阻须和其他浪涌吸收器件同时使用，以增加浪涌吸收的效果。

2. 瞬变二极管

瞬变二极管是由雪崩电压钳位半导体器件构成，一个雪崩二极管表现为普通二极管的特性，但两个雪崩二极管背对背的连结在一起就形成了瞬变保护二极管。

图 8-4 是典型的瞬变二极管的 $V\text{-}I$ 曲线。从图中可以看到，在器件两端的电压超过钳位电压时，其电阻迅速减小，钳位作用很明显。

瞬变二极管的钳位动作非常快速，雪崩条件能在几个纳秒之内建立。在工

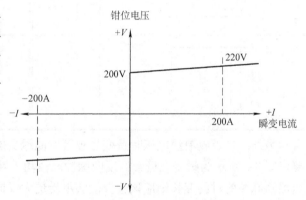

图 8-4　瞬变二极管的特性曲线

作区，动态电阻小，当瞬变电流达几百安时，其两端电压才比钳位电压高几十伏。具有非常可靠、有效的电压钳位作用。

但瞬变二极管的价格高，吸收电流能力有限。

在选用瞬变二极管时，必须考虑瞬变二极管的反向脉冲峰值功率 P_{PR}。

反向脉冲峰值功率 P_{PR} 等于最大反向脉冲电流乘以钳位电压。除此以外，还和脉冲波形、脉冲时间及环境温度有关。

当脉冲时间 T_p 一定时，有

$$P_{PR} = K_1 K_2 V_{c(max)} I_{pp}$$

式中　K_1——功率系数；

　　　K_2——功率的温度系数。

典型的脉冲持续时间 T_p 为 1ms，当施加到瞬态电压抑制二极管上的脉冲时间 T_p 比标准脉冲时间短时，其脉冲峰值功率将随 T_p 的缩短而增加。瞬变二极管的反向脉冲峰值功率 P_{PR}

与经受浪涌的脉冲波形有关，用功率系数 K_1 表示，各种浪涌波形的 K_1 值见表 8-2。

浪涌能量为

$$E = \int i(t)V(t)\,\mathrm{d}t$$

式中　$i(t)$ ——脉冲电流波形；

　　　$V(t)$ ——钳位电压波形。

这个额定能量值在极短的时间内对瞬变二极管是不可重复施加的。但是，在实际的应用中，浪涌通常是重复地出现，在这种情况下，即使单个的脉冲能量比瞬变二极管可承受的脉冲能量要小得多。但若重复施加。这些单个的脉冲能量积累起来，在某些情况下也会超过瞬变二极管可承受的脉冲能量。因此，电路设计必须在这点上认真考虑和选用瞬变二极管，使其在规定的间隔时间内，重复施加脉冲能量的累积不至超过瞬变二极管的脉冲能量额定值。

表 8-2　几种典型波形的波形系数表 K_1 值

波　形	K_1	波　形	K_1
	1.00		2.20
	1.40		2.80

另外，在吸收浪涌电压时瞬变二极管所能承受的反向脉冲峰值功率及脉冲的时间也很重要。图 8-5 所示为瞬变二极管的反向脉冲峰值功率及脉冲时间的关系曲线。从图中可以看到当浪涌脉冲的时间变长则应该选择能够承受更大反向脉冲峰值功率瞬变二极管。

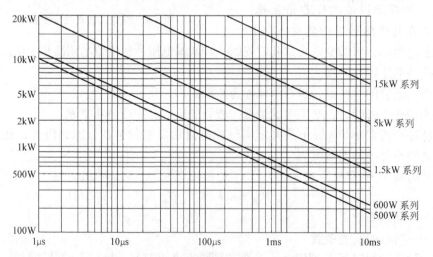

图 8-5　浪涌脉冲峰值功率和脉冲时间的关系

3. 充气式电涌放电器

浪涌电压也可由各种气体放电抑制器来处理，当放电器两端电压超过起弧电压时，电极之间发生电离辉光放电，放电管中流过电流。随电流增大，继而产生电弧放电，为电流提供低阻通道。同时放电管两端的电压得到钳位。

如图 8-6 所示，电涌放电器能够很有效地抑制浪涌电压，但其钳位电压的时间较长，因而也必须和其他浪涌抑制器件同时使用才能达到良好的浪涌电压抑制作用。

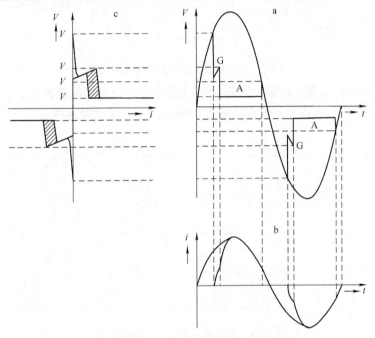

图 8-6　充气式电涌放电器工作特性曲线

三、抑制输入浪涌电压的方法

各种浪涌吸收器件钳位了浪涌电压，为浪涌电压提供了低阻通道，但必须引入限流装置来减小浪涌吸收器件所流过的浪涌电流，以减小浪涌吸收器件的电流应力。一般都用电感来提供串联阻抗以限制流过浪涌电压吸收器件的冲击电流。这样做之后，也为浪涌抑制电路提供附加滤波功能，限制电路噪声和滤除开关变换器本身产生的噪声。

图 8-7 所示为一种在家用 A 类环境的条件下用的实际浪涌电压保护电路，电感 L_{1a}、L_{1b} 和电容 C_1、C_2、C_3、C_4 组成普通噪声滤波网络。在此滤波网络的输入端，氧化物压敏电阻 RV_1、RV_2、RV_3 提供了对产生于交流电路的浪涌电压的第一级保护。在非常短的动态浪涌电压的瞬变过程中，压敏电阻的钳位作用降低了浪涌电压的峰值，再通过串联电感 L_{1a}、L_{1b} 后，再并联上瞬变二极管，这样使开关变换器的输入端的浪涌电压得到很好的保护。

在工业使用的 B 类场合，其浪涌电压和浪涌能量较大，必须采用更加严格的浪涌电压保护电路。图 8-8 所示为在工业 B 类场合浪涌保护的实际应用电路。图中先用氧化物压敏电阻做初级的浪涌电压吸收，使浪涌电压先降低一级。然后再串联电感 L_1、L_2 后并联上电涌放电管做进一步的浪涌电压吸收，这样就又一次将浪涌电压降低了一个等级。最后串联上共

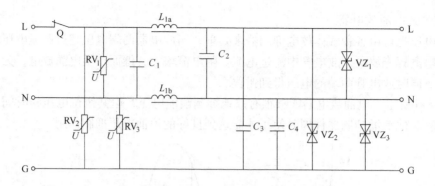

图 8-7　A 类环境下浪涌保护的实际电路

模电感 L_3 后再并联上瞬变二极管，这样就可以很好的进行浪涌电压的保护。此种方法能很好、很有效地保护在工业应用场合具有很高浪涌电压及浪涌能量的高功率开关变换器。

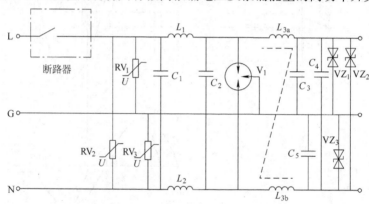

图 8-8　B 类场合浪涌电压保护电路

V_1 为充气式电涌放电管

第二节　输入浪涌电流

一、输入浪涌电流的产生

输入浪涌电流的产生主要有以下三个方面：

1）目前开关变换器的输入端主要是采用全桥整流后再用电容滤波以取得开关变换器所需要的直流电压。在开机瞬间，滤波电容处于近似短路状态，造成开机瞬间输入电流很大，从而产生了输入浪涌电流。

2）输出负载瞬时短路时，也会引起输入端电流的突然增大，这种很大的输入电流也是输入浪涌电流。

3）如果开关变换器内部有元器件损坏，使得输入电流增大，这时也会产生输入浪涌电流。

对于第三种原因引起的输入浪涌电流，必须断开输入端电源以保护开关变换器，不让开关变换器产生更多的故障，也不让开关变换器因元器件的损坏而发生火灾等。

对于第三种，一般采用熔断器来保护开关变换器的输入浪涌电流。熔断器是可熔断的，其工作原理很简单，就是通过熔断器的电流超过其额定电流后，熔断器断开呈开路状态，不再通过电流。但是如何有效、可靠、安全地选择熔断器却并非是简单的事情。

熔断器有三个重要的电参数：额定电流，额定电压，额定融化热能值 I^2t。

额定电流是熔断器的一个基本参数，在选择熔断器时，必须选择熔断器的额定电流大于被保护电路中最大的直流电流。

熔断器的额定电压表示的是其熄灭电弧的能力而非输入电压。熔断器额定电压取决于输入电压和电路负载类型，如果电路负载为电感，则熔断器两端的电压可能是供电电压的好几倍。

熔断器额定电压选择不当可造成故障情况下电弧过大，这将增加熔断器熔断期间的应通能量。在特殊情况下，熔断器会发生爆炸，进而引发火灾。在高压熔断器的应用中，采用熔丝埋入细沙或油中来熄灭电弧，防止熔断器爆炸。

额定熔化热能值 I^2t 是由使熔丝熔化时所需要消耗的能量来定义的。为熔化熔丝，在熔丝上产生热量的速度必须大于散发热量的速度，这就是电流平方和时间的乘积。

在很短的时间（小于 10 ms）内，极少的能量能从熔丝向外传导出去，因而熔丝积聚了大量的能量使熔丝熔断，熔丝所消耗的能量以 I^2t 表示。

如要在较长的时间内熔断熔丝，则熔丝的材料、周围的填充物材料，以及熔断器的结构均会不同。

熔化热能值把熔断器分成慢速熔断型和快速熔断型。图 8-9 所示为各种类型的熔断器的特性曲线。图中曲线大致地表示出熔化热能值 I^2t 的变化规律。

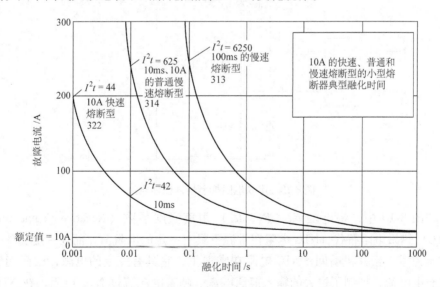

图 8-9　熔断器熔化热能值随时间的变化曲线

在一般高压电路中，熔丝熔断后会产生电弧，在电弧存在期间仍有电流在熔断器中流通。这个能量取决于所加电压、电路特性和熔丝的特性设计。因此，熔断器的熔化热能值这一参数不仅仅与熔断器本身有关，还同实际的应用电压、应用电路有关。

在开关变换器的应用，可按以下的顺序来选择熔断器。

（1）分析研究开关变换器的接通特性。浪涌电流抑制电路在最大、最小输入电压，最大负载电流时的工作情况。选择既可以提供足够的电流冗余保持开关变换器可靠工作，又能满足浪涌保护要求的熔断器，一般可选择慢速熔断器。

（2）选择额定电流较低的熔断器，以保证在真正故障情况下能提供良好的保护。但为延长熔断器的使用寿命，额定电流也不能太低，太接近于开关变换器在最低输入电压，最大输出负载时的工作电流，会影响正常使用。一般取输入最大电流的1.5倍。

（3）由于开关变换器的阻抗特性一般为容性，因而熔断器额定电压必须不小于输入电压。此额定电压值的选取很重要，如额定电压值太低将产生很大的电弧，此电弧会导致熔断器炸裂。在实际应用中，为防止熔断器炸裂引起开关变换器内部起火或对人引起伤害，一是要求采用陶瓷管的熔断器，这种陶瓷型熔断器不容易发生炸裂的危险，另一种是在玻璃管上安装橡胶套，在玻璃爆裂时不会对附近的元器件造成伤害，这是低成本的应用方案。

二、输入浪涌电流的抑制方法

对于第一种浪涌电流的抑制方式，主要为降低电容在开机瞬间对输入电流的冲击。

（1）串联电阻以降低开机瞬间的电流冲击。图 8-10 所示是实际的应用电路，在这个应用电路中串联了电阻 R_3、R_2、R_1 以降低电解电容充电电流的冲击。但这个电路在开关变换器正常工作时，电阻 R_1（R_2、R_3）会造成功耗，同时此电阻会发热。所以一般在低成本及输出功率很小的情况下使用该电路。

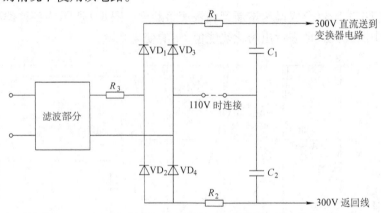

图 8-10　串联电阻抑制输入浪涌电流

（2）在图 8-10 中，将电阻 R_1（R_2、R_3）用负温度系数（Negative Temperature coefficient，NTC）热敏电阻替代，NTC 电阻在常温下具有一定的电阻值，而在一定温度下电阻值会变小甚至为零。当开机瞬间，NTC 电阻在常温下，它具有一定的电阻，因而能够限制电解电容的充电电流，抑制了过大的输入浪涌电流。随着电流流过 NTC 电阻，在 NTC 电阻上产生功耗，产生热量，其电阻值变小。到达热量平衡时，NTC 电阻就以比较小的电阻值存在于电路中，这样就降低了串联电阻的功耗。

但在这种应用中，当输入电源突然断开后，再在快速接通时由于 NTC 电阻无法快速冷却，回复到冷态电阻值，将会引起过大的浪涌电流。

因而，使用负温度系数热敏电阻只适用于中小功率应用场合，一般应用于小于 500W 的开关变换器。

（3）图 8-11 所示是有源输入浪涌电流抑制电路。在瞬间开机时，由于电容 C_1、C_2 两端的电压还未建立，因而双向晶闸管的栅极无触发电压，晶闸管截止。此时输入电流通过电阻 R_1 流过，这样就限制了电容 C_1、C_2 的充电电流。一旦电容 C_1、C_2 上建立的电压使晶闸管得到触发电压而导通，输入电流便经过晶闸管流过，电阻 R_1 上几乎无电流流过。因而，电阻 R_1 在开关变换器正常工作时并不产生功耗。

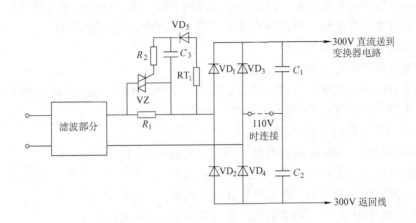

图 8-11　有源输入浪涌电流抑制电路

此方法适用于大功率的应用场合。在实际应用中，也有用继电器代替晶闸管的。在开机瞬间，继电器延时一小段时间后闭合，其工作原理和晶闸管是一样的。

此方法的前提是晶闸管或继电器必须可靠导通的。如晶闸管或继电器还未导通而后端开关变换器电路已开始工作的话，那么输入电流全部流过电阻 R_1，在 R_1 上产生很大的功耗，在高功率应用场合，R_1 很快会烧毁。

对于第二种情况，一般采用过载保护方式来消除输入端的浪涌电流。而过载保护经常使用的方法有功率限制、输出电流限制。本书着重介绍新型的逐个脉冲电流的浪涌电流抑制方法。

对于隔离型开关变换器而言，其变压器一次侧的最大电流应该是可以预知的。在一次侧设置一个比较电路，每个开关脉冲电流的电流值均与比较器的设定值比较，当开关脉冲电流大于设定值时，便关闭脉冲，使一次电流永远不会大于设定值。

逐个脉冲电流限制技术的主要优点是能够快速保护一次侧开关元器件的不

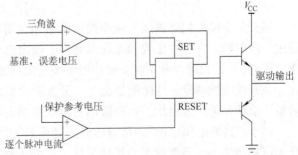

图 8-12　逐个脉冲电流限制保护电路

正常电流应力。这种电流应力可能来自于二次侧短路，也可能来自于变压器、磁性元件的阶梯饱和效应。

图 8-12 是逐个脉冲电流限制保护浪涌电流的应用电路，具体电路解说略。

第三节　输入过电压、过电流的保护

开关变换器的输入直接连接在输入电网上，输入电网的波动、过电压故障均会引起开关变换器的输入端的过电压现象。当然较强的干扰浪涌电压已有浪涌吸收元器件钳位，但一些持久性的输入电压的小范围升高，浪涌吸收元件则无能为力，此过电压又超过开关器件的耐压，足够引起开关器件损坏。因而在成熟的开关变换器内部必须设置过电压、过电流保护电路，以确保开关变换器的可靠工作。

关于过电流保护已在上节中有所论述。

对于输入过电压的故障，有过电压保护电路，如图 8-13 所示。在此电路中，比较器的反相输入端由稳压器件 VZ_2 将电压稳定在一个值上。

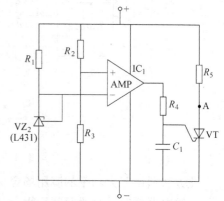

图 8-13　输入过电压保护电路

当电路的输入电压升高时，由电阻 R_2、R_3 分压而得到的比较器的同相输入端的电压也升高。当比较器的同相输入端的电压高于反相输入端的电压时，比较器输出高电平，触发晶闸管 VT，使晶闸管导通。此时图 8-13 中 A 点电压为零，A 点的零电压便可去控制开关控制电路，使开关控制电路停止工作。但此电路在过电压现象撤消后，由于晶闸管的电流未小于维持电流而继续导通，保护电路持续保护。只有将开关变换器断电后，再重新上电，A 点电压才会恢复为输入电压，整个开关变换器才会正常工作。

如果将上述电路中的晶闸管替换为晶体管，则整个电路在过电压出现时，开关变换器停止工作；当过电压现象撤消时，A 点电压会自动恢复为输入电压，开关变换器会自动工作，具体叙述同上。

第四节　输出过电压、过电流的保护

当开关变换器接通瞬间，功率变换电路和控制电路建立正确的工作状态和控制方式都要经过一段时间。在建立正确的工作时间内，输出电压可能会超过其正确的输出值，形成"接通电压过冲"，此过冲电压值会对用电设备造成损害。

在开关变换器发生故障的情况下，开关变换器的输出电压值可能会高于输出规定值或要求值，这便是输出过电压。这种输出过电压会损害用电设备。

对于"接通电压过冲"，可以给开关变换器提供一个软启动的过程。在软启动过程中给开关器件提供一个逐渐增大的脉冲宽度，使变压器、电感、电容得到一个正确的工作状态。由于有一个软启动的过程，因而输出电容上的电压值是逐渐增加的，这也便解决了"接通电压过冲"的问题。

对于开关变换器故障引起的输出过电压问题，则必须增加过电压保护电路。图 8-14 所示为电压钳位的过电压保护电路。

图 8-14a 所示是一个简单的采用并联稳压器件的过电压保护电路，当输出电压超过稳压

器件的钳位电压时，输出电路电压则被稳压器件钳位，使输出电压不致过高。

图 8-14b 所示是过电压关闭输出电路。当输出电压超过稳压管钳位电压时，稳压器件导通同时为晶体管的基极提供偏置电压，晶体管导通，这是输出电压直接短路。当输出直接短路后，便触发了一次侧的过电流保护，这样输出电压得到保护。

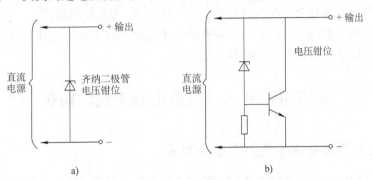

图 8-14　输出过电压保护的钳位电路

a）简单并联稳压器件的过电压保护电路　b）过电压关闭输出电路

输出过电流保护同一次侧输入电流过电流保护是一样的，采用限功率保护电路（逐个脉冲过电流保护）即可完成输出过电流保护。

应该指出的是，任何电压钳位保护电路都有功率损耗的问题，因而过电压钳位保护应该和限功率保护电路同时使用。这样当钳位保护电路动作后，很快会触发限功率保护电路，迫使整个开关变换器停止工作，以保护用电设备。当故障消除后，整个开关变换器又能恢复工作。

第五节　开关变换器的过热保护

开关变换器的任何一个元件均会产生功耗，而这些功耗都是以热能的形式存在，因而开关变换器在工作时会产生热量，会有温升。

在设计开关变换器时，热设计已变得非常重要。同时，为了解决由开关变换器的不正常工作而引起的温度过高，则必须增加过热保护电路。

在过热保护设计中，大功率应用场合可以采用温度继电器。当开关变换器内部温度超过温度继电器的值时，温度继电器断开，停止给控制电路供电，关闭停止整个开关变换器的工作。然后由于温度继电器的温度滞后特性，在温度降低到一定范围后，继电器再导通，为控制电路供电，开关变换器继续工作。

在中小功率应用场合，一般采用热敏电阻及电压比较器的方式来进行过热保护。图 8-15 所示为一种过热保护电路。

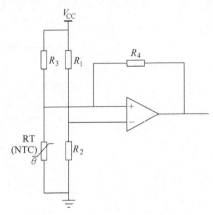

图 8-15　热敏电阻过热保护电路

如图 8-15 所示，电源电压由电阻 R_1、R_2 分压后给反相输入端提供稳定的电压，电压经负温度系数热敏电阻 RT 及电阻 R_3 分压后提供比较器同相输入端电压，此时同相输入端的电压高于反相输入端，比较器输出高电平。当开关变换器内部温度升高，负温度系数热敏电阻 RT 的阻值会变小，同时比较器同相输入端的电压会降低。当同相输入端的电压低于反相输入端的电压时，比较器输出低电压。此低电平便可触发控制电路，让开关变换器的控制电路停止工作，从而关闭整个开关变换器的工作。电阻 R_4 为比较器提供了一个滞环比较输出，也就是在到达过热保护温度时，比较器动作输出低电平。当温度降低到一定的幅度后，比较器才会再次输出高电平，使开关变换器再次工作。

第六节　开关变换器电磁干扰的防护

一、开关变换器电磁干扰的产生和测定

由于电磁效应的存在，各种电子设备均会感应空间的电磁波而产生电流噪声。同时电子设备本身也会产生大量的电磁波向外发射，成为电磁噪声的生产者。开关变换器内部快速变化的 dv/dt、di/dt 会产生大量的高频噪声。因此，高频开关变换器是一个很强的噪声制造设备，同时也极容易受到外界电磁噪声的干扰。

目前，世界各国都制定了相应的电磁兼容设计的标准，其制定标准的原理大致相同，只是一些指标上略有差异。

国际无线电特别委员会严格规定了通过输入引线传入到输电网络的噪声干扰，称之为传导噪声。另一类是通过空间辐射产生的电磁干扰，称之为辐射噪声。

在测试传导噪声时，会在开关变换器的输入端加入一个模拟电源电路网络，图 8-16 是国际无线电干扰特别委员会（Comité Internationale Special des Perturbations Radioelectriques，CISPR）推荐使用的模拟电源电路网络。

传导噪声测试是在模拟电源电路网络的两个 $1k\Omega$ 的接地电阻上测试的，但由于测试仪器的输入阻抗为 50Ω，所以实际测得的是 $1k\Omega$ 电阻和仪器 50Ω 输入阻抗并联后的阻抗上的噪声电压。按照此测定方法，传导噪声可分为共模传导噪声和差模传导噪声。

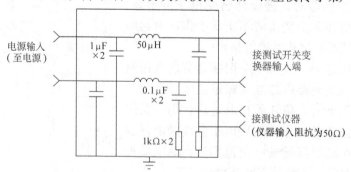

图 8-16　模拟电源电路网络

1. 共模传导噪声的产生机理

图 8-17 所示为共模传导噪声的发生源以及共模传导噪声的电流路径。图中设定电压、

电流幅值，以及变化速率最大的开关器件为开关噪声产生的主要地点。噪声频率很高，且向各处扩散的高频电流。它会沿阻抗最小的路径（电容 C_s）传至地线，再由两个 50Ω 的电阻，$0.1\mu F$ 的电容到输入端，最后由整流桥回到噪声源。其噪声信号在两个 50Ω 电阻上形成电压，经测试仪器测量得到的便是共模传导噪声。

2. 差模传导噪声产生机理

图 8-18 所示为差模传导噪声产生示意图。同样以开关器件作为噪声源。由噪声源产生的噪声通过变压器加到输入滤波电容的两端，其电流通过整流桥及测量电阻端返回到噪声源。在两个 50Ω 的电阻两端就能测量到此差模噪声电压。

图 8-18 中已给出了输入滤波电容的高频等效模型。在此可以看出，如果输入滤波电容的等效串联电感（ESL）及等效串联电阻（ESR）越小，则差模噪声会在滤波电容中流过，在测试端差模噪声便会比较低。

同样在输入线两端跨接具有低等效串联电感（Low ESL）、低等效串联电阻（Low ESR）的电容（X 电容），就能降低差模噪声在测试端的电压值。

当然，在开关变换器的内部，噪声源并非只是一个开关器件。输出整流二极管、变压器、磁复位电路、吸收电路均会产生高频噪声。因而传导噪声的分析并不简单，在安排电路结构、元器件安放位置、印制电路板走线方向及电路的接点位置均会影响到传导噪声的大小。

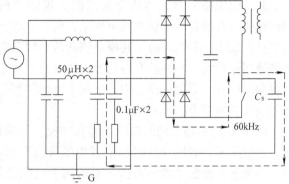

图 8-17　共模传导噪声产生示意图

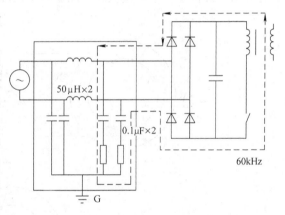

图 8-18　差模噪声产生示意图

3. 辐射噪声产生的原因

辐射噪声是高频信号通过空间而产生的向外辐射的电磁波。因开关变换器的开关元器件（包括功率开关管，作开关作用的二极管等）上的电压、电流的变化幅值、变化速率极快，此高速变化的信号通过傅里叶级数展开后，可得到频率成分相当丰富，频谱范围相当宽的一系列高频信号。这些高频信号在比较长的导线中流动的时候，导线就充当的天线的角色，向空间发射电磁能量。这些杂乱无章的信号会严重干扰周围无线电设备的工作。

二、开关变换器传导噪声的抑制

为减小开关变换器的传导噪声，通常的做法是增加传导噪声滤波器。但如前面所述，传导噪声有共模噪声和差模噪声两种，因而如何降低传导噪声也要从共模、差模噪声这两方面着手进行。

为滤除共模传导噪声，在开关变换器的输入端接入共模电感，具体电路如图 8-19 所示。

图中电感 L_1、L_2 即为共模电感，可滤除共模传导噪声，而电容 C_1 则可滤除差模传导噪声（俗称 X 电容），而电容 C_2、C_3 则既可滤除共模噪声又可滤除差模噪声（俗称 Y 电容）。

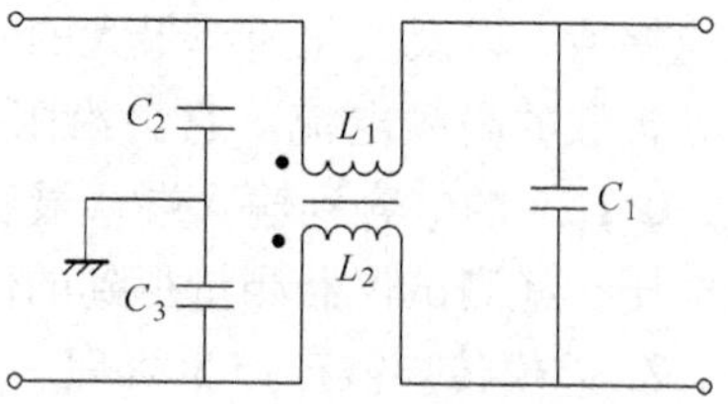

对共模电感而言，为达至最好的共模噪声的衰减，它在高频时必须有一个很大的电感量，但在低频 50Hz 时

图 8-19　传导噪声滤波器示意图

又要具有最小的阻抗。由于共模电感的两个线圈在在磁心中产生方向相反的磁通，在磁心内部磁通相互抵消，不具备有电感量，因而对差模信号无任何影响，不能滤除差模传导噪声。而对共模信号，则会在磁心中产生两个方向相同的磁通，具备产生双倍的电感作用，能有效滤除共模传导噪声。

图 8-20 所示是常用的共模电感在共模，差模信号作用下的效果。由于在绕制共模电感时，希望用最小的尺寸的磁心来获得尽可能高的电感量，因而一般选用高磁导率的磁性材料。为满足安全性要求，共模电感的两个线圈必须隔离，两个线圈之间应有一定的爬电距离。因而，这重工艺结构特性决定了共模电感的两个线圈之间具有很高的漏感，但这个漏感的存在恰好提供了一个差模电感。图 8-21 所示为用高磁导率磁环绕制的共模电感示意图。

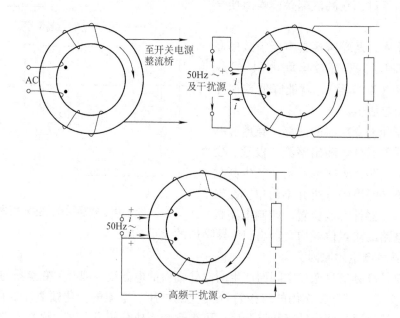

图 8-20　共模电感在共模、差模信号作用下的效果

图 8-21a 所示是用高磁导率磁环所绕制的共模电感，两个线圈之间有 3mm 的爬电距离。这是安全性规则所要求的距离，因而两个线圈间的耦合不是很好，存在有一个漏感，但这个漏感正好为差模信号的滤除提供差模电感。

图 8-21b 所示是用高磁导率的 E 型磁心所绕制的共模电感，同样在安全性的要求下，其两个线圈之间也有 3mm 的间距，同样会提供漏感给差模滤波。两个 E 型磁心之间不能有气隙，应紧密接合。只有紧密接合时，共模电感的电感量才会比较大，当有气隙存在时，电感量会降低。

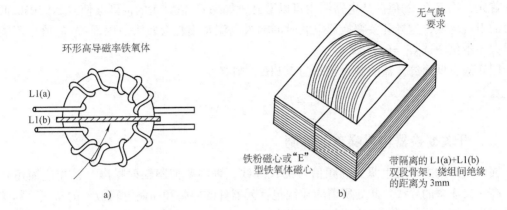

图 8-21　共模电感示意图

a）高磁导率磁环所绕制的共模电感

b）高磁导率的 E 型磁心所绕制的共模电感

图 8-22 是常用的带分立差模、共模电感的传导噪声滤波器的电路。其具体电路参数的计算方法如下。

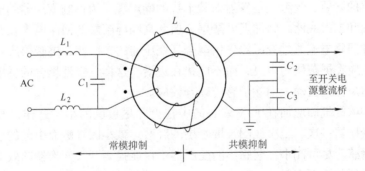

图 8-22　带分立差模、共模电感的传导噪声滤波器电路

（1）共模电感的计算

共模电感 L 和电容 C_2、C_3（Y 电容）组成低通滤波器。

首先，确定 C_2、C_3 的值。在选定 C_2、C_3 值时，必须考虑到 C_2、C_3 的电容量引起的漏电流的问题。因而一般 C_2、C_3 的值不宜选太大，以免引起过大的漏电流。本例中选取 $C_2 = C_3 = 3300$ pF。

假设设计的低通滤波器的截止频率为 $f_0 = 50\text{kHz}$，则有

$$f_0 = \frac{1}{2\pi \sqrt{LC_2}}$$

则

$$L = \frac{1}{(2\pi f_0)^2 C_2} = 3\text{mH}$$

（2）差模电感的计算

同样，电感 L_1、L_2 和电容 C_1（X 电容）组成低通滤波器。

首先，确定 C_1 的值。从电路图中可以看到，如果 C_1 值太大的话则会使 C_1 对 50Hz 低频信号的阻抗降低，这样开关变换器空载时的输入电流及损耗会较大。因而 C_1 的值也不能选的过大，本例中选 $C_1 = 0.1 \ \mu F$。

同样假设低通滤波器的截止频率为 50kHz，则有

$$L_1 = L_2 = \frac{1}{2 \ (2\pi f_0)^2 C_1}$$

三、开关变换器辐射噪声的抑制

辐射噪声的主要发生源为高频信号的长导线，因而要抑制辐射噪声，首先应缩短高电压、高开关速率的导线。此处所谓的导线包括元器件的引脚和印制电路板上的布线，具体可从以下几方面来改善开关变换器的辐射噪声。

（1）在安装时将所有元器件的引脚长度缩至最短。在印制电路板布线时，高电压、高开关速率的导线应尽可能的短和粗以避免元器件引线和印制电路板的布线成为射频发射的天线。

（2）开关变换器辐射噪声最强的点为开关器件和变压器。因而，开关器件的引脚上可套一个磁珠以屏蔽开关器件的射频发射，开关器件包括功率开关管和作为开关使用的输出整流二极管。

（3）变压器的漏感、气隙也是发射射频干扰的噪声源。为抑制变压器的射频干扰，可在变压器一次线圈和二次线圈之间加上屏蔽层。但此高频屏蔽层的回路电流在开关瞬变时会很大。为防止这种回路电流通过变压器作用耦合到变压器的二次侧，屏蔽层应可靠接地，并且屏蔽层的接线点应在屏蔽层的中央，而不应接在边沿。这样，容性耦合的屏蔽回路电流在屏蔽层上各自半边反方向流动，消除了感应耦合效应。

变压器磁心的的气隙应加在 E 型磁心的中柱上并尽可能的小。这样，气隙所产生的射频干扰能受到变压器一次、二次线圈及屏蔽层的屏蔽，减小因气隙而引起的射频干扰。

变压器的漏感应尽可能小，漏感小的变压器不仅能提高开关变换器的效率，同时也能有效降低开关变换器的射频辐射。

图 8-23 所示为有气隙的变压器减小射频干扰的方法。在变压器开气隙的位置加一层铜屏蔽层，此屏蔽层的宽度约为绕线宽度的 30%，并且与线圈处于同一平面。

由于存在涡流热效应，应用此方法会造成屏蔽中的附加损耗，会降低变压器的效率。这种损耗取决于气隙的大小及气隙的位置，如果气隙处于中柱位置，则安装屏蔽后几乎不增加功耗。

（4）变压器二次侧输出端整流二极管也是一个高速开关器件。由于输出滤波电容的高频特性的影响，会在输出电路中产生高频尖峰脉冲，这也是造成射频干扰的因素之一。所以在选择输出滤波

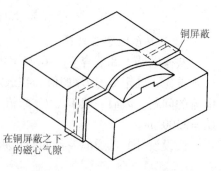

铜屏蔽

在铜屏蔽之下
的磁心气隙

图 8-23　大气隙及周边磁柱有气隙
的变压器降低辐射干扰的方法

电容时，一定要考虑电容的高频特性，选择低串联等效电感（Low ESL）和低串联等效电阻（Low ESR）的电容。在输出滤波电解电容的两端并联一个 0.1 μF 的高频电容或在输出电路中串接一个共模电感或饱和电感以消除输出电路的射频干扰。

（5）开关变换器的长输出导线也是射频噪声的发射源，在输出导线上串接一共模电感，即将输出导线（两根导线分别是输出正和输出负）同时在一个磁环上同方向绕制 1 或 2 匝。这也是减小输出引线射频干扰的有效方法。

第一章 习 题

1. 设计一个 50kHz 工作的 Buck 变换器，输入 $V_S = 8 \sim 9V$，输出为 5V，电流为 $0.1 \sim 0.4A$，均要求电流连续状态工作，如取 1.3 倍 L_c，求 L？

解：根据式（1-16）

$$L_c = \frac{V_o^2}{2P_o f_S} \ (1 - D_1)$$

$$= \left[\frac{5^2}{2 \times 5 \times 0.1 \times 50 \times 10^3} \ (1 - \frac{5}{9}) \right] H = 0.225mH$$

$$L = 1.3L_c = 0.293mH$$

2. 如果上题纹波电流 $\Delta i_L < 2I_{o\,min} = 0.2A$，纹波电压 $\Delta V < 30mV$，求 C 值。

解：根据式（1-17）有

$$\Delta V_o = \frac{1}{C} \cdot \frac{\Delta i_L}{8} T_S$$

$$C = \frac{\Delta i_L}{8 \Delta V_o f_S} = \left(\frac{0.2}{8 \times 30 \times 10^{-3} \times 50 \times 10^3} \right) F = 16.7 \mu F$$

3. 已知工作在连续模式的 Buck 变换器，$V_S = 46 \sim 53V$ 输出电压为 $V_o = 5V$，$I_o = 1 \sim 5A$，$f_S = 80kHz$，纹波电压为 50mV，纹波电流 $<2A$，计算所需滤波电容 C，电感 L，$(L \approx 1.3L_c)$ 计算开关、晶体管、二极管的参数。

解：

$$T_S = \frac{1}{f_S} = \left(\frac{1}{80 \times 10^3} \right) s = 12.5 \mu s$$

$$V_{S\,min} : D_H = \frac{5}{46} = 0.11,$$

$$V_{S\,max} : D_L = \frac{5}{53} \approx 0.095$$

$$L_c = \frac{V_o T_S}{\Delta I_L} \ (1 - D_L) \ = \left[\frac{5 \times 12.5 \times 10^{-6}}{2} \ (1 - 0.095) \right] H = 28.3 \mu H$$

$$L = 1.3L_c = \ (1.3 \times 28.3) \ \mu H = 36.8 \mu H$$

根据式（1-17）有

$$C = \frac{V_o T_S^2}{8L \Delta V_o} \ (1 - D_L)$$

$$= \left[\frac{5 \times \ (12.5 \times 10^{-6})^2}{8 \times 36.8 \times 10^{-6} \times 50 \times 10^{-3}} \ (1 - 0.095) \right] F = 0.0479 \mu F$$

VT：

$$V_{ceo} = \ (53 \times 1.3) \ V \doteq 70V$$

$$I_{VT(on)} = I_o + \frac{1}{2} \Delta I_L = \left(5 + \frac{2}{2} \right) A = 6A, \ 电流为 \ (6 \times 1.3) \ A = 7.8A$$

VD：

$$V_{VD} = \ (53 \times 1.3) \ V \doteq 70V$$

$$I_{VD(on)} = \frac{1}{2} \Delta I_L + I_o = 6A, \ 电流为 \ (6 \times 1.3) \ A = 7.8A$$

4. 设计一个升压变换器，工作频率为 50kHz，输入电压范围为 $8 \sim 12V$，输出 $V_o = 26V$，负载电流 $I_o = 0.1 \sim 1.1A$，试计算占空比、导通时间、截止时间和输入电流 I_S 的变化范围。

解：根据

$$\frac{V_o}{V_S} = \frac{1}{1 - D_1}$$

有
$$D_{\max}: \quad \frac{26}{8} = \frac{1}{1-D_{\max}} \qquad D_{\max} = 0.7$$

$$D_{\min}: \quad \frac{26}{12} = \frac{1}{1-D_{\min}} \qquad D_{\min} = 0.54$$

$$t_{\mathrm{onmax}} = (0.7 \times 20) \ \mu s = 14 \mu s$$

$$t_{\mathrm{offmin}} = [(1-0.7) \times 20] \ \mu s = 6 \mu s$$

$$t_{\mathrm{onmin}} = (0.54 \times 20) \ \mu s = 10.8 \mu s$$

$$t_{\mathrm{offmax}} = 9.2 \mu s$$

根据
$$\frac{I_{\mathrm{o}}}{I_{\mathrm{S}}} = 1 - D$$

有
$$\frac{I_{\mathrm{o\,min}}}{I_{\mathrm{S\,min}}} = 1 - D_{\min} \qquad I_{\mathrm{S\,min}} = \frac{I_{\mathrm{o\,min}}}{1-D_{\min}} = \left(\frac{0.1}{1-0.54}\right) A = 0.22 A$$

$$\frac{I_{\mathrm{o\,max}}}{I_{\mathrm{S\,max}}} = 1 - D_{\max} \qquad I_{\mathrm{S\,max}} = \frac{I_{\mathrm{o\,max}}}{1-D_{\max}} = \left(\frac{1.1}{1-0.7}\right) A = 3.7 A$$

5. 一个升压变换器 $f_{\mathrm{S}} = 50 \mathrm{kHz}$，$V_{\mathrm{S}} = 20 \sim 35 V$，输出电压 $V_{\mathrm{o}} = 50 V$，$I_{\mathrm{o}} = 0.2 \sim 1.0 A$，求其临界电感值。

解：
$$T_{\mathrm{S}} = \left(\frac{1}{50 \times 10^3}\right) \mu s = 20 \mu s$$

$$D_{\min} = 1 - \frac{V_{\mathrm{S\,max}}}{V_{\mathrm{o}}} = 1 - \frac{35}{50} = 0.3$$

$$L_{\mathrm{c}} = \frac{V_{\mathrm{o}} T_{\mathrm{S}}}{2 I_{\mathrm{o\,min}}} D_1 (1-D_1)^2 = \left(\frac{50 \times 20 \times 10^{-6}}{2 \times 0.2} \times 0.3 (1-0.3)^2\right) H \approx 0.37 \mathrm{mH}$$

6. 试用 D_1、τ_L 参数表达不连续时 Boost 变换器的工作占空比 D_2。

解：在 $D_3 T_{\mathrm{S}}$ 期间没有伏·秒值，$D_1 T_{\mathrm{S}}$ 与 $D_2 T_{\mathrm{S}}$ 的伏·秒值相等。稳态下有 $\Delta i_{LD_1} = \Delta i_{LD_2}$

即
$$\frac{V_{\mathrm{S}} D_1 T_{\mathrm{S}}}{L} = \frac{(V_{\mathrm{o}} - V_{\mathrm{S}}) D_2 T_{\mathrm{S}}}{L}$$

另依变换中不计损耗的简化原则，有

$$V_{\mathrm{o}} I_{\mathrm{o}} = V_{\mathrm{S}} I_{\mathrm{S}} \qquad 即 \frac{V_{\mathrm{o}}}{V_{\mathrm{S}}} = \frac{I_{\mathrm{S}}}{I_{\mathrm{o}}}$$

$$I_{\mathrm{S}} = I_L = \frac{V_{\mathrm{o}}}{V_{\mathrm{S}}} I_{\mathrm{o}} = \frac{V_{\mathrm{o}}}{V_{\mathrm{S}}} \quad \frac{V_{\mathrm{o}}}{R} = \frac{D_1 + D_2}{D_2} \cdot \frac{V_{\mathrm{o}}}{R} \tag{1}$$

根据图 1-11b 所示，不连续时 $\quad I_L = \frac{1}{2} \Delta I (D_1 + D_2)$
$$\tag{2}$$

$\therefore$ 式 (1) = 式 (2) 即 $\frac{1}{2} \Delta I = \frac{V_{\mathrm{o}}}{D_2 R} \longrightarrow \Delta I = \frac{2 V_{\mathrm{o}}}{D_2 R}$

又因 $\Delta I = \frac{V_{\mathrm{S}} D_1 T_{\mathrm{S}}}{L}$

$\therefore \frac{V_{\mathrm{S}} D_1 T_{\mathrm{S}}}{L} = \frac{2 V_{\mathrm{o}}}{D_2 R} \longrightarrow \frac{V_{\mathrm{S}}}{V_{\mathrm{o}}} D_1 T_{\mathrm{S}} = \frac{2L}{D_2 R}$

即 $\frac{D_2}{D_1 + D_2} D_1 T_{\mathrm{S}} = \frac{2L}{D_2 R}$

得　$D_2{}^2 D_1 T_S R - 2LD_2 - 2LD_1 = 0 \rightarrow D_2{}^2 - \dfrac{2\tau_L}{D_1} D_2 - 2\tau_L = 0$

解得：$D_2 = \dfrac{\tau_L \pm \sqrt{\tau_L{}^2 - 2\tau_L D_1{}^2}}{D_1}$

第七章　习　　题

1. 对于图 7-5 所示的电流 i_L 控制型芯片，电流测定最大电压值是多少？超过此值有何作用效果？当 $i_o = 5\mathrm{A}$，过载 1.2 倍要进行保护性关断，电阻 R_S 值是多少？

解：关断点电流值为 $(5 \times 1.2)\ \mathrm{A} = 6\mathrm{A}$

$$R_S = \frac{1.2}{6} = 0.2\Omega$$

2. 一个 Buck 变换器输出 $I_o = 12\mathrm{A}$、$V_o = 12\mathrm{V}$，$f_s = 25\mathrm{kHz}$，输入电压 $V_S = 30\mathrm{V}$，i_L 在连续状态，如指定 1.1 倍额定电流时 L 不会出现饱和，$I_{o\,\min} = 20\% I_o$，纹波电压 $\Delta V = 5\% V_o$，求 L_o、C_o、He 和状态空间小信号平均电流标准模型。

解：电流最大值为 $(1.1 \times 12)\ \mathrm{A} = 13.2\mathrm{A}$　　　$\tau_S = 40\mu\mathrm{s}$

占空比 $D_1 = M = \dfrac{V_o}{V_S} = \dfrac{12}{30} = 0.4$　　$D_2 = 0.6$

$\Delta V_o = (0.05 \times 12)\ \mathrm{V} = 0.6\mathrm{V}$　　$I_{o\,\min} = 0.2 \times 12 = 2.4\mathrm{A}$

$\dfrac{1}{2} \Delta I_L = I_{o\,\min}$　　　$\Delta I_L = 2.4\mathrm{A}$

$L_e = \dfrac{(V_S - V_o)\ T_{on}}{\Delta I_L} = \left(\dfrac{(30 - 12)\ \times 0.4 \times 40 \times 10^{-6}}{2.4} \right)\mathrm{H} = 120\mu\mathrm{H}$

$C_e = \dfrac{V_o D_2}{8 L_o \Delta V_o} T_S{}^2 = \left(\dfrac{12 \times 0.6 \times (40 \times 10^{-6})^2}{8 \times 120 \times 10^{-6} \times 0.6} \right)\mathrm{F} = 20 \times 10^{-6}\mathrm{F} = 120\mu\mathrm{F}$

$E = \dfrac{V_o}{D_1{}^2} = \dfrac{12}{0.16} = 75$

$J = \dfrac{V_o}{R} = \dfrac{V_o}{\dfrac{V_o}{I_o}} = 12$

$L_e = 120\mu\mathrm{H}$

$C_e = 20\mu\mathrm{H}$

$f_1\ (s) = 1$

$f_2 = f_2\ (s) = 1$

$He\ (s) = \dfrac{1}{1 + s\dfrac{120 \times 10^{-6}}{1} + s^2\ (120 \times 10^{-6} \times 20 \times 10^{-6})} = \dfrac{1}{1 + 12 \times 10^{-5} s + 2.4 \times 10^{-9} s^2}$

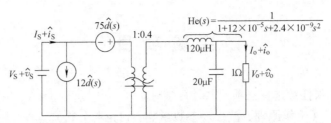

3. 设计一个 Buck 变换器的电感值。要求电感是临界电感值的 1.1 倍。工作条件是 $V_S = 12V$ 的电池，在 9 ~ 13V 可用，有 $V_o = 8V$，$I_o = 0.1 \sim 1A$，$f_S = 80kHz$。

解：$D_{1max} = \dfrac{8}{9} = 0.88$ $D_{2min} = 0.12$

$D_{1min} = \dfrac{8}{13} = 0.62$

$D_{2max} = 1 - 0.62 = 0.38$

对应 D_{2min} 相应的 $L_c = \dfrac{8 \times 0.12}{2 \times 0.1 \times 80 \times 10^3}H = 60\mu H$

对应 D_{2max} 相应的 $L_c = \dfrac{8 \times 0.38}{2 \times 0.1 \times 80 \times 10^3}H = 0.18mH = 180\mu H$

$\therefore L = 1.1L_c = 198\mu H$

4. 对于图 7-13 所示的采样电压反馈，除图中所示的方式外也可用调电位器的方法，还可以加一个小电容，如图 7-15 所示，那么它们各有何区别？

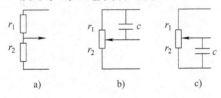

图 7-15　习题 4

解：

图 a　$\dfrac{r_2}{r_1 + r_2}$　不随频率而变化

图 b　$\dfrac{r_2}{r_1 + r_2}\dfrac{1 + sc_1 r_1}{1 + \dfrac{scr_1 r_2}{r_1 + r_2}}$　零点比极点更接近原点，可有领前功能

图 c　$\dfrac{r_2}{r_1 + r_2}\dfrac{1}{1 + \dfrac{scr_1 r_2}{r_1 + r_2}}$　零点在 $-\infty$ 之处，极点在 $-(\dfrac{r_1 + r_2}{cr_1 r_2})$ 极点更接近原

点，是落后网络，起积分作用。上述作用的程度与 r_1、r_2 比值相关。

实 验 项 目

1. 可在如下几项任意选择三项，共计三学时。

a 反激变换器（工作原理、波形、参数影响、讨论与分析）

b 正激变换器（同上）

c 桥式变换器（同上）

d 正激钳位变换器（同上）

e 变换器中高频变压器的设计与制作（在一个指定电路中，同学可依照给定变压器简要参数，自制一个变压器。实验中可发现由于工艺不同影响有大小变化。对现象进行分析、讨论、改进等）

f 谐振软开关变换器（重点分析软开关开通关断的参数配合）

2. 如要订货可联系广州天河区高新技术开发区创锐特光电技术有限公司，赖先生

电话：020 –22830193

邮址：天河工业园建工路 12 号东栋 601

参 考 文 献

[1]　张占松．高频开关稳压电源［M］．广州：广东科技出版社，1992.

[2]　张占松，蔡宣三．开关电源的原理与设计［M］．修订版．北京：电子工业出版社，2004.

[3]　梁适安．交换式电源供给器之理论与实务设计［M］．修订版．台北：全华科技图书股份有限公司，2008.

[4]　户川治郎．实用电源电路设计：从整流电路到开关稳压器［M］．高玉华，等译．北京：科学出版社，2006.

[5]　布朗．开关电源设计指南［M］．2版．徐德鸿，等译．北京：机械工业出版社，2004.

[6]　比林斯．开关电源手册［M］．2版．张占松，等译．北京：人民邮电出版社，2006.

[7]　普利斯曼，莫瑞．开关电源设计［M］．3版．王志强，等译．北京：电子工业出版社，2010.

[8]　原田耕介．国外电气工程名著译丛——开关电源手册［M］．2版．耿文学，译．北京：机械工业出版社，2004.

[9]　陈亚爱．开关变换器的实用仿真与测试技术［M］．北京：机械工业出版社，2010.

[10]　吴英秦．看海峡两岸电力电子的活动，读产业人才与工程教育的重要性［J］．电力电子，2008（9）：3-14.

[11]　Ron Lenk．Practical Design of Power Supplies［M］．New York：A John Wiley & Sons inc，2005.

[12]　George C. Chryssis．High Frequency Switching Power Supplies：Theory and Design［M］．New York：McGraw Hill，1989.

[13]　蔡宣三，龚绍文．高频功率电子学［M］．北京：水利水电出版社，2009.

[14]　美国 ON Semiconductor．公司．功率因数校正（PFC）手册［DB/OL］．2004.

[15]　美国国家半导体公司．UC3842，SG3524，SG3525，UC3846 数据手册［DB/OL］．

[16]　王传兵，李玉玲，张仲超．PFC 直接电流控制策略综述［J］．电子技术应用，2007.

[17]　国际整流器公司 IR1150S 数据手册．

[18]　孙炳达，等．自动控制原理［M］．3版．北京：机械工业出版社，2011.

机械工业出版社相关图书

序号	书号	书名	定价	丛书名	作者
1	978-7-111-41727-9	功率半导体器件——原理、特性和可靠性	98	国际电气工程先进技术译丛	Josef Lutz 等
2	978-7-111-25165-1	宽禁带半导体电力电子器件及其应用	36	电力电子新技术系列图书	陈治明 李守智
3	978-7-111-35666-0	电力半导体器件原理与应用	49.8	电力电子新技术系列图书	赵争鸣 等
4	978-7-111-47517-0	开关功率变换器——开关电源的原理、仿真和设计（原书第3版）	98	国际电气工程先进技术译丛	Simon Ang
5	978-7-111-39556-0	开关电源原理与分析	39.9		梁奇峰
6	978-7-111-40752-2	现代整流器技术——有源功率因数校正技术	49.8	电力电子新技术系列图书	徐德鸿
7	978-7-111-36822-9	PWM整流器及其控制	69.8	电力电子新技术系列图书	张兴 等
8	978-7-111-43093-3	开关电源与LED照明的设计计算精选	58		赵同贺
9	978-7-111-43661-4	高性能级联型多电平变换器原理及应用	59.8	电力电子新技术系列图书	陈亚爱 等
10	978-7-111-46508-9	反激式开关电源设计、制作、调试	39	反激式开关电源实践丛书	陈永真
11	978-7-111-47180-6	可再生能源系统高级变流技术及应用	158	国际电气工程先进技术译丛	罗琳芳
12	978-7-111-28098-9	移动设备的电源管理	68	国际电气工程先进技术译丛	Findlay. shearer
13	978-7-111-47719-8	应用于电力电子技术的变压器和电感——理论、设计与应用	88	国际电气工程先进技术译丛	William Hurley，Werner Wölfle
14	978-7-111-33530-6	小功率变压器	59.8		贝冠棋 等
15	978-7-111-44878-5	超级电容器的应用	69	国际电气工程先进技术译丛	John Miller，Maxwell Technologies
16	978-7-111-42003-3	传热学：电力电子器件热管理	98	国际电气工程先进技术译丛	Younes Shabany
17	978-7-111-48045-7	笑谈热设计	49		Tony Kordyban
18	978-7-111-42955-5	电磁兼容设计与测试实用技术	89.9		王守三